润滑技术及应用

RUNHUA JISHU JI YINGYONG

黄志坚　编著

化学工业出版社

·北京·

本书系统且简明扼要地介绍了润滑技术理论方法的应用。本书共分4章。第1章介绍各类润滑材料的技术特点及适用范围。第2章介绍各类润滑方法、润滑装置的结构原理及应用。第3章介绍润滑系统的维护管理及故障分析与排除方法。第4章介绍典型机械设备的润滑技术及管理要点。

本书有以下特点：①既介绍一般的润滑技术知识，也收入了润滑工作实例，以利读者既掌握润滑工作要领，又通过实例掌握具体的方法。②尽量体现润滑新技术的应用，书中部分资料是本领域新成果的总结，以利本领域的技术创新与进步。③体现润滑工程的学科交叉。现代润滑工程涉及机械、化工、流体力学、自动控制等学科，本书力求体现这些学科在润滑系统的具体应用。

本书的读者主要是广大工矿企业一线设备管理维修人员。本书可作为高校机电类专业师生的教学参考书，也可作为润滑专业技术培训的教材。

图书在版编目（CIP）数据

润滑技术及应用/黄志坚编著. —北京：化学工业
出版社，2015.5
ISBN 978-7-122-23292-2

Ⅰ.①润… Ⅱ.①黄… Ⅲ.①润滑-基本知识
Ⅳ.①TH117.2

中国版本图书馆 CIP 数据核字（2015）第 049700 号

责任编辑：黄 滢　　　　　　　　　　文字编辑：闫 敏
责任校对：王素芹　　　　　　　　　　装帧设计：王晓宇

出版发行：化学工业出版社（北京市东城区青年湖南街 13 号　邮政编码 100011）
印　　装：北京虎彩文化传播有限公司
787mm×1092mm　1/16　印张 17　字数 407 千字　2015 年 8 月北京第 1 版第 1 次印刷

购书咨询：010-64518888　　　　　　售后服务：010-64518899
网　　址：http://www.cip.com.cn
凡购买本书，如有缺损质量问题，本社销售中心负责调换。

定　价：78.00 元　　　　　　　　　　　　版权所有　违者必究

前　言

　　润滑的目的在于：预防设备润滑故障，减少机械设备停机造成的损失；提高生产率与产品质量；节约保养劳务费和减少零件更换，延长设备的使用寿命；节能降耗；保护环境，防止污染；保证安全生产；减少润滑剂的消耗量，节约购买润滑剂的费用；减少固定资产投资与流动资金占用量。

　　润滑技术与管理是现代设备系统技术与管理活动的重要组成部分，是设备正常润滑与正常运行的重要保证，是企业提高经济效益的重要途径。

　　润滑的基本任务是：正确地选择、使用好润滑剂，采用合适的润滑方法，及时、合理地润滑设备，防止设备发生润滑故障，使设备润滑系统经常处于良好的工作状态。

　　为帮助广大润滑专业技术人员更好地掌握润滑知识与方法，特编著了本书。

　　本书系统且简明扼要地介绍了润滑技术理论方法的应用。本书共分4章。第1章介绍各类润滑材料的技术特点及适用范围。第2章介绍各类润滑方法、润滑装置的结构原理及应用。第3章介绍润滑系统的维护管理及故障分析与排除方法。第4章介绍典型机械设备的润滑技术及管理要点。

　　本书有以下特点：①既介绍一般的润滑技术知识，也收入了润滑工作实例，以利读者既掌握润滑工作要领，又通过实例掌握具体的方法。②尽量体现润滑新技术的应用，书中部分资料是本领域新成果的总结，以利本领域的技术创新与进步。③体现润滑工程的学科交叉。现代润滑工程涉及机械、化工、流体力学、自动控制等学科，本书力求体现这些学科在润滑系统的具体应用。

　　本书的读者主要是广大工矿企业一线设备管理维修人员。本书可作为高校机电类专业师生的教学参考书，也可作为润滑专业技术培训的教材。

编著者

目　录

第3章　润滑系统维护诊断与监测　98

第4章　典型设备润滑技术及应用　153

参考文献

第1章

润滑材料及应用

1.1 润滑材料概述

凡是能降低摩擦力的介质都可作为润滑材料，润滑材料亦称润滑剂。必须合理选择和使用润滑材料，采用正确的换油方法，才会延长设备的寿命周期，减少设备维护费用，节约能源，减少环境污染。

1.1.1 润滑材料的作用

使用润滑剂是为了润滑机械的摩擦部位，减少摩擦抵抗、防止烧结和磨损、减少动力的消耗，以及减振、冷却、密封、防锈、清净等，归纳如下。

（1）减少摩擦

在摩擦面之间加入润滑剂，能使摩擦因数降低，从而减少了摩擦阻力，节约能源的消耗。在流体润滑条件下，润滑油的黏度和油膜厚度对减少摩擦起到十分重要的作用。随着摩擦副接触面间金属－金属接触点的增多，出现了边界润滑条件，此时润滑剂的化学性质（添加剂的化学活性）就显得极为重要了。

（2）降低磨损

机械零件的黏着磨损、表面疲劳磨损和腐蚀磨损与润滑条件很有关系。在润滑剂中加入抗氧、抗腐剂有利于抑制腐蚀磨损，而加入油性剂、极压抗磨剂可以有效地降低黏着磨损和表面疲劳磨损。

（3）冷却作用

润滑剂可以减轻摩擦副的摩擦，由此减少发热量。润滑剂也可以吸热、传热和散热，因而能降低机械运转摩擦所造成的温度上升。

（4）防腐作用

摩擦面上有润滑剂覆盖时，就可以防止或避免因空气、水滴、水蒸气、腐蚀性气体及液体、尘土、氧化物等所引起的腐蚀、锈蚀。润滑剂的防腐能力与保留于金属表面的油膜厚度有直接关系，同时也取决于润滑剂的组成。采用某些表面活性剂作用为防锈剂能使润滑剂的防锈能力提高。

（5）绝缘作用

精制矿物油的电阻大，可在变压器及开关等电气装置中作绝缘材料（如变压器油等）。

电绝缘油的电阻率是 $2\times10^{16}\Omega\cdot mm^2/m$（水是 $0.5\times10^6\Omega\cdot mm^2/m$）。一些金属材料浸在变压器油中，不仅可提高绝缘强度，而且还可免受潮气的侵蚀。

（6）力的传递

油液可以作为静力的传递介质，例如汽车、起重机、机床等液压系统中的油。油液也可以作为液力系统的传递介质，例如液力耦合器、自动变速机的油。

（7）减振作用

润滑剂吸附在金属表面上，本身应力小，所以，在摩擦副受到冲击载荷时具有吸收冲击能的本领。如汽车的减振器就是油液减振的（将机械能转变为流体能）。

（8）清洗作用

通过润滑油的循环可以带走油路系统中的杂质，再经过滤器滤掉。内燃机油还可以分散尘土和各种沉积物，起着保持发动机清净的作用。

（9）密封作用

润滑剂对某些外露零部件形成密封，防止水分或杂质的侵入。在内燃机或空气压缩机气缸和活塞间起密封作用，建立起相应的压力并提高热效率。

1.1.2 润滑材料的分类

设备所使用的润滑剂按形态分为：液体润滑剂（润滑油），包括石油系润滑油和非石油系润滑油（动植物油和合成润滑油）；半固体润滑剂（润滑脂），包括皂基润滑脂和非皂基润滑脂；气体润滑剂；固体润滑剂（石墨、二硫化钼等）。其中，液体润滑剂（润滑油）是最常用的润滑剂。

国际标准化组织（ISO）发布了《石油产品和润滑剂的分类方法和类别的确定》及其系列标准。我国等效或参照 ISO 的有关标准 ISO 6743—99：2002 制订了润滑材料的系列国家标准。GB/T 7631.1—2008《润滑剂、工业用油和有关产品（L 类）的分类第 1 部分：总分组》根据应用场合将润滑剂分组。分组情况见表 1-1 所示。

表 1-1 润滑剂和有关产品（L 类）的分组

组别	应用场合	已制定的国家标准编号
A	全损耗系统	GB/T 7631.13
B	脱模	—
C	齿轮	GB/T 7631.7
D	压缩机（包括冷冻机和真空泵）	GB/T 7631.9
E	内燃机油	GB/T 7631.17
F	主轴、轴承和离合器	GB/T 7631.4
G	导轨	GB/T 7631.11
H	液压系统	GB/T 7631.2
M	金属加工	GB/T 7631.5
N	电器绝缘	GB/T 7631.15
P	气动工具	GB/T 7631.16
Q	热传导液	GB/T 7631.12
R	暂时保护防腐蚀	GB/T 7631.6
T	汽轮机	GB/T 7631.10

续表

组别	应用场合	已制定的国家标准编号
U	热处理	GB/T 7631.14
X	用润滑脂的场合	GB/T 7631.8
Y	其他应用场合	—
Z	蒸汽气缸	—

在 GB/T7631.1 分类标准中，各产品名称系用统一的方法命名的，例如某个特定产品的名称一般形式如图 1-1 所示。

图 1-1　润滑剂的命名方法

1.1.3　润滑材料的选用

正确选用润滑材料是搞好设备润滑的关键。润滑材料的选用要根据摩擦副的运动性质、组成摩擦副的材质、工作负荷、工作温度、配合间隙、润滑方式和润滑装置等条件合理选择。润滑材料的分类是依据使用场合来划分。要牢固掌握各种润滑材料的规格、等级、性能和适用范围，正确选用。

（1）选用的一般原则

① 根据摩擦副的负荷大小。负荷大，润滑油黏度要大；润滑脂锥入度要小。处于边界润滑状态的低速重负荷摩擦副还要考虑润滑剂的黏附性和极压性能。

② 根据摩擦副的运动速度。对于高速轻负荷的摩擦副应选用黏度较小的润滑油或锥入度较大的润滑脂。考虑离心力的作用，滚动轴承要在温升允许范围内选择黏度较大的润滑油或锥入度较小的润滑脂。对于低速重负荷摩擦副，也应选用黏度较大的润滑油或锥入度较小的润滑脂，并尽可能使用含有油性添加剂和极压添加剂的润滑材料。

③ 根据摩擦副的制造精度。对于制造精度高、间隙小的摩擦副，应选用黏度较小的润滑油或锥入度较大的润滑脂。对于精度低的齿轮传动装置及钢丝绳等应选用黏度较大的润滑油或锥入度较小的润滑脂。

④ 根据制造摩擦副的材质。摩擦副的材质硬度低，应选用黏度大、油性好的润滑油或锥入度较小的润滑脂，摩擦副的材质硬度高，应选用黏度较小的润滑油或锥入度较大的润滑脂。

⑤ 根据摩擦副的位置、方向和工作状态。对于垂直和非水平方向上工作和摩擦副，应选用黏度较大的润滑油，必要时选用润滑脂。长时间工作不易经常加油的部位，尽可能选用润滑脂润滑。

⑥ 根据工作环境和工作温度。有水或潮湿环境下工作的机械，应选用油性好、防锈、抗乳化性能好的润滑油或润滑脂。工作温度高，应选用闪点高、黏度大、氧化安定性好和耐高温的润滑油或锥入度较小、滴点高和耐高温的润滑脂。工作温度低应选用倾点低、黏度小的不含水的润滑油或锥入度大、耐低温和润滑脂。温度变化大应选用黏度指数大、倾点低的润滑油或温度适用范围广的润滑脂。有腐蚀性介质的工作环境下工作的机械，应选用抗腐防锈性能好的润滑材料。化肥工业和有氨气存在的环境下工作的机械应选用抗氨性能好的润滑油。食品加工机械应选用对人体无害的适用食品机械润滑的润滑油和润滑脂。

⑦ 根据润滑装置选用耗损性。人工注油的油孔、油嘴油杯应选用黏度适宜的润滑油；利用油线、油毡吸油的润滑部位，应选用黏度较小的润滑油。稀油循环润滑系统应选用黏度较小，氧化安定性好的润滑油。集中干油润滑系统应选用锥入度较大的润滑脂。

（2）常用摩擦副和设备的润滑材料选择

各种机械设备的操作维护说明书都推荐了适宜的润滑材料。原则上要按所要求的品种、牌号使用。在解决口设备用油国产化和一时性缺少代用以及改善润滑效果时，要结合原使用润滑材料的性质和设备润滑的要求，选择性能相当或较其更优良的材料。

1.2 润滑油及应用

1.2.1 润滑油概述

润滑油是用在各种类机械设备上以减少摩擦，保护机械及加工件的液体润滑剂，主要起润滑、冷却、防锈、清洁、密封和缓冲等作用。

润滑油一般由基础油和添加剂两部分组成。基础油是润滑油的主要成分，决定着润滑油的基本性质，添加剂则可弥补和改善基础油性能方面的不足，赋予某些新的性能，是润滑油的重要组成部分。

（1）润滑油

基础油主要分矿物基础油、合成基础油以及生物基础油三大类。

矿物基础油应用广泛，用量很大（95％以上），但有些应用场合则必须使用合成基础油和生物油基础油调配的产品，因而使这两种基础油得到迅速发展。

矿油基础油由原油提炼而成。润滑油基础油主要生产过程有：常减压蒸馏、溶剂脱沥青、溶剂精制、溶剂脱蜡、白土或加氢补充精制。矿物基础油的化学成分包括高沸点、高分子量烃类和非烃类混合物。其组成一般为烷烃（直链、支链、多支链）、环烷烃（单环、双环、多环）、芳烃（单环芳烃、多环芳烃）、环烷基芳烃以及含氧、含氮、含硫有机化合物和胶质、沥青质等非烃类化合物。

生物基础油（植物油）正越来越受欢迎，它可以生物降解而迅速的降低环境污染。由于当今世界上所有的工业企业都在寻求减少对环境污染的措施，而这种"天然"润滑油正拥有这个特点，虽然植物油成本高，但所增加的费用足以抵消使用其他矿物油、合成润滑油所带来的环境治理费用。

根据原油的性质和加工工艺分类分为石蜡基基础油、中间基基础油、环烷基基础油。

（2）添加剂

添加剂是近代高级润滑油的精髓，正确选用合理加入，可改善其物理化学性质，对润滑油赋予新的特殊性能，或加强其原来具有的某种性能，满足更高的要求。根据润滑油要求的质量和性能，对添加剂精心选择，仔细平衡，进行合理调配，是保证润滑油质量的关键。

一般常用的添加剂有：黏度指数改进剂，倾点下降剂，抗氧化剂，清净分散剂，摩擦缓和剂，油性剂，极压剂，抗泡沫剂，金属钝化剂，乳化剂，防腐蚀剂，防锈剂，破乳化剂，抗氧抗腐剂等。

1.2.2　润滑油理化性能指标

（1）液体的密度

液体单位体积内的质量称为密度，即 $\rho = m/V$，密度的单位是 kg/m^3。

液压油的密度 ρ 随压力的增加而加大，随温度的升高而减小。一般情况下，由压力和温度引起的这种变化都较小，可将其近似地视为常数。

（2）液体的黏性

液体在外力作用下流动（或有流动趋势）时，分子间的内聚力要阻止分子相对运动而产生一种内摩擦力，这种现象叫做液体的黏性。液体只有在流动（或有流动趋势）时才会呈现出黏性，静止液体是不呈现黏性的。

流体黏性的大小用黏度来衡量。常用的黏度有动力黏度、运动黏度和相对黏度。

① 动力黏度　如图 1-2 所示，动力黏度（简称黏度）μ 的物理意义是：液体在单位速度梯度 du/dy 下流动时，液层间单位面积上产生的内摩擦力 τ，即

$$\mu = \tau / \frac{du}{dy}$$

单位：$Pa \cdot s$（帕·秒）或 $N \cdot s/m^2$。

② 运动黏度　运动黏度没有明确的物理意义。因在理论分析和计算中常遇到动力黏度 μ 与液体密度 ρ 的比值，为方便而用 ν 表示，其单位（mm^2/s）中有长度和时间的量纲，故称为运动黏度，即

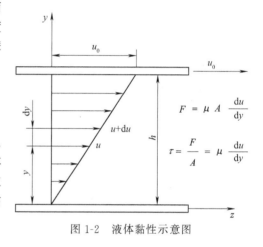

图 1-2　液体黏性示意图

$$\nu = \frac{\mu}{\rho}$$

③ 相对黏度（条件黏度）　相对黏度是以液体的黏度与蒸馏水的黏度比较的相对值表示的黏度。因测量条件不同，各国采用的相对黏度也各不相同。我国、俄罗斯、德国等采用恩氏黏度，美国采用赛氏黏度，英国采用雷氏黏度。

（3）油的可压缩性

液体受压力作用而使体积缩小的性质称为液体的可压缩性。可压缩性用体积压缩系数表示，并定义为单位压力变化 Δp 下的液体体积 $\Delta V/V_0$ 的相对变化量，即

$$\kappa = -\frac{1}{\Delta p} \times \frac{\Delta V}{V_0}$$

（4）黏度—温度特性

润滑油的黏度对润滑的效果影响很大。而温度则是影响黏度的一个最重要的参数。温度变化时，润滑油的黏度也随着变化，温度升高则黏度变小，温度降低则黏度变大。为了使机器得到良好的润滑，就需要润滑油在机器的工作温度范围内保持合适的黏度，因此希望润滑油的黏度受温度的影响尽可能地小。

润滑油的黏度随温度变化而变化的程度就是所谓的黏温性能。通常，润滑油的黏度随温度变化而变化的程度小谓之黏温性能好；反之，则谓之黏温性能差。

润滑油的黏温性能与其组成有关，由不同原油或不同馏分或不同精制工艺制得的润滑油黏温性能不相同，一般环烷基油的黏温性能差，石蜡基油的黏温性能好，而加氢裂化油的黏温性能更好。

石油产品黏度与温度的经验公式关系为：

$$\lg\lg(\nu + 0.6) = n - m\lg T$$

式中　ν——运动黏度（T 时），mm^2/s；

　　　T——热力学温度，K；

　n，m——与油品温度有关的常数。

测定某一油品在两个不同温度下的黏度，代入上式，即可解得 n，m 值。n，m 值确定以后，即可由上式求得该油品在任何一温度下的黏度。但应注意，低温下的黏度不能用此公式计算，尤其是含有黏度指数改进剂的油品。

评价油品的黏温特性常采用黏度指数（简写 VI），这是润滑油的一项重要质量指标。黏度指数越高，表示油品的黏度受温度的影响越小，其黏温性能越好。

黏度指数是用黏温性能较好（$VI=100$）和黏温性能较差（$VI=0$）的两种润滑油为标准油，以 40℃ 及 100℃ 的黏度为基准进行比较而得出。黏度指数的求取方法是通过石油产品黏度指数计算法 GB/T1995—2004 中求取。

这里需要说明的是，黏度指数也不是一个完美的表征油品黏温特性的参数。例如它只能表示润滑油从 40℃ 到 100℃ 之间黏温曲线的平缓度，不一定能说明实用上极为重要的 40℃ 以下、100℃ 以上的黏温特性。

（5）凝点及倾点

油品的凝固和纯化合物的凝固有很大的不同。纯化合物的凝点是一个物理常数，而油品是由多种烃及少量氧、硫、氮等化合物组成的混合物，并没有明确的凝固温度，所谓"凝固"只是作为整体来看失去了流动性，并不是所有组分都变成了固体。

油品凝点按 GB/T 510—2004 法测定，在规定的条件下将油品冷却到预定温度，将试管倾斜 45°，经过 1min 后，液面不移动时的最高温度即是油品凝点。

油品倾点按 GB/T 3535—2006 法测定，在规定的条件下冷却油品，每隔 3℃ 将试管取出，水平放置观察试样液面有无流动，直至 5s 试样液面不流动时的温度再加上 3℃ 即为油品的凝点。

油品失去了流动性是由两个原因引起的，因此也分为两类原因的凝点。

① 石蜡凝点。油品中含有石蜡，随着温度的降低，蜡结晶析出，结晶形成网状结构，使处于液态的油品被包含在其中，从而使油品的整体不能流动，失去流动性。石蜡基润滑油的凝固就属于此类原因。通常可以通过脱蜡及加入降凝剂来改善其低温流动性。

② 黏度凝点。温度降低时，黏度变得很大，油品变成无定形的玻璃状物质，当黏度增大到约 $300000mm^2/s$ 时，油品即失去流动性。高黏度油品（尤其是含有大量高分子稠环烃的油品）的凝固就可能属于此类原因。对于此类"凝固"，降凝剂的作用也不明显。

润滑油的倾点（凝点）是表示润滑油低温流动性的一个重要的质量指标。对于生产、运输和使用都有重要意义。倾点高的润滑油不能在低温下使用。相反，在气温较高的地区则没有必要使用凝点低的润滑油，造成不必要的浪费。因为润滑油的倾点越低，其生产成本越高。

一般说来，润滑油的凝点应比使用环境的最低温度低 5~7℃。但是特别还要提及的是，在选用低温的润滑油时，应结合油品的凝点、低温黏度及黏温特性全面考虑。因为低倾点的油品，其低温黏度和黏温特性亦有可能不符合要求。

（6）低温特性

对于在室外低温环境下工作的机械所用的油品如发动机油和车辆齿轮油等，凝点或倾点还不能确切地表征其低温使用性，常常需测定其低温黏度等性能。下面简单介绍其中的一些测试方法。

① 发动机油的冷启动黏度　如果发动机油在启动温度下太黏稠，将会使运动部件黏滞，使发动机曲轴转动达不到启动的转速而无法启动。一般要求发动机油在−5～30℃的温度下启动时，其黏度在 6000～3250mPa·s（cP）范围内。该黏度的测定方法（即 CCS 法，GB/T 6538−2010，与 ASTM D5293 等效）概要是：将试样加在转子与定子之间，用直流电动机驱动一个紧密装在定子里的转子，通过调节流经定子的制冷剂流量来维持试验温度。转子的转速是黏度的函数，由标准曲线和测得的转子转速来确定试油的黏度。

② 发动机油的边界泵送温度　如果发动机油在低温下油泵供油速度和供油量不足，就会出现发动机启动后摩擦表面长时间得不到充分的润滑而导致磨损增加。机油的泵送失败是因为其在低温下黏度太大或出现蜡结晶或含有高分子聚合物等所致，简言之是由于泵入口处机油的屈服应力过大。一般认为发动机油的屈服应力小于 35Pa 或黏度小于 30000 mPa·s 才能保证油泵正常的供油量。因此，在发动机油规范中把出现临界屈服应力（35Pa）或临界黏度（30000mPa·s）时的最高温度作为边界泵送温度，该温度即是能保证油泵入口处得到足够机油的最低温度。该项目的测定方法（即 MRV 法，GB/T 9171，与 ASTM D4684 等效）概要是：将发动机油试样在 10h 内以非线性程序冷却速率把油样冷却到试验要求温度，恒温 16h，然后在旋转黏度计上逐步施加规定的扭矩，观察并测定其转动速度，用于计算该温度的屈服应力和表观黏度。由三个或三个以上试验温度所得结果，确定该试油的边界泵送温度，或者为了满足某些规格指标的要求，只测定边界泵送温度低于某个规定温度即可。

③ 齿轮油的低温表观黏度　汽车后桥齿轮油的表观黏度与其低温流动性有关。一般认为，齿轮油的动力黏度小 150000mPa·s（eP）时，汽车方能正常起步。该方法（即布氏黏度计法，GB/T 11145—2014，与 ASTM D2983 等效）概要是：将试油在规定温度的冷浴中冷却 16h，然后在布氏黏度计中测定其表观黏度，或者测定试油表观黏度达到 150000mPa·s 时的温度。

④ 齿轮油的成沟点　为了保证在低温下汽车启动时，后桥齿轮能得到最低限度的润滑，通常需要齿轮油有较低的成沟点。该方法（SH/T 0030，与 FS 791 B 3456.1 等效）概要是：将试油在规定的温度下存放 18h，用金属片把试油切成一条沟，然后在 10s 内测定试油是否流到一起并盖住试油容器底部。若在 10s 内试油流回并完全覆盖容器底部，则报告试油不成沟；反之则报告油样成沟，此温度就是成沟点。

（7）闪点

将油品在规定条件下加热使温度升高，其中一些成分蒸发或分解产生可燃性蒸气，当升到一定温度，可燃性蒸气与空气混合后并与火焰接触时能发生瞬间闪火的最低温度叫闪点，单位是℃。

根据测定方法和仪器的不同，闪点又可分为开口闪点（GB/T 267 法）和闭口闪点（GB/T 261 法）。通常，开口杯法用于测定重质润滑油或者深色石油产品的闪点，闭口杯法用于测定蒸发性较大的燃料和轻质润滑油（一般闪点在 150℃以下）的闪点。

闪点是表示油品蒸发性的一项指标。油品的馏分越轻，蒸发性越大，其闪点也越低。反之，油品馏分越重，蒸发性越小，其闪点也越高。同时，闪点又是表示石油产品着火危险性的指标。油品的危险等级是根据闪点划分的，闪点在 45℃以下为易燃品，45℃以上为可燃品，在油品的储运过程中严禁将油品加热到它的闪点温度。在黏度相同的情况下，闪点越高越好。因此，用户在选用润滑油时应根据使用温度和润滑油的工作条件进行选择。一般认为，闪点比使用温度高 20～30℃，即可安全使用。

（8）水溶性酸及碱（又称反应）

所谓水溶性酸及碱，是指润滑油中能溶于水的无机酸和低分子有机酸、碱和碱性化合物。

这是一项定性试验，按 GB/T 259 法进行。其过程是：在 70～80℃温度下，把 50mL 的试油和 50mL 的蒸馏水混合在一起摇荡 5min，分别用酚酞和甲基橙指示剂检验分离出的抽提水层是否有酸、碱反应。酚酞变红则说明是碱性；甲基橙变红则说明是酸性；不变色则为中性（即无水溶性酸或碱）。

该试验对于润滑油生产厂来讲，主要用以鉴别油品在精制过程中是否将用于精制的无机酸或碱水洗干净。对于用户来讲，可以鉴别在储存、使用过程中，有无受无机酸或碱的污染或由于包装、保管不当使油品氧化分解，产生有机酸类，以致使油品的反应呈酸碱性。

一般地讲，油品中不允许有水溶性酸及碱。因为若润滑油含有水溶性酸及碱，尤其对于和水、汽接触的油品，特别容易引起氧化、酸化的水解化学反应，以致腐蚀机械设备。但是，如果油品中加有酸性或碱性添加剂时，则试验的意义不大。因此，用户不能以"反应"不是中性就轻易对油品下结论。

（9）酸值、碱值和中和值

① 酸值　酸值是表示润滑油中含有酸性物质的指标，单位是 mgKOH/g。

酸值分强酸值和弱酸值两种，两者合并即为总酸值（简称 TAN）。通常说"酸值"，实际上是指"总酸值（TAN）"。

② 碱值　碱值是表示润滑油中碱性物质含量的指标，单位是 mgKOH/g。

碱值亦分强碱值和弱碱值两种，两者合并即为总碱值（简称强 TBN）。我们通常说的"碱值"实际上是指"总碱值（TBN）"。

③ 中和值　中和值实际上包括了总酸值和总碱值。但是，除了另有注明，一般所说的"中和值"，实际上仅是指"总酸值"，其单位也是 mgKOH/g。

中和值（即总酸值和总碱值）的测定方法，可分为两类：

a. 颜色指示剂法。我国现行的方法有 GB/T 4945 "石油产品和润滑剂中和值测定法"、GB/T 264 "石油产品酸值测定法"和 SH/T 0251 "石油产品总碱值测定法（A 法）"。

颜色指示剂法测定的基本原理是：将试样溶解于方法规定的溶剂中，并用标准溶液进行滴定，以指示剂的颜色变化确定滴定终点。并按滴定所消耗的标准溶液的体积数计算试样的中和值（总酸值或总碱值）。

颜色指示剂法只适用于浅色油品，而对于新的或在用的深色油品，由于指示剂呈现的滴定终点不分明易产生误差而不适用。

b. 电位差滴定法。我国现行的方法有 GB/T 7304—2014 "石油产品和润滑剂中和值测定方法（电位滴定法）"，该方法与 ASTM D664 等效。

电位差滴定法是利用电位差及玻璃电极来指示滴定终点，因此，可以测定深色油品的总酸值或总碱值。

④ 测定润滑油中和值的意义　润滑油中的酸性组分主要是有机酸（如环烷酸）和酸性添加剂，同时亦包括无机酸类、酯类、酚类化合物，重金属盐类、胺盐和其他弱碱的盐类、多元酸的酸式盐以及某些呈酸性的添加剂等。

对于新油，酸值表示油品精制的深度或添加剂的加入量（当加有酸性添加剂时），一般来说，基础油的酸值应该很低，而对于含有酸性添加剂的油品，肯定具有相应的酸值；对于旧油，酸值表示其氧化变质的程度。一般润滑油在储存和使用过程中，由于有一定的温度，与空气中的氧发生反应，生成一定量的有机酸；而对于含有酸性添加剂的油品，则可能在使用过程中由于添加剂的消耗而酸值变小，因此，油品酸值的异常变大或变小，在一定程度上说明油品变质严重，应引起使用者的注意。

润滑油中的碱性组分包括有机和无机碱、胺基化合物、弱酸盐、多元酸的碱性盐、重金属的盐类，以及碱性的添加剂（在内燃机油中这类添加剂尤其多）。

在用润滑油碱值的变小（特别高档发动机油），表示油中碱性添加剂（如清净剂）的消耗和油品性能的下降，同样应引起使用者的注意。

（10）机械杂质（简称机杂或杂质）

所谓机械杂质，是指存在于润滑油中不溶于汽油、乙醇和苯等溶剂的沉淀物或胶状悬浮物。这些杂质大部分是砂石和铁屑之类，以及由添加剂带来的一些难溶于溶剂的有机金属盐。机杂测定按 GB/T511—2010 法进行。其过程是：称取 100g 的试油加热到 70~80℃，加入 2~4 倍的溶剂在已恒温好的空瓶中的滤纸上过滤，用热溶剂洗净滤纸，并再称量，定量滤纸的前后质量之差就是机械杂质的质量，因此机杂的单位是质量百分数。

机械杂质和水分都是反映油品纯洁度的质量指标。通常，润滑油基础油的机械杂质都控制在 0.005% 以下（机杂在 0.005% 以下被认为是无）；加添加剂后的成品油机械杂质一般都增大，这是正常的。对于一些含有大量添加剂的油品（如一些添加剂量大的内燃机油）来讲，机杂的指标表面上看是比较大，但其机杂主要是加入了多种添加剂后所引入的溶剂不溶物，这些胶状的金属有机物，并不影响使用效果。不应当简单地用"机杂"的多少来判断油品的好坏，而应分析"杂质"的内容。否则，就会带来不必要的损失和浪费。

对使用者来讲，关注机杂是非常必要的。因为润滑油在使用、储存、运输中混入灰尘、泥沙、金属碎屑、铁锈及金属氧化物等，由于这些杂质的存在，加速机械设备的正常磨损，严重时堵塞油路、油嘴和滤油器，破坏正常润滑。

据报道，若设备机况、工况和润滑油质量正常，润滑油的洁净度是影响设备寿命和维护成本的一个很关键的参数。欧美一些先进的工矿企业正推行对大型设备的润滑系统进行精密的过滤和监控，并取得显著的成效。因此，用户在使用前和使用中。应对润滑油进行严格的过滤并防止外部杂质对润滑系统的污染。

（11）水分

润滑油产品指标中的水分是指其含水量的质量百分数。按 GB/T 260 法测定。

润滑油中的水分一般呈三种状态存在：游离水、乳化水和溶解水。一般游离水比较容易脱去，而乳化水和溶解水就不易脱去。

润滑油中水分的存在会促使油品氧化变质，破坏润滑油形成的油膜，使润滑效果变差，加速有机酸对金属的腐蚀作用，锈蚀设备，使油品容易产生沉渣。而且会使添加剂（尤其是金属盐类）发生水解反应而失效，产生沉淀，堵塞油路，妨碍润滑油的过滤和供油。不仅如此，润滑油中的水分在低温下使用时，由于接近冰点使润滑油流动性变差，黏温性能变坏；当使用温度高时，水汽化，不但破坏油膜而且产生气阻，影响润滑油的循环。另外，在个别油品中，例如变压器油中，水分的存在就会使介电损失角急剧增大，而击穿电压急剧下降，以至于引起事故。

总之润滑油中水分越少越好。因此，用户必须在使用、储存中精心保管油品，注意使用前及使用中的脱水。

（12）残炭

残炭是指油品在规定的试验条件下受热蒸发、裂解和燃烧后形成的焦黑色残留物，以质量百分数表示。残炭的测定方法有两种：一种是 GB/T 268（又称康氏法）；另一种是 SH/T 0170（又称电炉法）。

残炭是润滑油基础油的重要质量指标，是为判断润滑油的性质和精制深度而规定的项目。润滑油基础油中，残炭的多少不仅与其化学组成有关，而且也与油品的精制深度有关，润滑油中形成残炭的主要物质是油中的胶质、沥青质及多环芳烃等。这些物质在空气不足的条件下，受强热分解、缩合而形成残炭。油品的精制深度越深，其残炭值越小。一般讲，空白基础油的残炭值越小越好。

现在，许多油品都含有由金属（如钙、镁、锌、钡、铜、钠）、硫、磷等元素组成的添加剂，它们的残炭值很高。因此，含这类添加剂的油品的残炭已经失去测定的本来意义。

残炭有时也用于在用润滑油的检验，以其超过新油原来残炭值的数量表示油品老化变质的程度。不过这只能作为一种极粗略的而且不一定正确的估计，对于含添加剂的或受到砂土、金属碎屑等杂质污染的油品更是如此。

（13）灰分和硫酸灰分

灰分的组成一般认为是一些金属元素及其盐类。

灰分是指在规定的条件下，试样被灼烧炭化后，所剩残留物经煅烧所得的无机物，以质量百分数表示。测定方法是 GB/T 508，多用于基础油或不含有金属盐类添加剂的油品的灰分检定。

硫酸灰分也是一种特定条件的灰分，是指试样被灼烧炭化后所剩残渣，用硫酸处理后再经煅烧所得的无机物。按 GB/T 2433—2001 法进行测定，多用于如发动机油等含金属盐类添加剂的油品的灰分检定。

同一试样，其"硫酸灰分"可能会比"灰分"高 20％左右。并且前者的灰分多为白色、淡黄色或赤红色的疏松物质，而后者则是无规则的坚硬的小块。

灰分对于不同的油品具有不同的概念。对基础油或不含有金属盐类添加剂的油品来说，灰分可用于判断油品的精制深度，越少越好。对于加有金属盐类添加剂的油品（新油），灰分就可作为定量控制添加剂加入量的手段，这时的灰分在指标意义上不是越少越好，而是应不低于某个值（或范围）。如对于发动机油，在配方及原料确定后，就可把其基础油的最高灰分和成品油的最低灰分作为品质控制的参考指标。

1.2.3 润滑油模拟试验项目

实验室模拟试验是模拟机械设备的工作状态和润滑油的使用条件，对油品的性能进行初步的估量和评价，是润滑油配方筛选、产品质量控制和在用油品质量评定的重要手段。由于润滑油的模拟试验极其繁多，这里仅介绍一些常用的试验方法。

（1）抗腐蚀性

通常，采用被测油品在一定温度条件下对金属腐蚀的程度来评价润滑油的抗腐蚀性。如常用的 GB/T 5096—91 试验，方法概要是在试油中放入铜片，在一定的温度下（如 100℃、121℃）恒定 3h，取出铜片，与腐蚀标准色板进行颜色对比，确定润滑油的腐蚀等级。

腐蚀等级分为 1、2、3、4 级，每一级别又作 a、b、c……分级。

润滑油的腐蚀主要是由于油中的某些酸性物质、氧化产物和金属反应的原因。对于某些含有活性硫极压添加剂的油品来说，铜腐蚀在某种程度上反映硫化物的活性，这可以通过加入防腐蚀添加剂来抑制。随着油品品种的发展和质量的提高，绝大多数油品中都加入了足够、多效的添加剂。从许多国内外油品的铜片、钢片腐蚀试验中发现，这些油品可能使金属片变色（常常是一层砖红色的保持薄层），但在实际使用中，却有着很好的防腐蚀性能。因此希望用户对本试验应全面分析，不要简单的通过一项腐蚀试验就给油品下不合格以至不能用的结论。

（2）防锈蚀性

润滑油延缓金属部件生锈的能力称防锈性。常用的锈蚀测定法是 GB/T 11143—2008。该方法的概要是将一支标准钢棒浸入 300mL 试油中，并加入 30mL（A）蒸馏水或（B）人工海水，在 66℃的条件下，以 1000r/min 的速度搅拌使油乳化，经过 24h 后把钢棒取出冲洗，晾干后观察，用目测评定试棒的生锈程度，分为无锈、轻锈、中锈、重锈四级。

水和氧的存在是生锈不可缺少的条件。汽车齿轮中，由于空气中湿气在齿轮箱中冷凝而有水存在。工业润滑装置如齿轮装置、液压系统和汽轮机等由于使用环境的关系，也不可避免地有水的侵入。其次，油中酸性物质的存在也会促进锈蚀。为了提高油品的防锈性能，常常加入一些极性有机物，即防锈剂。

（3）抗泡性

抗泡性是指油品通入空气时或搅拌时发泡体积的大小及消泡的快慢等性能，按 GB/T12579—2002 法测定。方法概要是：将 200mL 油样放入 1000mL 量筒内，按（Ⅰ）前 24℃、（Ⅱ）93℃、（Ⅲ）后 24℃三个程序顺序进行测定。空气通过气体扩散头后产生大量泡沫，每个程序通空气 5min（流量 94mL/min），立即记录油面上的泡沫体积，这个体积称为泡沫倾向或发泡体积。停止通气后，泡沫不断破灭，停止通气 10min 后再记录残留的泡沫体积，这个体积称为泡沫稳定性（或消泡性）。试验结果以泡沫的体积数表示：泡沫倾向（mL）/泡沫稳定性（mL）。

润滑油在实际使用中，由于受振荡、搅拌等作用，使得空气混入油中，以致形成气泡而使润滑油的流动性变坏，润滑性能变差，甚至发生气阻影响供油，使机件得不到足够的润滑而磨损。特别是液压油在使用中是被当作传递介质，由于泡沫的生成，直接影响传递效果，使系统不能稳定工作。此外，如果油中的气泡和油面上的泡沫不能及时消失，就会使油（加上气泡的泡沫）的体积大大增加，以致油箱容纳不下而溢出，或使液面指示器指出假液面，以致不能及时发现是否缺油。

（4）空气释放性

空气释放性（亦称放气性、析气性或油气分离性）是指空气从试油的油气分散体系中析放出来的性能。测定空气释放性的方法是 SH/T 0308—92，其概要是将试样加热到 25℃、50℃或 75℃，通过对试样吹入过量的压缩空气（通气 7min），使试样剧烈搅动，空气在试样中形成小气泡（即雾沫空气）。停气后记录试样中雾沫空气体积减至 0.2% 的时间（min）。该时间为气泡分离时间，称为空气释放值。时间越短，表示试样的空气释放性越好。

抗泡沫性试验测定的是油品表面的发泡体积和泡沫稳定性，而放气性则是测定油品内部的小气泡（直径<0.5mm）析出的快慢。通常，油品黏度越大，则抗泡性、放气性越差。

（5）抗乳化性

乳化是一种液体在另一种液体中分散形成乳状液的现象，它是两种液体的混合而并非相互溶解。破乳化则是从乳状液中把两种液体分离开的过程。

润滑油的抗乳化性是指油品遇水不乳化，或虽然乳化，但经静置油能与水迅速分离的性能。

两种液体能否形成稳定的乳状液与两种液体之间的界面张力有直接关系。由于界面张力的存在，体系总是倾向于缩小两种液体之间的接触面积以降低系统的表面能，即分散相总是倾向于由小液滴合并成大液滴以减小液滴的总面积，乳化状态也就随之而被破坏。界面张力越大，这一倾向就越强烈，也就越不易形成稳定的乳状液。

润滑油与水之间的界面张力随润滑油的组成不同而不同。深度精制的基础油以及某些成品油与水之间的界面张力相当大，不会生成稳定的乳状液。但是，如果润滑油基础油的精制深度不够，其抗乳化性也就较差。尤其是当润滑油中含有一些表面活性物质时，如清净分散剂、油性剂、极压剂、胶质、沥青质及尘土粒等，它们都是一些亲油基和亲水基物质，它们吸附在油水界面上，使油品与水之间的界面张力降低，形成稳定乳状液的倾向加大。因此在选用这些添加剂时必须对其性能作用作全面的考虑，以取得最佳的综合平衡。

对于如液压油、齿轮油、汽轮机油等用于循环系统的润滑油常常不可避免地要混入一些冷却水，若其抗乳化性不好，它将与混入的水形成乳化液，使水不易从油箱底部放出，因此一定要处理好基础油的精制深度和所用添加剂与其抗乳化性的关系。在调和、使用、保管和储运过程中亦要避免杂质的混入和污染。否则若形成了乳化液，则不仅会降低润滑性能、损坏机件，而且易形成油泥。另外，随着时间的增长，油品的氧化、酸值的增加、杂质的混入都会使抗乳化性变差，用户必须及时处理或者更换。

现行的抗乳化性的测试方法主要有两种：

① GB/T 7305—2003 法（ASTM D1401 法）　本方法用于测定黏度不很高的油品的抗乳化性。其过程大致如下：把 40mL 蒸馏水和 40mL 试油置入量筒中，恒定在规定的温度（540℃或 82℃）后，以 1500r/min 的速度搅拌 5min，观察乳化液中油水的分离状况，记录量筒内分离的油、水、乳化层体积（mL）和相应的时间（min）。结果的报告方式是：（油—水—乳化层的体积数）相应的时间（min），如（40—37—3）7min、（40—40—0）21min、（38—36—6）60min。液压油等规格通常要求报告油—水—乳化层分离到 40—37—3 的时间，以该时间（即破乳化时间）作为抗乳化性指标，破乳化时间越短，油与水越容易分离开来，则该油品的抗乳化性就越好。

② GB/T 8022（ASTM D2711 法）　GB/T 7305 方法对于像工业齿轮油这类高黏度的油品，在搅拌时间、静置时间和试验精度等方面还有缺陷。对于高黏度的润滑油可采用 GB/T 8022 方法进行测定。其方法过程大致是：在一带刻度的专用分液漏斗中，加入一定体积的试油和蒸馏水（如中负荷工业齿轮油规格要求试验油 405mL、蒸馏水 45mL；重负荷工业齿轮油规格要求试验油 360mL、蒸馏水 90mL），在 82℃温度下高速搅拌 5min，静置 5h 之后，测定并记录分离出来的"乳化液体积（mL）"、"油中水的百分数"（用离心法分离）和"游离水的总体积（mL）"。

（6）氧化安定性

润滑油的氧化是指油品与空气中氧分子所发生的反应。

润滑油氧化后，会发生黏度增大、酸值升高、颜色变深、表面张力下降等现象。进一步氧化还会生成沉淀、胶状物质和酸性物质，从而引起金属腐蚀，并使泡沫性和抗乳化性变差，缩短油品的使用寿命。沉淀物和胶状物质沉积在摩擦面上会造成严重的磨损或机件粘结。

润滑油氧化受多种因素的影响，主要因素有四个：

① 温度。温度是油品氧化的最大影响因素。

② 与氧（或空气）的接触面积和氧的浓度。

③ 时间。时间越长，氧化深度越深。

④ 金属的催化。机械润滑部位的铁、铜和铅等活泼金属的催化作用很强，并且以铜的催化作用最大。此外，水的存在也能促进这些金属的催化作用，润滑油的化学组成也是一个关键因素。

在高温下润滑油抵抗空气中氧的氧化作用称为氧化安定性。润滑油在使用中的氧化过程大致可分为两种类型，即厚油层氧化和薄油层氧化。

① 厚油层氧化。其特点是油品在容器中，与氧（空气）接触的面积较小，温度也不高，金属催化作用不显著，反应速度和反应深度均较低。氧化产物主要是烃类氧化生成的相对分子质量低的醇、醛、酮、酸以及少量胶状聚合物沉淀。其主要危害是低相对分子质量的有机酸会引起腐蚀。通常，把油品抵抗厚油层条件下氧化的能力称为氧化安定性。液压油、电器用油、工业齿轮油等具有大油槽的油品的氧化主要是厚油层氧化。

② 薄油层氧化。其特点是油品呈薄膜状覆盖在摩擦副金属表面上，与氧的接触面积很大，温度也很高，金属表面有强烈的催化作用，氧化速度和深度远比厚油层氧化时高，氧化产物除生成相对分子质量低的含氧化合物以外，还会生成缩合产物如沥青质酸、沥青质、半油焦质、积炭等深色固体粉末状沉淀物和漆膜状物质。这类物质对机械是十分有害的，如漆膜状物质可能造成活塞环粘连。固体沉淀物可能擦伤摩擦表面，堵塞过滤器和输油管路等。通常，把油品抵抗薄油层氧化的能力称为油品的热氧化安定性。

润滑油的氧化试验，基本都是将油与空气或氧气充分接触、加热到一定温度，并且用催化剂促进氧化，然后判断油品抗氧化能力的指标。氧化试验可以分为三种类型：

① 直接用氧气压力下降程度以测其氧气的吸收量。

② 测定油的物理化学性质变化。

③ 分析氧化生成物。

一些常用的氧化试验简介如下。

① 旋转氧弹试验法（SH/T 0193—2008，与 ASTM D2272 相同）。该方法适用于评价具有相同组成（基础油或添加剂）的油品如汽轮机油、变压器油及基础油的氧化安定性。并常用于基础油或添加剂氧化安定性的比较。应注意，对于组成（基础油或添加剂）不同的油品其试验结果的可比性差。

方法概要是：将试油、蒸馏水和铜催化剂线圈一起放到一个带盖的玻璃盛样器内，然后把它放进装有压力表的氧弹中。氧弹在室温下充入 620kPa 压力的氧气，放入规定温度（绝缘油 140℃，汽轮机油 150℃）的油浴中。氧弹与水平面成 30°角，以 100r/min 的速度轴向旋转。

当试验压力从最高点下降 175kPa 后，停止试验。观察记录纸的压力—时间曲线的外圈，计算放入氧弹开始试验到压力从最高点下降 175kPa 的时间（以 min 计算），并以此作为试样的旋转氧弹法测得的氧化安定性。

② 成漆（焦）板试验法（SH/T 0300—92）。在一个装有倾斜铅板的箱体中装入 170mL 试验油。控制一定的油温和铅板温度，用电机以一定的时间间隙带动溅油器使油飞溅到上方倾斜的铅板上。在运转一定的时间后，根据铅板表面生成的沉积物量、颜色及铅片的质量变化来评定油品的热氧化稳定性。铅片的质量增加量作为沉积物的量，铅片表面的颜色用标准色板对比进行评分。评分标准分为 0～10 级，0 级为清洁，10 级为全部黑色。本方法多用于对内燃机油氧化安定性的简单评价。

③ SH/T 0299—92 法。适用于测定内燃机油氧化安定性。该法是规定条件下将试样氧化，用氧化前后金属（铜、铅、铁）片质量变化、试样 50℃ 运动黏度变化、颜色变化、氧化后的正戊烷不溶物及试样蒸气的酸碱性的总评分来表示试样的氧化安定性。总评分越低，氧化安定性越好。反之，氧化安定性越差。

试验条件分为两组。非强化试验条件：氧化时间 6h，温度 165℃，通氧量 200mL/min。

强化试验条件：氧化时间 12h，温度 165℃，通氧量 200mL/min，用于氧化安定性较好的内燃机油。

④ GB/T 12581—2006 方法（ASTM D943 法）。本方法适用于评定汽轮机油、液压油等油品的氧化安定性。

测定原理：将 300mL 试油放入玻璃的氧化管中，用油浴恒温，在 95℃ 和铜丝存在的条件下通入氧气氧化。用试油酸值达到 2.0mgKOH/g 时所需的时间（h）来表示试油的氧化安定性。这是汽轮机油、液压油等油品采用的方法。

⑤ SH/T 0123—93 方法（与 ASTM D2893 法相同）。在玻璃氧化管中加入 300mL 试油，加热到一定温度（如中载荷工业齿轮油为 95℃，重载荷工业齿轮油为 121℃），通入空

气 10L/h，氧化 312h 后测定试油的黏度增长率和戊烷不溶物百分数。该方法多用于工业齿轮油、蜗轮蜗杆油、油膜轴承油等高黏度油品。

⑥ SH/T 0192—92 方法（与 DIN 51352 法相同）。该方法分 A 法和 B 法，适用于压缩机油等油品。A 法是在 200℃温度和通入空气的条件下试验 12h，然后测定试油的蒸发损失和残炭的增值（%）。B 法是在 200℃、通入空气及有 Fe_2O_3 作催化剂的条件下试验 24h，然后测定试油的蒸发损失和残炭增值（%）。

⑦ SH/T 0520（与 CRC-L-60 相同）。用直齿轮和轴承组成模型齿轮箱作为试验容器，放入 120mL 试油，齿轮组以 1725r/min 速度旋转，在高温（163℃）下通入空气（1.11L/h），以铜为催化剂，经强制氧化 50h 后，测定试油的 100℃运动黏度增长率（%）、戊烷不溶物（%）、苯不溶物（%）、酸值、催化剂失重和齿轮的齿隙等来评定车辆齿轮油的热氧化安定性。

（7）热安定性

油品的热安定性表示油品的耐高温能力。在隔绝氧气和水蒸气条件下，油品受到热的作用后发生性质变化的程度越小，则热安定性越好。热安定性的好坏很大程度上取决于基础油的组成和馏程。很多分解温度较低的添加剂往往对油品热安定性有不利影响。

测定热安定性的方法有：

① ASTM D2160 或 FS 79182508 方法。把 20mL 试油在隔绝氧气和水蒸气以及没有金属催化剂的条件下（在密闭的硬质玻璃试验管内，抽真空后封闭；或向恒温箱内通入 CO_2，把氧和水蒸气排除掉），加热到一定温度和一定时间（例如 260℃，6h 或 24h；或者 120℃、135℃，168h）。a. 观察试油外观上的变化（颜色变化，有无沉淀，有无分层等）；b. 测定试油酸值变化；c. 测定试油运动黏度的变化率。

② 有催化剂的热安定性试验（烘箱烧杯试验）方法。在隔绝氧气和水蒸气的条件下，把钢片和铜片放入试油中作为催化剂，温度 135℃（或 120℃），历时 168h，然后测定：a. 油泥质量（mg）；b. 试油颜色的变化和黏度增加率。此外还可测定钢片和铜片上的沉淀物量及金属片的质量减小。

（8）剪切安定性（抗剪切性）

液压油、齿轮油、内燃机油等润滑油，在通过泵、阀（如溢流阀、节流阀等）的间隙、小孔或齿轮齿的啮合部位、活塞与气缸壁的摩擦部位时，都受到强烈的剪切力作用，这时油品中的高分子物质就会发生裂解，变成相对分子质量较低的物质，导致油品黏度的降低。油品抵抗剪切作用而使黏度保持稳定的性能，就叫做剪切安定性（抗剪切性）。一般，不含高分子聚合物（增黏剂，高分子降凝剂等）的油品抗剪切性都比较好，而含高分子聚合物的油品，抗剪切性就比较差。

常用的剪切安定性试验方法有以下两种。

① 超声波剪切试验法（ASTM D2603 方法）。把超声波发生器的聚能头插入 30mL 试油中，通超声波 20min 或 30min。由于超声波作用，油中不断产生空穴，因而发生空穴作用。

强烈的冲击波对试油产生很强的剪切作用（当油品通过间隙和小孔时，就会产生紊流，这时也会发生空穴作用，有人认为这种空穴作用是对油品产生剪切作用的主要原因），使油品中高分子物质裂解，从而产生相对分子质量较低的物质，使得黏度下降。最后测定黏度下降率。超声波剪切试验条件见表 1-2。

表 1-2　超声波剪切试验条件

项目	频率/kHz	功率/W	冷却水温/℃	聚能头端面位置/mm	试油用量/mm	试油容器	处理时间/min
试验条件	20±1（或 10）	250 以上	33±1	油面下 5	30	100mL 玻璃烧杯	处理 20min 或 30min 或者做黏度下降率与处理时间的关系曲线

超声波剪切法的缺点是所得的实验结果与实际使用的结果不太符合，尤其是当油品所含的高分子聚合物类型不同时，相差更大；不同实验室所测得的结果误差较大（允许误差可高达 41％）。其优点是能很快得到结果。

② 机械剪切试验法（参考 FS 791 B3471·2 方法进行）。其试验条件如表 1-3 所示。本方法用油量大，试验时间长，但与实际使用情况比较接近。超声波剪切试验结果与机械剪切试验结果的对应性不好。

表 1-3　机械剪切试验法条件

项目	美国 FS 791 B3471·2 方法	日本工业标准 JIS K2232
泵型	齿轮泵	齿轮泵
压力/10^5Pa	42±2.1	70.3±3.5
试油用量/L	0.43	11.3 以下
试油流量/（L/min）	0.185	4.2 以上
油温/℃	用冷却槽冷却油泵油路，使油路的高压端压力保持（42±2）×10^5Pa	37.8±2.8
试验时间	按参比油黏度下降 15％所需的循环次数运转	试油连续循环 5000 周
试油检验	试油外观的变化，黏度的变化，酸值的变化	黏度下降率

（9）水解安定性

水解安定性是液压油的一项重要指标，它表示油品在受热条件下在水和金属（主要是铜）的作用下的稳定性。当油品酸值较高或含有遇水易分解成酸性物质的添加剂时常会使此项指标不合格。

试验按 SH/T 0301—92 法（酒瓶法）进行：把 75g 试油与 25g 蒸馏水装入玻璃瓶（酒瓶）内，放入经过抛光的电解铜片，盖好瓶盖，然后把瓶子固定在已安装于烘箱中的翻滚机上。在 93℃恒温下以 5r/min 的速度翻滚 48h，最后测定下列项目：①铜片质量减小（mg/cm²）；②水层的酸值（mgKOH/g）；③试油酸值的变化（mgKOH/g）。此外还可观察测定铜片外观的变化、试油的黏度变化、沉淀物含量等。上述这些数值越大，则试油的水解安定性越差，油就越易变质和产生油泥，同时对液压元件的腐蚀也越严重。

（10）橡胶密封性

油品在机械设备中不可避免地要与一些密封件接触，尤其在液压系统中以橡胶做密封件者居多，因此要求润滑油与橡胶有较好的适应性，避免引起橡胶密封件变形。通常，烷烃对橡胶的溶胀或收缩作用很小，而芳烃则能使橡胶溶胀。一般来说，矿油型润滑油使橡胶溶胀的可能性较大，使其收缩的可能性较小。但是，当基础油的硫含量较高或添加剂中活性硫较多时，会使橡胶收缩。此外，许多合成润滑油对普通橡胶有较大的溶胀或收缩性，使用时应选用特种橡胶（如硅橡胶、氟橡胶等）作密封件。

液压油的规格要求使用 SH/T 0305—2004 方法测定其橡胶适应性（亦称为橡胶密封性

指数）。它是以一定尺寸的特定橡胶圈浸油前后的直径变化来衡量。有的油品规格以特定橡胶浸油前后的质量和体积变化的百分数来表示。

（11）清净分散性

清净分散性是发动机油一项非常重要的性能。清净分散性好的发动机油能够将活塞、气缸等机件表面上形成的漆膜和积炭洗涤下来；能够使沉积于曲轴箱等部位的油泥、沉积物分散、悬浮于油中，然后在机油循环中通过机油滤清器将其除去，从而使机件表面保持清洁，使机油和润滑系统保持干净。

1.2.4 润滑油的选用

润滑油的选用，与很多因素有关，必须具体问题具体分析。

（1）润滑油的牌号

GB/T 3141—1994 等效采用 ISO 3448—1992 标准，制订了《工业液体润滑剂－ISO 黏度分类》。该分类是以 40℃时润滑油的运动黏度来划分的。该黏度牌号分类见表 1-4 润滑油黏度牌号所示。

表 1-4 润滑油黏度牌号分类

GB/T 3141—1994 采用的黏度牌号	ISO 采用的黏度牌号	中心值运动黏度（40℃）/cSt（mm²/s）	运动黏度范围（40℃）/cSt（mm²/s）
2	ISOVG2	2.2	1.98～2.42
3	ISOVG3	3.2	2.88～3.52
5	ISOVG5	4.6	4.14～5.06
7	ISOVG7	6.8	6.12～7.48
10	ISOVG10	10	9.00～11.0
15	ISOVG15	15	13.5～16.5
22	ISOVG22	22	19.8～24.2
32	ISOVG32	32	28.8～35.2
46	ISOVG46	46	41.4～50.6
68	ISOVG68	68	61.2～74.8
100	ISOVG100	100	90.0～110
150	ISOVG150	150	135～165
220	ISOVG220	220	198～242
320	ISOVG320	320	288～352
460	ISOVG460	460	414～506
680	ISOVG680	680	612～748
1000	ISOVG1000	1000	900～1100
1500	ISOVG1500	1500	1350～1650

（2）根据机械设备的工作条件选用

① 载荷。载荷大，应选用黏度大、油性或极压性良好的润滑油。反之，载荷小，应选用黏度小的润滑油。间歇性的或冲击力较大的机械运动，容易破坏油膜，应选用黏度较大或极压性能较好的润滑油。

② 运动速度。设备润滑部位摩擦副运动速度高，应选用黏度较低的润滑油。若采用高黏度反而增大摩擦阻力，对润滑不利。低速部件，可选用黏度大一些的油，目前国产中负荷、重负荷工业齿轮油都加有抗磨添加剂的情况下，也不必过多地强调高黏度。

③ 温度。温度分环境温度和工作温度。环境温度低，选用黏度和倾点较低的润滑油。反之可以高一些。如我国东北、新疆地区，冬季气温很低，应选用倾点低的润滑油。而广东、广西等地，全年气温较高，选用的润滑油倾点可以允许高一些。工作温度高，则应选用黏度较大、闪点较高、氧化安定性较好的润滑油，甚至选用固体润滑剂，才能保证可靠润滑。至于温度变化范围较大的润滑部位，还要选用黏温特性好的润滑油。

④ 环境、湿度及与水接触情况。在潮湿的工作环境里，或者与水接触较多的工作条件下，应选用抗乳化性较强、油性和防锈性能较好的润滑油。

（3）润滑油名称及其性能与使用对象要一致

① 油名。国产润滑油，不少是按机械设备及润滑部位的名称命名的。如汽油机油，顾名思义，用于汽油发动机。汽轮机油则用于汽轮机，齿轮油则用于齿轮传动部位。油名选对是重要的，但必须考虑到不同生产厂之间的质量也有所不同。

② 黏度。选用润滑油，首先要考虑其黏度。润滑油的黏度不仅是重要的使用性能。而且还是确定其牌号的依据。过去国产润滑油大部分按其在 50℃ 或 100℃ 时的运动黏度值来命名牌号的。现在与国外一致，工业用润滑油按 40℃ 运动黏度中心值来划分牌号。如 32 液压油，其 40℃ 运动黏度中心值为 $32mm^2/s$，必须注意 40℃ 的新牌号与 50℃ 的旧牌号的换算。润滑油的黏度，与机械设备的运转关系极大。一般说，黏度有些变化，或稍大一些或小一些，影响不大。但如选用黏度过大或过小的润滑油，就会引起不正常的磨损，黏度过高，甚至发生卡轴、拉缸等设备事故。

③ 倾点。一般要求润滑油的倾点比使用环境的最低温度低 5℃ 为宜，并应保证冬季不影响加油使用。因此，如限于华南地区使用，不必选用倾点很低的油品，以免造成浪费。

④ 闪点。闪点有两方面意义。一方面反映润滑油的馏分范围；另一方面也是一个反映油品安全性的指标。高温下使用的润滑油，如压缩机油等，应选用闪点高一些的油。一般要求润滑油的闪点比润滑部位的工作温度高 20～30℃ 为宜。

（4）参考设备制造厂的推荐选油

参考不是根据推荐用什么油就选用什么油。一些设备制造厂往往还是推荐全损耗系统用油（原称机械油）、汽油机油、气缸油等用于齿轮润滑，推荐全损耗系统用油用于液压传动，而不了解国内已生产了专门的工业齿轮油和液压油。特别是过去出产的机床，往往都推荐全损耗系统用油用于液压传动，这是很不合适的，不少设备制造厂开始推荐用比较对路的油品。如一汽新型解放牌汽车和二汽东风牌汽车，都明确推荐使用 SD 级汽油机油及相当于 API GL－5 水平的重负荷车辆齿轮油。这些可以作为选用油的依据。

至于引进的设备，一般推荐很多公司的油品，可以参考国外设备厂商推荐的油品类型、质量水平等选用国内质量水平相当的产品。目前在国内，已能够生产与国外相对应的各种类型的润滑油品，一些油品的质量水平已达到国际同类产品水平。因此，进口设备用油要立足国内，这样，不仅为国家节省大量外汇，而且也能为企业增加效益。个别润滑油品种，国内实在还未开发的，才考虑向国外公司进口。

1.2.5　润滑油的代用

首先必须强调，要正确选用润滑油，避免代用，更不允许乱代用。但是，在实际使用中，会碰上一时买不到合适的润滑油，新试制（或引进）的设备，相应的新油品试制或生产未跟上，需要靠润滑油代用来解决。

（1）润滑油的代用原则

润滑油的代用原则基本与选油原则相同。具体要求如下：

① 尽量用同类油品或性能相近、添加剂类型相似的油品。

② 黏度要相当，以不超过原用油黏度±25%为宜。一般情况，可采用黏度稍大的润滑油代替，但精密机床用液压油、轴承油则选用黏度稍低些。

③ 质量以高代低，即选用质量高一档的油品代用，这样对设备润滑比较可靠。同时，还可延长使用期，经济上也合算。在我国，过去由于高档油品不多，不少工矿企业，在代用油上都习惯质量以低代高，这样做害处很多，应当改变。

④ 选择代用油时，要考虑环境温度与工作温度，对工作温度变化大的机械设备，代用油的黏温特性要好一些，对于低温工作的机械，选择代用油倾点要低于工作温度10℃以下，而对于高温工作的机械，则要考虑代用油的闪点要高一些，氧化安定性也要满足使用要求。

（2）代用实例

① 10号高速全损耗系统用油可用10号变压器油代用。

② 全损耗系统用油可用黏度相当的HL液压油或汽轮机油代用。

③ 汽油机油可用黏度相当，质量等级相近的柴油机油代用。

④ HL液压油可用抗磨液压油或汽轮机油代用。

⑤ 相同牌号的导轨油和液压导轨油可以暂时互相代用，中负荷工业齿轮油、重负荷工业齿轮油可暂时用中负荷车辆齿轮油代用，但抗乳化性差。

1.2.6 润滑油的混用

在润滑油的使用过程中，有时会发生一种油与另一种油混用问题。包括国产油与国外油。国产油中这类油与另一类油，同一类油不同生产厂或不同牌号，新油与使用中的"旧"油混用等。油品相混后，是否会引起质量变化，哪些油品能相混，相混时应注意哪些问题，都是润滑工作者最为关心的问题。

（1）混用的原则

① 一般情况下，应当尽量避免混用，因为设备用了混合油，如果出了毛病，要找原因就更困难了。另外，不同润滑油混合使用也就难以对油品质量进行确切的考查。

② 在下列情况下，油品可以混用：a. 同类产品质量基本相近，或高质量油混入低质量油仍按低质量油用于原使用的机器设备。b. 需要调整油品的黏度等理化性能，采用同一种油品不同牌号相互混用，如32号与68号HL液压油掺配成46号。c. 不同类的油，如果知道两种对混的油品都是不加添加剂的，或其中一个是不加添加剂，或两油都加添加剂但相互不起反应的，一般也可以混用，只是混后对质量高的油品来说质量会有所降低。

③ 对于不了解性能的油品，如果确实需要混用，要求在混用前作混用试验（如采取拟混用的两种油以1:1混合加温搅拌均匀），观察混合油有无异味或沉淀等异常现象，如果发现异味或沉淀生成，则不能混用。有条件的单位，最好测定混用前后润滑油的主要理化性能。

④ 对混用油的使用情况要注意考查。

（2）混合后理化性能变化

① 黏度变化 黏度不同的两种润滑油相混后，黏度是起变化的，变化的范围总是在高黏度油与低黏度油之间。已知两种油的黏度，要得到基于两者之间的黏度的混合油，可按不同调和比进行调和，其比例可用以下公式进行计算。

$$\lg N = V \lg n + V' \lg n'$$

式中 V、V'——A油和B油的体积分数，即 $V + V' = 1$；

n、n'——A 油和 B 油在同一温度下的黏度，mm^2/s；

N——调配油同温度下的黏度，mm^2/s。

可查"两组分黏度调和图"求混合油黏度，若要求十分精确，还应该做小调试验。

② 闪点变化　两种润滑油相混，闪点也会发生变化，特别是高闪点油中混入了低闪点油，即使其量不多，对油品的闪点也会降低甚大。混合油的闪点可通过查"两组分近似闪点调和表"得到。

③ 密度、酸值、残炭及灰分的变化　可以通过以下公式进行计算：

$$P = \frac{x_A p_A + x_B p_B}{100}$$

式中　P——要求混合油的某项质量指标；

x_A——A 种油的配比，%；

p_A——A 种油的某项质量指标数；

x_B——B 种油的配比，%；

p_B——B 种油的某项质量指标数。

（3）几点注意事项

① 军用特种油、专用油料不宜与别的油混用。

② 内燃机油加入添加剂种类较多，性能不一，混用问题必须慎重，已知内燃机油用的烷基水杨酸盐清净分散剂与磺酸盐清净分散剂混合后会产生沉淀。国内外都发生过不同内燃机油混合后产生沉淀，甚至发生事故等情况。

③ 有抗乳化要求的油品，不得与无抗乳化要求的油品相混。

④ 抗氨汽轮机油不得与其他汽轮机油（特别是加烯基丁二酸防锈剂的）相混。

⑤ 抗磨液压油不要与一般液压油等相混，含 Zn 抗磨、抗银液压油等不能相混。

1.3　润滑脂及应用

1.3.1　润滑脂概述

润滑脂（俗称干油）简单地说就是稠化了的润滑油。它是由稠化剂分散在润滑油中而得的半流体（或半固体）状的膏状物质。润滑脂是一种胶体分散体系。润滑油和稠化剂，不是简单的溶解，也不是简单的混合，而是由稠化剂胶团均匀地分散在油中。所谓分散体系是指一种物质（稠化剂）以微粒状态分散到另一种物质（油）中的形成的一种稳定体系。因此润滑脂在流体力学中的性质不属于牛顿液体，而是非牛顿液体。

（1）润滑脂的组成

润滑脂是由基础油和稠化剂再加入改善性能的添加剂所制成的一种半固体（通常是油膏状）的润滑剂，其成分有基础油、稠化剂、稳定剂和添加剂等。

① 基础油　基础油是润滑脂中含量最多（占 70%～90%）的组分，是起润滑作用的主要物质。矿物油和合成油都可作基础油。矿物油是制造普通润滑脂的主要基础油，其价格低，但使用温度范围较窄，不能同时满足高、低温要求。合成油用于制造高、低温或某些特殊用途的润滑脂。基础油的黏度必须根据润滑脂的使用条件决定，低温、轻负荷、高转速应选低黏度油，反之，则应选中黏度或高黏度油。

② 稠化剂　稠化剂在润滑脂中的含量约占 10%～30%，其作用是使基础油被吸附和固定在结构骨架之中。稠化剂有四类：烃基、皂基、有机和无机稠化剂。

③ 稳定剂　稳定剂的作用是使稠化剂和基础油稳定地结合而不产生析油现象。不同润滑脂使用的稳定剂也不同，如钙基脂用微量水（1%～2%）作稳定剂，一旦钙基脂失去水分，脂的结构就完全被破坏，从而造成严重的油皂分离。

④ 添加剂　常用添加剂有抗氧剂、极压抗磨剂、防锈剂、黏附剂、填充剂和染料剂等。

(2) 润滑脂的作用机理

润滑脂的润滑作用，部分是由于稠化剂的作用，部分是由于基础油的特殊结合所带来的既不同于基础油又不同于稠化剂的润滑特性。基础油分三部分保持在润滑脂结构中，在皂胶团表面的基础油因皂分子碳氢链末端之间的吸引力而维系在结构内，常称这部分基础油为游离油；在皂分子的二维排列层之间的基础油，除链末端之间的吸引力维系外，层间还有类似毛细管的作用，因此称之为毛细管吸附油；而处于皂分子晶体内的基础油，由于皂分子羧基端的离子场的影响而被牢固地维系在晶体内，常称这部分基础油为膨化油。由于外力的作用，皂胶团被压缩，首先分离出来的是游离油，其次是毛细管吸附油，而膨化油只有当润滑脂结构被破坏时才分离出来。前面仅就润滑脂的析油作了讨论，但到底滚动轴承内润滑脂的动态如何？又是以何种机理进行润滑的呢？滚动轴承内的润滑脂经过初期的复杂流动后而达到稳定分布状态，长时间的润滑可以认为是这样的，摩擦部位残留的特别少量流动的润滑脂和轴承内、外静止状态的润滑脂，与由于受热、振动、离心力等作用而析出的基础油共同起润滑作用。同时，滚动体近旁静止的润滑脂与滚动体表面附着的润滑脂膜之间，可能存在着微量润滑脂的不断交换。轴承空腔内及密封盖里附着的静止润滑脂能起防止流动化润滑脂流出的密封作用和供给基础油的作用。因此，轴承空腔、密封盖的容积或形状，也对润滑效果有较大的影响。

润滑脂一般可被看作是加有表面活性物（稠化剂）的润滑油。这类表面活性物含有极性基团和烃基链分子，并形成一定厚度的润滑层。在个别情况下，这润滑层可达 400～500 个单分子层。可见，这样多分子层隔开的摩擦副对偶表面要比常见润滑油单分子层隔开摩擦副对偶表面的摩擦小得多。因此，在边界润滑条件下，润滑脂比润滑油更适用于苛刻条件下的齿轮、重载轴承等的润滑。

润滑脂在使用上有着很多为润滑油所无法相比的优点，如附着力强，密封性能好，可以抗水冲淋，防锈，不易漏失，加入特殊添加剂可赋予特殊性质，补给周期可以很长，甚至可以一次性终身润滑。所以润滑脂的研制已成为一专门的学科。润滑脂专业生产厂在我国逐渐增多，几乎每省都有。润滑脂的品种随着工业的发展和要求也逐渐增多，而且质量也在提高更新换代。

(3) 润滑脂的生产过程

润滑脂的生产过程大致如图 1-3 所示。润滑脂的品种很多，各种不同的皂基，配制工艺略有不同，但整个制脂工艺基本上大同小异，锂基脂的生产工艺如图 1-4 所示。

(4) 润滑脂的分类

润滑脂的品种多，按用途归纳为集中润滑系统用脂，灌注式润滑用脂，传动机构用脂及特殊用脂。

润滑脂的代表符号，我国国家标准 GB/T 7631.8 第 9 部分，X 组（润滑脂），符号标志方法，用 5 个字母。第 1 个字母用 X，表示润滑脂。第 2 个字母表示使用的最低温度。第 3 个字母表示使用的最高温度。第 4 个字母表示抗水性、防锈性。第 5 个字母表示极压性。最后的是稠度号。

字母 2 的标志：A 为 0℃，B 为 -20℃，C 为 -30℃，D 为 -40℃，E 为 <-40℃。

字母 3 的标志：A 为 60℃，B 为 90℃，C 为 120℃，D 为 140℃，E 为 160℃，F 为 180℃，G 为 >180℃。

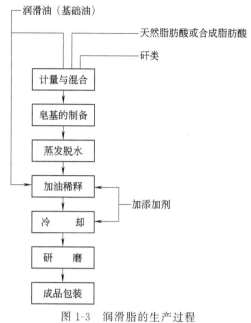

图 1-3　润滑脂的生产过程

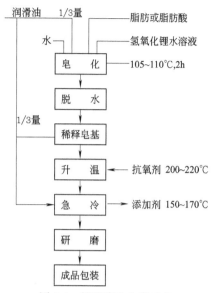

图 1-4　锂基脂的生产工艺

字母 4 的标志如表 1-5 所示。

表 1-5　字母 4 的标志

环境条件	防锈性	字母 4	环境条件	防锈性	字母 4	环境条件	防锈性	字母 4
L	L	A	M	L	D	H	L	G
L	M	B	M	M	E	H	M	H
L	H	C	M	H	F	H	H	I

注：环境条件中：L 表示干燥，M 表示静态潮湿，H 表示水洗。防锈性中：L 表示不防锈，M 表示淡水下防锈，H 表示盐水下防锈。

字母 5 的标志：A 表示非极压，B 表示极压。

1.3.2　润滑脂的质量指标及其使用的意义

（1）耐温性

评价的方法有以下几种。

① 滴点　国家标准 GB/T 4929—2004，是测定润滑脂滴点的方法，即润滑脂在测定器中受到加热后，滴下第一滴时温度，滴点越高耐温性越好。灌注式润滑的轴承所使用的润滑脂，其滴点应高于轴承工作温度 40℃，才能确保不流失，才能保证润滑的可能性。集中供脂，一次性润滑的部位所使用的润滑脂，其滴点温度应高于工作环境温度。润滑脂的滴点最低的 45℃，较高的 160℃、250℃，最高的无滴点。

② 保持能力　行业标准 SH/T 0334 是测定保持能的方法，用钢棒声 15mm×20mm，在表面涂上一层 0.1mm 厚的脂，置于恒温箱中，在规定温度下，规定时间，测定残留在钢棒表上的脂量，残留脂量越大的指保持能力的耐温性能越强。这种测定方法常用于评定枪炮脂（60℃，24h，不小于 0.6mg/cm²）。在高温环境中工作的钢丝绳、链条、滑道等部位，要求所使用的润滑脂有较强的保持能力，为了模拟现场的工作情况，可以把试验温度提高，时间适当缩短一些。

③ 蒸发量 国家标准 GB/T 7325 是测定蒸发量的方法，通过蒸发量可以评定润滑脂在高温下基础油的挥发损失情况，蒸发量较大的脂在使用过程中容易干枯，使用寿命也就降低了。电机轴承以及难于补充给脂而检修周期又较长的轴承，所使用的润滑脂要求具有较小的蒸发损失。日本新日铁公司规定灌注润滑用的润滑脂，按 JISK2565B 法（ASTM D927）脂面通过 98.9℃ 的热空气经 22h 后，脂的蒸发损失不应超过 20%。我国国家标准 GB 7323—94 极压锂基脂的蒸发量小于 2%，行业标准 SH/T 0534—93 极压复合锂基脂的蒸发量小于1%。有一些连续生产的热处理炉炉底轴承用脂，其蒸发损失要求极为严格，例如硅钢片厂的连续退火炉内气氛保持要求很高，如果炉底辊轴承用脂挥发出的气体进入炉内，会破坏炉内气氛，直接影响到高磁感硅钢片的生产质量，它对润滑脂蒸发量有极为严格的要求，即在105℃ 下保持 8h，脂的蒸发损失不得大于 1%。

④ 漏失量 行业标准 SH/T 0326，基本上参照 ASTM D1263 轮毂流失试验，是模拟汽车轮毂润滑状况的一种试验方法，将 90g 脂样均匀地装入轮毂内，由空气浴加热，使轮毂主轴温度达到 104℃（220℉），轮毂转速 660r/min，运行 6h 然后检查脂样从轮毂内向外流失量，以克为单位计量。流失量越小的脂的质量越好。这种试验还可以更进一步模拟现场情况，把轮毂主轴的温度提高到 150～200℃，运行时间也可以延长。这种试验包含着两方面的意义，一是高温下脂的流失情况，标志着耐温情况；另一则是机械安定性情况。

⑤ 静热试验 这是美国钢铁联合企业（简称美钢）的试验方法，用金属丝制成 1.5in×1.5in×1.25in（1in＝25.4mm）网，网眼 16 目，将试样脂盛在网内，把表面刮平，作一次微锥入度（1/4 标准锥），记录数据，把盛有脂的网，装在 100mL 烧杯上，置入干燥加热炉，350℉（178.6℃）内保持 150h 后，取出冷却室温，再作一次微锥入度（1/4 标准锥），记录数据，之后再把脂样放入炉内，在 350℉（178.6℃）下再保持 150h，取出冷却后再作微锥入度（1/4 标准锥）。一般典型的结果如下：

锥入度

	开始	150h	300h
A 脂	60	44	38
B 脂	75	25	16
C 脂	80	17	1

从试验结果很明确地知道 A 脂的耐温性较好。C 脂经过 300h 后，已经就变得很硬了。

⑥ 结集性 考核润滑脂在高温下结集的状况是极为重要的。润滑脂长期处在高温环境中总会结集的。从不影响使用性能这个观点出发，希望结集状况不是硬性块，最好是松软的粉状。特别是集中供脂系统结成硬性集块就会堵塞管路。试用膨润土润滑脂，它无滴点，看似耐温，用于灌注式润滑的加热炉揭盖机轴承，运行一段时间后，轴承转不动了，停车检查，发现该脂结成硬块，类似混凝土，无法清除。关于结集性的评价，有人用玻璃板，涂上一层薄脂样，放入 250～300℃ 的炉内，恒温一段时间，取出观察脂面情况有无结块、变硬情况。

（2）抗水性

有些工厂（如钢铁厂）的设备必须与冷却水接触，水不可避免地要进入轴承，特别是热轧轧制线上的设备，进水量是相当大的，因此要求润滑脂必须具有良好的抗水性能。

① 水淋流失量 行业标准 SH/T 0109，参照 ASTM D1264 制定的，用钢球轴承，装在轴承壳中，装入试验用的润滑脂，轴承以 600r/min 速度运行，用温度为 38℃（或 79℃）的蒸馏水经 5mL/s 流量喷向轴承，运行 1h，检查轴承中被水冲淋流失的脂量以百分数表示。水淋流失量越小的抗水性越好。一般锂基润滑脂、极压锂基脂、复合铝基及极压复合铝基脂

都要求 38℃，1h 冲淋流失量不大于 10%。通用汽车锂基脂要求 79℃，1h 淋流失量不大于 10%。

② 喷淋冲失试验　这是美钢伯利恒厂提出的建议用金属片 25mm×25mm 涂一层 12.7mm 厚的脂样，在水温为 38℃、水压 0.15MPa 下垂直喷淋 5min，然后测定损失重量，冲失量少的脂抗水性较好，含有沥青胶质的脂冲失量较少。钢绳、传动链、联轴器，开式齿轮用脂，可以用这种方法试验。

③ 加水剪切　将润滑脂中加入 10% 的水，经 10 万次剪切后，测定其锥入度。抗水性能好的脂经过 10 万次剪切后，锥入度变化并不大，不能抗水的脂经过剪切后即变为流体，锥入度大于 400。

美国伯利恒钢铁公司采用一种试验方法，将水和润滑脂搅拌一定时间后，再测脂中的含水量、锥入度、防锈性、抗腐性、抗磨性等，主要技术指标，不应有显著的下降，则脂的抗水性较好。

（3）压送性

对于集中给润滑脂，压送性极为重要，评价压送性有以下几方面：

① 锥入度　过去曾经叫针入度，现在叫锥入度有两种原因，一是与国际接轨，国外通称 Cone Penetration（锥入度）。二是与沥青检测有所区别。因为检测沥青也用针入度，检测器类似针而不是锥。润滑脂的检测器是一个锥体，用金属制成，有一定的重量，锥体有三种，第一种标准锥，第二种比标准锥小 1/2，第三种为标准锥的 1/4，又称微锥。试验方法 GB/T 269—2004 是等效采用 ISO 2137 标准，与 ASTM D217 相同。凡不注明使用 1/2 及 1/4 锥体的都是使用标准全尺寸锥体。润滑脂的锥入度是在 25℃ 时，锥体从锥入度计上释放，5s 后锥体下落入润滑脂刺入深度，以 0.1mm 为单位，如锥入度为 300 刺入深入 30mm。测定锥入度之前，一般都要将润滑脂装在工作器内，工作 60 次，也有不工作的，也有延长工作次数的。如工作 1 万次、10 万次之后再测锥入度。锥入度只能表示润滑脂的稠度，或者说是脂的硬软程度，而不能表示出脂的内摩擦阻力，因此它不能全面评价出脂压送性能的优劣。一般情况，锥入度较大的，比较软，容易压送。常常把压送给脂的锥入度控制在 290 左右。我国采用 NLGI（美国国家润滑脂协会）把润滑脂的稠度分为 9 个等级，级别就代表脂号。

GB/T 7631.1—2008 附录 A 关于润滑脂稠度等级的划分如下：

稠度等级号	锥入度
000	445～475
00	400～430
0	355～386
1	310～340
2	260～295
3	200～250
4	175～205
5	130～160
6	85～115

② 相似黏度　又叫表观黏度。我国制订了行业标准 SH/T 0048，测定润滑脂的相似黏度。润滑脂是一种非牛顿液体，在一定温度下，它的黏度随剪切速度而变的一个变量，相似黏度就代表着润滑脂在某一温度和某一剪切速度时的内摩擦阻力，也就是表示着它的流动性能。相似黏度低的润滑脂容易压送。特别是低温环境工作的润滑脂尤其要注意低温下的相似

黏度。美国的测定方法 ASTM D102，它是由液压系统推动浮动活塞，将润滑脂强制给压，通过毛细管，根据事先确定的流量和系统内的压力增长，按泊肃叶公式计算出润滑脂的相似黏度。这个测试系统有 8 种毛油管，两种液压泵速，共计可测出 18 种剪切速率。各种不同剪切率的表观黏度可以用对数图表示出来。一般规定集中给脂系统用的润滑脂，在 $-10℃$、$10s^{-1}$ 时的相似黏度：0 号脂不大于 150Pa·s，1 号脂不大于 250Pa·s，2 号脂不大于 500Pa·s。

③ 强度极限　石油部标准 SY 2722，这一方法是润滑脂在试验温度下，在塑性计螺纹管内发生位移时的压力，换算成强度极限值。因此它表示润滑脂在一定温度下发生变形时的抗剪切能力，所以它可以衡量润滑脂的压送性能。

④ 润滑脂流动性　美钢方法，在设定条件下，测定润滑脂的流动阻力。使用 S.O.D 压力黏度计缸（油标准部设计），见图 1-5。缸底部装有毛细管，长 6.0in（1in=0.0254m）、直径 0.15in，缸内有活塞，上部连接氮气瓶，下部为脂样，整个缸装有冷却装置的筒内。当脂样冷却到规定的温度，将活塞上的氮气压力调节到 150psi（1psi=6.895kPa）。最初流出的脂样流出后，并记录时间，要能计算出每秒流出的脂量，这就可以评定脂的流动性，每秒流出的脂量越多脂的流动性越好。USS340 轧辊轴承脂，USS350 极压脂，USS370 高温 EP 脂，USS371 滚动轴承脂，USS372 高温脂等都要求流动性在 0F 时，每秒流出指量不少于 0.1g。USS352 重量负荷 EP 脂及 USS355 极高温 EP 脂。在 0F 时，每秒流出脂量不少于 0.01～0.1g 到泵送的临界限。

⑤ 现场润滑脂流动性试验　美钢方法，采用低剪切速度系统。分为两部分：

现场试验：模拟现场，铺设一条管路，约 550ft，如图 1-6，2in 管子的末端连接泵站。3/4in 管子末端连接压力计。开动泵站将试验的润滑脂充满管路。首先将压力计处的阀打开，排出一部分脂，大约 1～2min，紧接着在相同条件下，将脂接入一可计量的容器，记录时间及脂的温度，停止泵，关闭排放脂阀，记录压力计的压力。

实验室试验：用 S.O.D 压力黏度缸，缸底装有毛细管声 0.15in×6in，缸中活塞下部装入试验脂样，活塞上部接通氮气瓶，调节通入 S.O.D 缸上部的压力，使脂缓慢流出，初始流出的脂不要，然后将流出的脂计量，每秒钟流出少于 0.02g，最多 0.02g，这决定于脂的温度和缸上部的氮气压力。

⑥ 润滑脂泵送性能试验　美钢方法，用林柯释放计（Lincoln Ventmeter）如图 1-7。大约用 0.453kg 脂样，用杠杆泵与阀 1 连接，将阀开启，把脂样充满测试计的小管，然后关闭阀 2，注意脂样中不得有气泡，继续摇动杠杆泵，使压力计的压力达到 12.654MPa，然后将阀 2 开启，释放压力，30s 后，记录压力计上的读数，再关闭阀 2，摇动杠杆泵，使压力达到 12.654MPa，再开启阀，释放压力，30s 后，记录压力上的读数，如此反复 3 次，取平均值，即可按读数选数供脂管路的尺寸。要注意的是压力释放计的温度要保持在润滑脂工作环境的最低温度下测定。压力释放计用 7.6m 长、6.12cm 直径的铜管制成，每次测试完毕后，要立即用溶剂冲洗管路、清洗干净、干燥放置，以备再用。

（4）抗磨性

评价润滑脂的抗磨性能，有以下几种方法。

① 四球机　PB 值，PD 值，综合磨损指标，低负荷长时间磨斑直径。

② Timken 试验　通过载荷、OK 值。低负荷长时间磨斑状况：一次涂脂，不再继续加脂，加载 4.53kg，连续运行 8h，观察试块上的磨痕状况。磨痕光滑完整即为通过，抗磨性较好，脂中加入 MoS_2 等固体润滑剂比较容易通过这种试验。

③ FZG 试验　这种齿轮试验机有三种试验齿轮即 A 型、L 型和 C 型，其中 C 型齿轮试件就是用来试验润滑脂的抗磨性能，测定其承载力级就可评价润滑脂的抗磨性能。

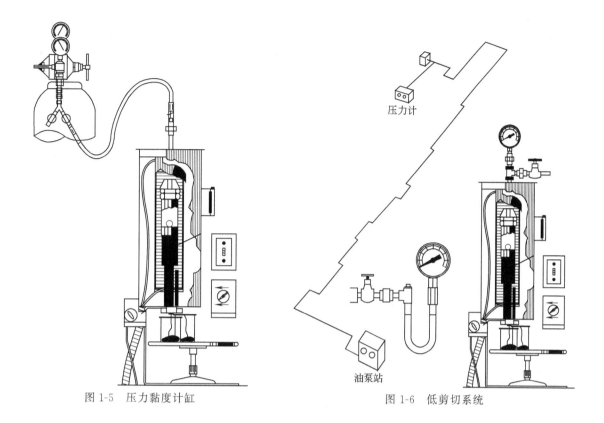

图 1-5 压力黏度计缸

图 1-6 低剪切系统

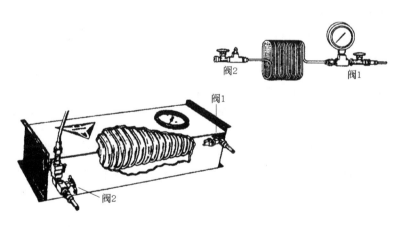

图 1-7 林柯释放计

(5) 机械安定性

灌注式润滑的滚动轴承，某些部位因加补润滑脂受到限制，只有等检修时才能加脂，每加一次脂就必须使用一个检修周期，要等到下一次检修时才能补加脂或清洗换脂。特别是转速较高的轴承，要求润滑脂的机械安定性就更为严格，在长期运行过程中不因机械剪切而流失。目前采用两种方法评定脂的机械安定性。

① 10 万次剪切后的锥入度变化 把脂样装入工作器，以每秒钟剪切一次的速度，在自动剪切机上连续运转，要运行 27.7h，运行结束后立即测定锥入度，剪切前后的锥入度差

值，即是机械安定性。一般剪切后变软，锥入度加大。差值越小安定性越好。灌注式润滑用脂的差值不应大于30。凡是差值小于30的，机械安定性都比较好，我们的实践运用已经证实了这一点。国外脂shell Alvania R2是用得最广泛的一种锂基脂，它的10万次剪切后的锥入度差值在25。国家标准中的锂基脂及汽车通用锂基脂的10万次剪切后锥入度差值都大于50。同国外先进的相比，还存在着一定的差距。

② 滚筒安定性试验 石油部标准方法SY 2725—765，装50g脂样在滚筒内，50℃，以165r/min速度连续运行4h，然后测定脂样的微锥入度，滚动前后的微锥入度差值就表示脂的安定性。最大差值可达20以上，较小的可以在5以下，差值越小机械安定性越好。滚筒试验相对于10万次剪切来说更接近于模拟润滑脂在轴承中的工作状况。

（6）氧化安定性

行业标准SH/T 0325，氧弹法，将脂样称量后放在玻璃杯内，放在不锈钢的氧弹中，可同时放入5只玻璃杯，在规定的氧气压力和温度下，使氧弹中的脂样氧化。抗氧化安定较好的脂与氧作用缓慢，耗氧量较少，氧弹内的压力下降小。通过一定时间后，观察压力降，即可测得脂的抗氧化安定性。国家标准中，通用锂基脂，复合铝基脂，汽车通用锂基脂，在99℃、100h、0.77MPa下，压力降不大于0.07MPa，精密机床主轴脂在同样试验条件下，压力降不大于0.03MPa。

（7）防护性

钢铁工厂内水汽很多，南方的工厂气候潮湿，夏季相对湿度可达80%，不少设备就在水淋和蒸汽中工作，极容易生锈，因此要求润滑脂必须具有良好的防护性能。有以下几种评价方法：

① 防护性试验 即轴承锈蚀试验，国家标准GB/T 5018—2008是根据CRCL41，并参照ASTM D1743制订的。用7604（单列圆锥）轴承，涂以脂样，轻推力下转60s，使整个轴承内的润滑脂像使用情况那样分布，把轴承在52℃，100%相对湿度下存放48h，然后清洗检查轴承外圈滚道的腐蚀迹象。如麻点、刻蚀、锈蚀或黑色污渍。润滑脂必须通过这个试验，不得有锈蚀。

② 腐蚀 国家标准GB/T 7326是等效采用ASTM D4048及日本工业标准JISK2220，试件用铜片，浸入脂样，在100℃烘箱中，保持24h，取出清洗检查铜片腐蚀情况，按腐蚀的程度分成若干等级，与润滑油铜片腐蚀分级相同。良好的润滑脂腐蚀等级不应超过1级。

③ 湿热试验 国家标准方法GB/T 2361，钢绳脂必须通过这个试验。

④ 盐雾试验 行业标准方法SH/T 5081作为备件防护用的脂必须考核湿热试验和盐雾试验。

（8）黏附性

开式传动如开式齿轮，联轴器，链条，钢丝绳等部位用的润滑脂，必须要有良好的黏附性能，不得因受离心力的作用而被甩失，目前还没有标准的评价方法，采用了以下几种方法。

① 叶片甩失 用金属叶片均匀地涂一层脂样，约0.3g，叶片转速2000r/min。在空气浴中，在40℃、60℃、80℃、100℃，各运行10min，然后测定剩余在叶片上的脂量，以百分数计算，黏附性较好的脂，100℃，10min，剩余量93.3%。

② 黏着力 这是美钢伯利恒公司使用的一种方法，用正方形12.7mm×12.7mm金属板两块，在表面上涂一层脂样，然后将两块金属板叠在一起，多余的脂从两板间挤出，板间剩余的脂层为0.1～0.2mm，再用力把两块金属板拉开，拉力的大小即出脂的黏着力。

③ 凝聚力　用上述两块板，在板间涂一层厚度为 12.7mm 的脂样，再将两板拉开，所需的力即是凝聚力。含有沥青质和高分子黏度添加剂的润滑脂黏着力和凝聚力都是比较好的。

（9）胶体安定性

润滑脂中大部分成分是润滑油，润滑油从脂中析出的倾向即是胶体安定性。任何润滑脂都有析油现象，但是析油过多的润滑脂容易干涸，析油流失也会造成污染，良好的润滑脂析油量是有一定限度的，评价方法有以下几种：

① 钢网分油　行业标准 SH/T 0324，用不锈钢丝制成的锥形网，网眼 60 目，将 10g 脂样装入锥形网中，把锥网吊在烧杯内，再将此烧杯置于 100℃ 烘箱中，经 30h 后，测定从锥网流下的油重，以百分数表示。汽车通用锂基脂 100℃，30h，钢网分油不超过 5%，通用锂基脂 100℃，24h 网分油 1 号不超过 10%，2 号、3 号不超过 5%。

② 压力分油　我国制订了国家标准 GB/T 392—1990，是利用加压分油器将油从润滑脂内压出，然后测定压出的油量，以百分数表示。加压分油器是一圆形活塞，涂在活塞内的润滑脂，为一圆饼形，直径 Φ40mm，厚度 2mm，下面垫有滤纸，用以吸取压出的油，活塞上部压以 1kg 重的锥体，试验是在室温 15～25℃ 下进行，历经 30min。然后测定分油量。SH/T 0381—92 合成复合铝基脂压力分油 1 号不大于 10%，2 号不大于 8%，3 号不大于 6%，4 号不大于 4%。SH/T 0380—92 合成锂基脂压力分油量 1 号不大于 14%，2 号不大于 12%，3 号不大于 10%，4 号不大于 8%。SH/T 0382—92 精密机床主轴脂压力分油量 2 号不大于 20%，3 号不大于 15%。

③ 漏斗分油　我国制订了行业标准 SH/T 0321，取 10g 脂样放入有滤纸的漏斗内，借润滑脂胶体结构的变化而从脂中析出，并利用提高温度及毛细管作用以加速油液的析出。在一定的温度下，保持一定的时间，然后测定油析出量，以百分数表示。按 SH/T 0375—92，2 号航空脂（202 润滑脂）用于宽温度范围的滚动轴承，其漏斗分油量（75℃，24h）不大于 3%～6%。

（10）机械杂质

任何润滑脂都要把砂粒、金属等颗粒杂质的含量控制在允许范围内，因为颗粒杂质是一种磨料，可以加速机件的磨损。评价的方法有以下几种：

① 酸分解法　国家标准 GB/T513，用浓度为 10% 的盐酸，石油醚（溶剂汽油或苯）、乙醇－苯混合液，加热溶解脂样，不溶的部分即为杂质，含量以百分量表示。这种方法只能评出脂不溶解于盐酸的砂粒及较大颗粒的金属，因为细颗粒金属及铁锈已经溶解于盐酸，分析结束可能比实际杂质量较低。要求不高的润滑脂，如合成钙基脂，复合钙基脂，合成复合铝基脂，钙钠基脂，滚珠轴承脂等都使用这种方法，要求无杂质。

② 抽出法　石油部标准 SY2709 用乙醇－苯混合液及热蒸馏水作溶剂，将脂样溶解后过滤，不溶物即杂质。这种方法可以评定出脂中的砂粒及金属屑，但是某些皂粒也不溶于乙醇-苯及热蒸馏水，其结果会使杂质含量偏高。

③ 有害粒子鉴定法　石油部标准 SY2719，用聚甲基丙烯酸甲酯制成 25mm×25mm，厚 10mm，透明试件。每次取 0.05～0.1g 脂样，放于两块试件之间，对试件加压，达到 1.4MPa，然后将两试块相对旋转约 30°，最后取出试块清洗、查看、试块上有无磨痕。按磨痕的多少分级，以磨痕级别评定。

④ 显微颗粒杂质含量　我国制订了行业标准 SH/T 0336 取定量的脂样涂在透明的玻璃板上，通过透射光，在显微镜下观察，计数颗粒杂质的含量。这种方法能反映出实际杂质含量，现代化的设备用脂，对颗粒杂质含量都提出了比较严格的要求。按每立方厘米脂样中颗粒杂质含量计数，国家标准 GB/T 7324—2010 通用锂基脂及 GB/T 5671—2014 汽车通用锂

基脂，要求每立方厘米含的颗粒数大于 125μm 的粒子不超过 0 个，大于 75μm 的不超过 500 个，大于 25μm 的不超过 3000 个，大于 10μm 的不超过 5000 个。国家标准 GB/T 7323—2008 极压锂基脂，及行业标准 SH/T 0534—2003 极压复合锂基脂，要求每立方厘米含有的颗粒数，容许有大于 125μm 的，大于 75μm 的不超过 500 个，大于 25μm 的不超过 3000 个。

（11）贮存安定性

润滑脂从生产厂炼制成脂再经运输中转到工厂，一直到加入设备，必须经过相当长的贮运周期，少则 1～3 月，多则半年、一年，在这段时间中，润滑脂不应因贮存而变质，所以脂的贮存安定性是十分重要的。在实验室中如何评定贮存安定性还没有统一的标准方法。我们采用特别的小杯装满脂样，测其锥入度，然后放置在室内，一星期后再测锥入度，同时观察脂表面是否结皮，有无粘手指的现象。

（12）其他理化指标

其他理化指标如下。

① 游离酸碱　用碱金属和碱土金属皂制成的润滑脂，少量的游离碱存在于脂中是不可避免的，它抑制皂的水解是有利的。当游离碱微过量时，会影响脂的其他性能，如锥入度、滴点、安定性都会受到影响，所以要控制游离碱的含量。由于润滑脂中的基础油氧化或脂肪酸皂的分解生成具有酸性的有机化合物，称为游离酸，它除了影响脂的性能外，还对金属产生腐蚀。脂中的游离有机酸大多数是皂类分解产物和油的氧化物，故从游离酸的含量可以判断脂在使用过程中的氧化程度。我国制订了行业标准 SH/T 0329 测定游离酸碱。

② 含皂量　润滑脂的皂分对其性能起着决定性的因素。皂分含量对脂的内摩擦阻力有影响，从减少摩擦阻力，便于压送这一点，希望含皂量越少越好，但又不能过分减少含皂量，否则就会影响脂的其他性能。我国行业标准 SH/T 0391—2005 用于测定含皂量。

③ 灰分　脂中的杂质及含皂量表现为灰分。我国行业标准 SH/T 0327—2004 用于测定脂的灰分。

④ 水分　有一部分脂由于生产工艺的要求，必须含有一定的水分，而另一些脂则不允许含有水分。国家标准 GB/T 512 是润滑脂水分测定法。

⑤ 基础油　基础油直接影响润滑脂的使用性能，重负荷高温部位用脂，基础油黏度应高一些。高速、低负荷部位用脂则基础油黏度应低一些。轧钢机轧制线上用的极压锂基脂，其基础油黏度应有要求，不得低于 150 号，即 40℃时黏度不低于 150×10^{-6} m^2/s。高速磨头润滑脂的基础油黏度 40℃不高于 3×10^{-6} m^2/s。高温润滑脂用的基础油应是高黏度高闪点的油。

1.3.3　润滑脂的分类

为了便于选择和使用润滑脂，一般将润滑脂按性能结合应用分类。我国等效采用国际标准 ISO 6743/9《润滑剂和有关产品（L 类）的分类第 9 部分：润滑脂》制定国家标准 GB 7631.8，标准规定了润滑脂标记的字母顺序及定义，详见表 1-6 和表 1-7。润滑脂的稠度等级（软硬程度）与锥入度关系见表 1-8。

表 1-6　润滑脂标记的字母顺序（GB 7631.8）

L	X（字母 1）	字母 2	字母 3	字母 4	字母 5	稠度等级
润滑剂类	润滑脂组别	最低温度	最高温度	水污染 （抗水性、防锈性）	极压性	稠度号

表 1-7　**X 组（润滑脂）的分类**

代号字母（字母1）	总的用途	使用要求									标记	备注
		操作温度范围				水污染	字母4	负荷 EP	字母5	稠度		
		最低温度①/℃	字母2	最高温度②/℃	字母3							
X	用润滑脂的场合	0 −20 −30 −40 <−40	A B C D E	60 90 120 140 160 180 >180	A B C D E F G	在水污染的条件下，润滑脂的润滑性、抗水性和防锈性	A B C D E F G H I	在高负荷或低负荷下表示润滑脂的润滑性和极压性，用 A 表示非极压型脂；用 B 表示极压型脂	A B	可选用如下稠度号： 000 00 0 1 2 3 4 5 6	一种润滑脂的标记是由代号字母 X 与其他 4 个字母及稠度等级号联系在一起来标记的	包含在这个分类体系范围里的所有润滑脂彼此相容是不可能的。而由于缺乏相容性，可能导致润滑脂性能水平的剧烈降低，因此，在允许不同的润滑脂相接触之前，应和产销部门协商

① 设备启动或运转时，或者泵送润滑脂时，所经历的最低温度。② 在使用时，被润滑的部件的最高温度。

表 1-8　**润滑脂稠度等级（GB 7631.1）**

稠度等级	锥入度（25℃，$\frac{1}{10}$mm）	软硬程度	稠度等级	锥入度（25℃，$\frac{1}{10}$mm）	软硬程度	稠度等级	锥入度（25℃，$\frac{1}{10}$mm）	软硬程度
000	445～475	半流体	2	265～295	中软	6	85～115	特硬
00	400～430	半流体	3	220～250	中等	(7)	60～80	
0	355～385	很软	4	175～205	硬	(8)	35～55	
1	310～340	软	5	130～160	很硬	(9)	10～30	

1.3.4　润滑脂的品种与特点

常用润滑脂的品种、特点及应用见表 1-9～表 1-16。

表 1-9　**钙基润滑脂的品种、牌号、特点和应用**

品名	牌号	特点	应用	产品标准
钙基润滑脂	稠度1～4四个牌号	良好抗水性，可用于潮湿环境及与水接触处，良好机械安定性，较好泵送性及润滑性，使用温度范围窄（−10～60℃），胶体安定性差，使用寿命短，黏附性不好。国外趋于淘汰	中小电动机，水泵轴承，水轮机，汽车等可能遇水的中速、中负荷轴承	GB/T 491—2008
石墨钙基润滑脂	稠度2～4三个牌号	含磷片状石墨10%，特性与钙基脂相同，但有良好的极压性，使用温度≤60℃，因含机械杂质，不宜用于精密滚动轴承	压延机人字齿轮，汽车弹簧，矿山机械、绞车、钢丝绳	SH 0369—92

表 1-10　**钠基润滑脂的品种、牌号、特点和应用**

品名	牌号	特点	应用	产品标准
钠基润滑脂	2～4三个牌号	耐高温，可在120℃长期工作，黏附力强，防护性佳。遇水乳化，不能用于潮湿环境，内摩擦大，不宜用于高速低负荷处	低速高负荷设备，火车、汽车、坦克的轴承，制动装置，大型绞车	GB/T 492—91

品名	牌号	特 点	应 用	产品标准
铁道润滑脂（硬干油）	8、9两个牌号，分别为夏用和冬用	用气缸油调制，少量EP，良好极压性和机械安定性，耐高温，不能与水接触	铁路机车大轴、轧钢机滚动轴承，其他高速高压部位	SH 0373—92
4号高温润滑脂（50高温脂）	4号	用20号航空润滑油加石墨调制，耐高温，耐高压，抗水性差	高温条件下工作的发动机摩擦部件，着陆轮轴承等	SH 0376—92

表 1-11　钙-钠基润滑脂的品种、牌号、特点和应用

品名	牌号	特 点	应 用	产品标准
钙-钠基润滑脂（轴承脂）	1，2两个牌号	一定抗水性和耐温性，可用于潮湿环境，不宜用于低温或水直接接触处	中等转速、中负荷滚动轴承，如发电机、电动机、鼓风机、汽车、拖拉机、铁路机车、列车的滚动轴承	SH 0368—92
滚珠轴承润滑脂	2	以蓖麻油、钙钠皂调制而成，一定耐水性，耐温性，良好机械安定性和化学安定性，使用中不流失，不易氧化，不变稠，不宜在低温下使用	铁路机车货车导杆滚珠轴承，汽车轴承，各种电动机轴承，使用温度不超过80～120℃	SH 0386—92
压延机用润滑脂	1，2两个牌号	以棉籽油或硫化棉籽油稠化较高黏度的油而调成，具有良好极压性和泵送性	集中润滑的压延机轴承和铁路机车或列车的滚动轴承	SH 0113—92
铁路制动缸用润滑脂	2	天然脂肪酸钙-钠皂稠化低凝点低黏度油，抗氧化性好，可防止橡胶密封件的耐寒增塑性析出	铁路机车制动缸润滑，适用温度－40～80℃	SH 0377—92

表 1-12　复合钙基润滑脂的品种、牌号、特点和应用

品名	牌号	特 点	应 用	产品标准
复合钙基润滑脂	1～4四个牌号	常以脂肪酸钙皂和乙酸钙皂复合，滴点高，极压性好，可用于高温高潮湿环境，机械安定性、胶体安定性、化学安定性均好，价廉。低温性差	1号用于≤130℃自动给脂系统；2号用于≤150℃中负荷小中电机；3号、4号用于≤180℃（短期200℃）中重负荷	SH 0370—92
MoS_2复合钙基脂	1～4四个牌号	复合钙基脂＋2%MoS_2，提高了极压耐磨性，基余同复合钙基脂	同复合钙基脂，适用于负荷更大或有冲击的机械	无锡炼油厂等按企标生产

表 1-13　锂基润滑脂的品种、牌号、特点和应用

品名	牌号	特 点	应 用	产品标准
通用锂基润滑脂	1～3三个牌号	天然脂肪酸锂皂稠化中等黏度矿油，掺入抗氧防胶剂，良好高低温性，良好抗水性，较好机械安定性、氧化安定性，寿命长，摩擦因数低	中、小型电动机，矿山机械，汽车拖拉机等轴承，使用温度－20～120℃	GB 7324—91

续表

品名	牌号	特　点	应　用	产品标准
汽车通用锂基脂	2	天然脂肪酸锂皂稠化精制矿油，抗氧防锈，机械安定性、胶体安定性、氧化安定性均较好，耐高、低温	汽车轮毂轴承，底盘、水泵、发电机轴承，也用于坦克负重轮、诱导轮轴承	GB 5671—91
极压锂基润滑脂	0～2 三个牌号	十二羟基硬脂酸锂皂稠化高黏度油，R，O，EP，机械安定性、抗水性、防锈性、极压性、抗磨性、泵送性均好	压延机、锻造机、减速机等高负荷机械的齿轮和轴承，0～1 号用于集中润滑，温度－20～120℃	GB 7223—91
2 号航空脂（202 润滑脂）	2	硬脂酸锂皂稠化低黏度油，O，良好低温性高温性，防水防锈	适用－50～150℃，转速≤30000r/min 的滚动轴承以及操纵机构、仪表、无线电设备轴承	SH 0375—92
精密机床主轴润滑脂（主轴脂）	2，3	十二羟基硬脂酸稠化低凝、低黏度矿油，O，胶体安定性、机械安定性均好	精密机械及高速磨头主轴	SH 0382—92
MoS₂锂基润滑脂	1～5 五个牌号	通用锂基脂加 2％MoS₂，提高极压性，基余同通用锂基脂	适用于重载高温的电动机（－20～120℃）	上海胶体化工厂、无锡炼油厂等按企标生产

注：R—抗氧；O—开式；EP—抗极压。

表 1-14　铝基润滑脂的品种、牌号、特点和应用

品名	牌号	特　点	应　用	产品标准
铝基润滑脂	2	硬脂酸铝皂稠化中等黏度矿油，抗水性好，能用于与水接触部件，防护性好，易制成半流体脂，滴点低，使用温度≤50℃	船舶推进器、水上起重机、水泵、泥浆泵、排灌设备、汽车底盘，纺织机械和其他与水接触部位的润滑和防锈	SH 0372—92
复合铝基润滑脂	0～2 三个牌号	低分子醇铝等和硬脂酸稠化中等黏度矿油，滴点高，抗水性、胶体安定性、机械安定性、泵送性、流动性均较好，适用于集中润滑	冶金化工的高温高湿温环境工作的大型轧钢机、烧结机。0～1 号用于集中润滑，使用温度－20～150℃	SH 0378—92

表 1-15　钡基润滑脂的品种、牌号、特点和应用

品名	牌号	特　点	应　用	产品标准
钡基润滑脂	3	抗水性、机械安全性、耐温性、黏附性、抗溶剂性、防护性均较好，胶体安定性差，易分油	油泵、水泵、船舶推进器以及空气系统、醇系统、水系统的传动装置的密封和润滑	SH 0379—92

表 1-16 非皂基润滑脂的品种、牌号、特点和应用

品名		牌号	特点	应用	产品标准
烃基脂	3 号仪表润滑脂		以石油脂和石蜡稠化矿油制成。抗水性、低温性、防护性好，具有良好的拉丝性和可塑性，滴点低，一般用于 45～50℃ 以下，主要用作防护和密封	−60～55℃工作的航空、光学、电子仪表的防护	SH 0385—92
	炮用脂			低温性较差，用于 −10℃ 以上军械等的防锈	SH 0383—92
	弹药保护脂			涂抹炮弹作防护用，密封弹药筒、弹带等	SH 0384—92
	钢丝绳表面脂			钢丝绳及其他金属零件的抗水抗锈	SH 0387—92
	钢丝绳麻芯脂			浸渍钢丝绳麻芯，抗水防锈	SH 0388—92
膨润土基润滑脂		1～4 四个牌号	将膨润土表面活化改性处理后稠化高黏度矿油制成。胶体安定性、机械安定性和热稳定性均好，抗磨性好，承载能力高，高温下无滴点，耐高温，寿命长	用于纺织、印染、冶金等行业的高温设备轴承。1 号用于 −5～150℃（短期 180℃）；2 号用于 −5～170℃（短期 190℃）；3 号、4 号用于 0～180℃（短期 200℃）；4 号因稠度大，应用少	汉沽石油化工厂、营口石油化工厂等按企标生产
MoS₂ 膨润土润滑脂		1～3 三个牌号	掺入适量 MoS₂，极压性更高，其余同膨润土基润滑脂	1 号用于 −5～160℃（短期 180℃）；2 号用于 −5～170℃（短期 190℃）；3 号用于 −5～190℃（短期 200℃）	吉林公司油脂厂等按企标生产

1.3.5 润滑脂的选用与更换

润滑脂的选用包括品种和稠度的选用。至于润滑脂中基础油的黏度，除非特意定制，一般只由市场供应的产品所决定。润滑脂主要根据使用的环境条件和运行条件，并按所采用的润滑方法参考表 1-17 选用。

表 1-17 润滑脂的选用

工作条件			稠化剂种类										基础油黏度			稠度			备注
			皂基							非皂基			高	中	低	硬	中	软	
			钙	钠	钙钠	复合钙	锂	铝	钡	烃	膨润土								
轴承	滑动		○	○	○	○	○	○	○	○	○							长时间使用，要求加抗氧剂
	滚动		○	○	○	×	○	×	○	○	○							
环境	潮湿		○	×	△	○	○	○	○	○	○							钠基脂加入其他耐水皂基，可提高抗水性
	抗化学药品		×	×	×		×	×	×	△	○							按不同化学品也可选用适宜皂基脂
	温度	高	×	○	○△	○		○△		○	△	△	×		○	△	×	极高温用专用脂
		中	○	○	○	△	○	○	○	○	△		○	△	△	○	○	
		低	×	×	×		○	○	△	○	○			○	×	△	○	极低温用专用脂

续表

工作条件			稠化剂种类									基础油黏度			稠度			备注
			皂基							非皂基		高	中	低	硬	中	软	
			钙	钠	钙钠	复合钙	锂	铝	钡	烃	膨润土							
运转条件	速度	高	×	△	○	○	○	○	○	○	○	×	△	○	○	△	×	复合皂基脂可用于速度较高处
		中	○	○	○	○	○	○	○	○	○	△	○	△	△	○	△	
		低	○	○	○	○	○	○	○	○	○	○	△	×	×	△	○	
	负荷	重	×	○	○	○	○	×	○	△	○	○	○	×	○	△	×	添加 AW，EP，复合皂基承载能力较强
		中	○	○	○	○	○	○	○	○	○	△	○	△	○	○	○	
		轻	○	○	○	○	○	○	○	○	○	×	○	○	×	○	○	
	冲击		×	○	○	○	○	○	○	△	○	○	○	×	○	△	×	添加 EP，复合皂基效果较好
润滑方法	手涂		○	○	○	○	○	○	○	○	○	○	○	○	○	○	×	—
	脂杯		○	○	○	○	○	○	○	○	○	○	○	○	○	○	○	
	脂枪		○	×	○	○	○	○	○	○	○	○	○	○	○	○	○	
	集中		△	×	△	○	○	○	○	○	○	×	○	○	×	×	○	很软，半流体

注：1. ○适用，△可用，×不适用。
2. 基础油除考虑黏度外，还与其类型和精制深度有关。
3. 极低温和极高温必须采用合成脂。
4. 黏度（mm^2/s）高≥100，中 32～68，低≤22。
5. 稠度硬 4 及 4 以上，中 2、3，软 1 及 1 以下。
6. 速度（m/s）高>5，中 1～5，低<1。
7. 负荷（MPa）重≥5，中 3～5，轻<3。
8. 温度（℃）高>80，中 40～80，低<40。

表 1-18 为润滑脂更换参考标准。

表 1-18　润滑脂更换参考标准

项　　目	润滑脂	项　　目	润滑脂
锥入度变化	>45	其他	
滴点变化	<15	混入杂质	砂尘、金属粉末等有腐臭气味
含油量（旧脂/新脂之比）	<70	氧化变质	
铜片腐蚀	不合格	有水乳化现象	

1.4　合成油脂（S 组）及应用

1.4.1　合成油脂概述

　　自从合成基车用发动机油进入零售市场以来，合成润滑剂得到了极大的关注。航空和工业领域使用合成基润滑剂的历史可追溯到很多年前。过去对合成基润滑剂感兴趣是因为它比矿物润滑油有更强的抗燃能力和极端条件下对设备的保护能力，这些极端条件包括非常低或非常高的温度。最近的注意力亦在于利用它的这些性能，但研究人员还想知道怎样才能使合成润滑剂对环境的直接和间接影响最小。

合成润滑剂中的"合成"用于表征这些润滑剂中所使用的基础油。合成材料是由单个单元合成或建成的一个整体。合成润滑剂的生产始于合成基础油，而合成基础油又常常是用石油制得的。这些基础油是通过用化学方法，对具有足够黏度做润滑剂的低相对分子质量化合物合成而得到的与矿物油不同，合成基础油是人造的、特性可预见的和分子结构可控的，而非天然生成的烃混合物。

矿物润滑油的特性取决于所选原油的成分，所含成分应对既定用途为最佳，从原油中选择所需的润滑剂成分是通过分馏、溶剂炼制、氢处理、溶剂脱蜡和过滤而完成的。然而，即使再作进一步处理，最终产品仍是很多化合物的混合物，无法从此混合物中选出只具有最佳特性的材料；即使能，也可能会因为产量太低而不经济；所以，所生产的矿物油特性是构成混合物的各部分的平均特性，该混合物中既包含最合适的成分也包含最不合适的成分，这并不是说用矿物油生产的润滑剂就不好。相反，用矿物油通过合理调配所得的润滑剂在大多数情况下性能良好，但合成润滑剂的优点更多。图 1-8 所示为矿物油和合成润滑剂温度极限的比较。

合成润滑剂的用途及选择见表 1-19，基础油的优缺点见表 1-20，表 1-21 对各种合成润滑剂进行了细分。

表 1-19　合成润滑剂的用途及选择

项目	设备：润滑对象	运行条件	合成润滑剂的优点
工业	研光机——橡胶、塑料、板、瓦（砖）等生产	高温	使用时间长，沉积物、氧化及热裂解少
	造纸机械——干燥机、研光机、驱动齿轮装置	高温，水污染	使用时间长，沉积物、氧化及热裂解少
	核电厂——立式冷却电机，4410～6615kW（6000～900 马力）	每年换油最少运行 8000h	使用时间长，沉积物较少
	燃气发动机	低温启动	换油周期长，低温启动和燃油经济好，降解率较低
	燃气轮机	高温和低温环境	使用时间长，温度适用范围广，沉积物较少
	蒸汽轮机——电液控制、节流阀/调速器	靠近过热蒸汽管道	抗燃
	拉幅机架和高温传送带链	150～260℃	沉积物少，磨损保护能力强，使用时间长，消耗少，无烟或极少烟
	液压系统	−40～93℃	低温泵送性好，高温稳定性好
	闭式齿轮——平行轴传动、垂直轴传动、蜗轮蜗杆传动	中到重载、冲击载荷、严酷使用环境	使用时间长，抵抗高温氧化能力强，传动效率较高
	制冷压缩机螺杆和往复式压缩机	严酷使用环境	制冷剂溶解性好，与 HFC 制冷剂兼容
	机床主轴，冷冻机厂——电动机、传送带、轴承	高速、低温	使用时间长，热变性少，低温启动性好

续表

项目	设备：润滑对象	运行条件	合成润滑剂的优点
工 业	金属模铸造液压系统	熔化的金属，火源	抗燃
	采矿——连续采矿机械和相关设备	存在火险	抗燃
	钢坯、连铸机、轧机、剪切机、铁水包、窑炉等控制器	存在火险	抗燃
	空压机——往复式、旋转螺杆式	工作条件严酷	使用时间长，沉积物少
	用润滑脂或润滑油润滑的轴承	低速到高速	温度适用范围宽，使用时间长
	用润滑脂或润滑油润滑的轴承	高速到超高速	低温启动性好，使用时稳定温度较低
	用润滑脂或润滑油润滑的轴承	重载严酷工作环境	使用时间长，低温启动性好
汽 车	客车汽油发动机和前轮驱动手动变速器	所有情况	燃油经济性、低温启动性、润滑油经济性、磨损保护性得到改善
	车辆、工程机械用汽油及柴油发动机	所有情况	低温启动性、运行特性、换油期、燃油和润滑油经济性得到改善
	卡车和后轮驱动轿车驱动桥、准双曲面螺旋锥齿轮和直齿圆柱齿轮	所有情况	低温启动性、运行特性、磨损保护性得到改善
	客车自动变速器	所有情况	使用寿命较长，高低温运行特性得到改善，极大地改善了磨损保护性能
	手动变速器	所有情况	低温启动性和运行特性得到改善，换油期延长，燃油和润滑油经济性得到改善
	车轮和离合器轴承	所有情况	润滑周期较长，低温启动性得到改善，泄漏量与润滑油量之比减小
航空：军用和商用	商用涡轮发动机	温度至 220℃	温度范围宽，高温稳定性好
	军用涡轮机	温度至 220℃	高温稳定性好
	各种飞机——滑行轮轴承，机翼摆动螺纹传动件	温度：55～180℃	温度范围宽，高温稳定性好
航海	高速到中速柴油发动机（1.5%硫燃料）	使用环境非常严酷	燃油经济性、低温启动性、润滑油经济性和磨损保护性、高温运行的稳定性得到改善

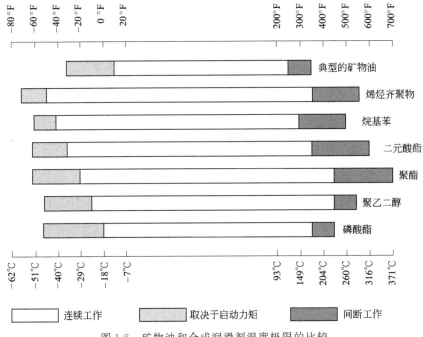

图 1-8　矿物油和合成润滑剂温度极限的比较

表 1-20　合成基础油的优点和不足之处

合成基础油	相对于矿物油的优点	不足之处
合成烃（SHFs）	高温稳定性好，寿命长，低温流动性好，磨损保护性得到改善，挥发性低，润滑油经济性好，与矿物油和油漆兼容，无蜡	溶解能力/洁净性[①]，与密封件的兼容性
有机酯	高温稳定性好，寿命长，低温流动性好，溶解能力/洁净性强	与密封件的兼容性，与矿物油的兼容性，抗锈，抗磨损性和极压特性[①]，水解安定性，与油漆的兼容性
聚二醇	水解安定性好，黏度指数高，低温流动性好，抗锈性强，无蜡	与矿物油的兼容性，与油漆的兼容性，氧化稳定性[①]
磷酸酯	阻燃性好，润滑能力强	与密封件的兼容性，黏度指数低，与油漆的兼容性，金属腐蚀性[①]，水解稳定性

① 能用配方化学克服。

表 1-21　合成润滑剂分类

类　　别	类　　型
合成液体烃（SHFs）	聚 α-烯烃，烷基化芳香烃，聚丁烯，脂环
有机酯	二元酸酯，多元醇酯
磷酸酯	磷酸三芳基酯，磷酸三烷基酯，混合磷酸烷基芳基酯
聚二醇	聚烯烃，聚氧化烯，聚醚，二元醇，聚乙二醇酯，聚烷撑二醇酯，聚二醇
其他合成润滑油	（聚）硅氧烷，硅酸酯，碳氟化合物，聚苯醚

1.4.2　合成润滑材料的应用

（1）合成油脂代号的意义

老产品合成油脂是在油脂顺序号前添加"特"字，如特 14 润滑油。新产品合成油脂用四位数字表示，代号的意义参见表 1-22。

表 1-22　合成油脂代号的意义［代号：××××　（由四位数字组成）］

第 1 位：4—油　7—脂
第 2 位：0—高、低温　1—仪表、阻尼　2—防护、防锈　3—光学、电器　4—极压　5—真空 6—液压油（油）密封（脂）　7—抗辐射　8—抗化学　9—其他
第 3、4 位：产品顺序号

（2）合成油脂的品种、特性和应用

合成油脂产品很多，表 1-23 介绍了典型合成油脂的组成、特性及应用，以供选用。应注意的是，合成油脂的价格要昂贵得多。

表 1-23　典型合成油脂的组成、特性及应用

品名	代号	组成和特性		应　用	产品标准
航空润滑油	4104 4109	工作温度范围宽，耐热性好，结焦少，蒸发损失低，润滑性好，低温启动性好	属双酯型；工作温度 -54～175℃，短期可到 200℃，4104 为高黏度，4109 为低黏度	马赫数在 2 以下的军用喷气飞机和亚音速运输机	符合 MIL—L—7808 规格
	4050 4051 4106		属新戊基多元醇酯型；工作温度 -40～204℃，短期可到 220℃，均为中黏度	4050 用于三叉戟飞机发动机等；4051 用于米-8 直升机发动机及主减速器等；4106 用于波音 707 客机发动机等	符合 MIL—L—23699 规格
高低温仪表油	4112～4116, 4116—1, 4122	黏温性好，低温流动性、氧化安定性及抗蚀性均较好		4112 用于航空计时仪表、微型电动机轴承、精密仪表及在低温下工作的特种计时机构，适用于 -60～120℃；4113～4115 用于精密仪表轴承，-60～120℃；4116 用于负荷较大的仪表轴承，-60～150℃；4117 用于极低温工作的轴承，-70～120℃；4122 适用温度范围宽，-60～200℃	4112 产品标准 SH 0465—92，其余按一坪化工厂企标生产
不流散仪表油	4124-1, 4124-3, 4127	双酯型合成油，O，R，FM，抗流散剂，蒸发小，Ⅵ>150，凝点＜-45～-60℃，抗氧化安定性及抗蚀性均较好		精密仪表宝石轴承、微型轴承和光学仪器轴系的润滑，特别适用于要求不流散的光学仪器和专用计时仪器	按一坪化工厂企标生产
光学硅油	4301	高黏度甲基硅油，透光率>88～90，对金属无腐蚀，抗氧化性好，不吸湿		特殊光学仪器的密封，适用于 -20～40℃	
复印机油	4302, 4302-1	甲基硅油，电绝缘性好，低挥发，良好热稳定性和剪切安定性		复印机导轨、扫描车及热辊油循环润滑，适用温度 -50～200℃，4302 适用于理光等复印机，4302-1 适用于佳能等复印机	
录音机油	4303, 按 100℃ 运动黏度分三个牌号	合成油，O，R，低温流动性好，Ⅵ高，寿命长		录音机、录像机、洗衣机、冰箱等。1 号用于微电机低噪声含油轴承，2～3 号用于塑料与塑料、塑料与钢的润滑，适用温度 -40～120℃	

品名	代号	组成和特性	应 用	产品标准
合成刹车油	4603，4603-1，4604	聚乙烯醇醚或酯类油，O，R，在100℃使用温度下制动系统不会产生气阻，与橡胶适应性好，4603易吸潮，使部件生锈，其他两品种不吸潮	4603、4603-1用于不低于－30℃载重车，工程机械的液压制动系统；4604用于高级轿车及其他车辆的制动系统	4603-1按SH 0462—92，4604按SH 0463—92
抗燃液压油	4613-1，4614（50℃运动黏度分别为14.7mm²/s、22.1mm²/s）；HP-38，HP-46（40℃运动黏度分别为39mm²/s及46mm²/s）	磷酸酯，O，AF，优异抗燃性，可用于高温明火处，润滑性好，抗氧化安定性高，遇水易分解，对丁腈橡胶适应性不好，对皮肤有刺激	用于有防火要求的高压精密液压系统，可在－20～100℃以下长期使用，短期温度可达120～140℃	上海彭浦化工厂等按企标生产
抗化学润滑油	4802	聚全氟异丙醚油，化学稳定，能耐各种化学药品，抗燃，抗氧化润滑性好	适用于接触强氧化剂、强腐蚀剂阀门之类的润滑	SH 0448—92
	4839	氟氯碳油，化学惰性，不燃，润滑性好，电绝缘性好	制氧系统、氧阀门及其他强腐蚀性介质相接触的轴承	SH 0434—92
极低温润滑脂	7012	硬脂酸锂皂稠化双酯和硅油，O，优良低温性，良好氧化安定性	适用极低温度下工作的电动机、仪表的滚动轴承，以及雷达天线的润滑，适用温度－70～120℃	SH 0439—92
高温润滑脂	7014-1	烷基对苯二甲酰胺钠盐稠化硅油和酯类油，O，良好的高温性、抗水性、润滑性和抗乳化性	各工业部门在高温条件下工作的各类滚动轴承，使用温度－40～200℃	GB11124—89
高低温润滑脂	7017-1	脲系稠化剂调制高苯基甲基苯基硅油，O，R，优良高低温性，低挥发性，防锈性好	高温条件下工作的各种电动机滚动轴承使用温度－60～250℃，短期可达300℃	SH 0431—92
高速轴承润滑脂	7018	烷基对苯二甲酰胺钠稠化两种酯类油，O，R，润滑性好，机械安定性、抗水性、黏附性均较好，寿命长	用于超高速微型滚动轴承（每分钟数十万转）及高速陀螺电机，使用温度－45～140℃	SH 0441—92
窑车轴承润滑脂	7020	无机稠化剂和硅油制成，O，EP，优良高温性、热稳定性和极压抗磨性	电磁工业、陶瓷搪瓷耐火材料工业焙烧窑窑车滚动轴承，使用最高温度300℃，寿命可达一年	一坪化工厂企标
光学仪器极压润滑脂	7105	脂肪酸锂皂稠化酯类油，含MoS₂，减摩抗磨极压性及防雾性好，在光学镜片上不会有油雾	光学仪器极压部位如齿轮、蜗轮、滑道等，使用温度－50～70℃	SH 0442—92
光学仪器防尘润滑脂	7108	用白炭黑稠化甲基硅油，密封性、黏附性好，挥发小，长期使用不发生细菌霉变，能防止空气中灰尘进入仪器	光学仪器内壁防尘，使用温度－50～70℃	SH 0444—92

续表

品名	代号	组成和特性	应　　用	产品标准
齿轮润滑脂	7407	复合皂稠化高黏度矿油和合成油，O，EP，极压抗磨性好，减摩性、黏附性、抗水性优良	开式齿轮、链、凸轮、联轴器，＜5m/s 低速中负荷闭式齿轮，使用温度＜120℃	SH 0469—92
半流体齿轮润滑脂	7408，按稠度 0、00、000 分三个牌号	复合皂稠化精制矿油，R，O，EP，抗磨极压性、黏附性、抗水性好，用于闭式齿轮箱，不会漏油	低中速、中重负荷齿轮、蜗轮，使用温度－20～100℃	一坪化工厂企标
	7412，按稠度 000、00 分两个牌号	脲系化合物稠化合成油，R，O，EP，热氧化安定性好，寿命 20000～30000h，其余同 7408	使用温度－40～150℃，其余同 7408 脂	
高真空硅脂	7501	高黏度硅油用无机剂稠化，抗水、抗化学介质，抗氧化抗腐蚀，润滑性、黏附性好，不流失	用于 6.65×10⁻⁴Pa（5×10⁻⁸mmHg）真空系统中玻璃活塞及磨口接头的润滑密封	一坪化工厂企标
高温密封剂	7602	以合成油调制的无机合成润滑脂，加入固体填料。优良高温性和密封性，抗蚀性优良	大型石化、化肥等工业蒸汽、空气、弱酸的高温高压阀门二次密封和润滑。能用于介质温度 530℃、压力 10.29MPa	SH 0446—92
抗化学密封脂	7805	以聚全氟异丙醚油及氟塑料粉调制，耐各种化学药品，抗氧化性、热稳定性好	用于接触特殊介质的阀门的密封和润滑	SH 0449—92

注：O—开式；R—抗氧；EP—抗极压。

1.5　固体润滑剂及应用

1.5.1　固体润滑剂概述

（1）固体润滑剂的作用

固体润滑剂的出现克服了液体润滑的一些固有缺点，如：润滑油、润滑脂都容易蒸发，其蒸气压较高，不能在 10^{-1}Pa 以上的高真空中长时间工作。而高度 1000km 的宇宙空间，真空度较高，绝对压力达 10^{-3}Pa～10^{-2}Pa。润滑剂在承受高负荷时，油膜会遭受破坏，在高温下会丧失润滑能力。如果使用固体润滑剂则有较高的承载能力，且能承受高温。

① 可代替润滑油脂　在下列情况下，可以用固体润滑剂代替润滑油脂，对摩擦表面进行润滑。

特殊工况。在各种特殊工况（如高温、低温、真空和重载等）下，一般润滑油脂的性能无法适应，可以使用固体润滑剂进行润滑。在金属切削加工和压力加工中无法使用液体润滑场合，可以使用固体润滑剂进行润滑。

易被污染的情况。在润滑油脂易被其他液体（如水、海水等）污染或冲走的场合、潮湿的环境场合及含有固体杂质（如泥沙、尘土等）的环境场合中，无法使用液体润滑剂，可以使用固体润滑剂进行润滑。

供油困难的情况。有些构建和摩擦副无法连续供给润滑油脂，安装工作不宜进行或装卸困难、无法定期维护保养的场合，如桥梁的支承轴承，可以使用固体润滑剂进行润滑。

② 增强或改善润滑油脂的性能　为了使用目的，可以在润滑油、脂中添加固体润滑剂。

提高润滑油脂的承载能力。

增强润滑油脂的实效性能。

改善润滑油脂的高温性能。

使润滑油脂形成摩擦聚合膜（如添加有机钼化合物等）。

(2) 固体润滑剂适用的环境与工况

① 宽温条件下润滑　润滑油、脂的使用温度范围为 $-60\sim350℃$，而固体润滑剂能适应 $-270\sim1000℃$ 的工作温度范围。

超低温条件下的固体润滑将成为超低温技术成败的关键。

固体润滑剂聚四氟乙烯和铅等在这种温度的条件下仍具有润滑性能，也是最常用的基本润滑材料。

应用于高温条件下的润滑材料有：高分子材料聚酰亚胺，使用上限温度为 $350℃$；氧化铅，最高工作温度可达 $650℃$；氟化钙和氟化钡的混合物，最高使用温度位 $280℃$。

在热轧钢材时，工作温度可达 $1200℃$ 以上，固体润滑剂石墨、玻璃和各种软金属被膜能充当良好的润滑剂。

② 宽速条件下的润滑　各类固体润滑膜能够适应摩擦宽广的运动速度范围，如机床导轨的运动属于低速运动。

用添加固体润滑剂的润滑油可以减少爬行，用高分子材料涂层形成的固体润滑干膜可减少磨损。

而软金属铅膜可适用于低速运动的摩擦表面。适用于低速重载的轴承可用镶嵌型固体润滑材料制造，以减少摩擦和磨损。

高速运动的轴承，只要在其表面镀上 $2\sim5\mu m$ 厚的碳化钛膜，即使在 $24000r/min$ 的速度下运转 $25000h$ 也很少磨损。

③ 重载条件下的润滑　一般润滑油脂的油膜，只能承受比较小的载荷。一旦负荷超过其所能承受的极限值，油膜破裂，摩擦表面将会发生咬合。而固体润滑膜可以承受平均负荷在 10^8Pa 以上的压力，如厚度为 $2.5\mu m$ 的二硫化钼膜能承受 $2800MPa$ 的接触压力，可以 $40m/s$ 的高速运动；聚四氟乙烯膜还能承受 10^9Pa 的赫兹压力；金属基复合材料的承载能力更高。

在金属压力加工（如轧制、挤压、冲压等）中，摩擦表面的负荷很高，通常使用含有固体润滑剂的油基或水基润滑剂，或采用固体润滑干膜的形式进行润滑。

④ 真空条件下的润滑　在高真空条件下，一般润滑油脂的蒸发性较大，易破坏真空条件，并影响其他构件的工作性能。一般采用金属基复合材料和高分子基复合材料进行润滑。

⑤ 辐射条件下的润滑　在辐射条件下，一本液体润滑剂会发生聚合或分解，失去润滑性能。固体润滑剂的耐辐射性能较好。如金属基复合材料的耐辐射性能大于 10^8Gy，石墨在受到 10^{20} 个 $/cm^2$ 中子的辐照后也不会发生可检测的变化。在辐射条件下，可以使用层状固体润滑材料、高分子复合材料和金属基复合材料进行润滑。

⑥ 导电滑动面的润滑　电机电刷、导电滑块、在真空中工作的人造卫星上的太阳能集流环和滑动的电触点等导电滑动面的摩擦，可以采用碳石墨、金属基（银基）或金属与固体润滑剂组成的复合材料进行润滑。

⑦ 环境条件很恶劣的场合　环境恶劣的场合，如运输机械、工程机械、冶金和钢铁工

业设备、采矿机械等转动件处于尘土、泥沙、高温和潮湿等恶劣环境下工作，可以采用固体润滑剂进行润滑。

腐蚀环境场合，如船舶机械、化工机械等转动条件可能出于水（蒸汽）、海水和酸、碱、盐等腐蚀介质下工作，要经受不同程度的化学腐蚀作用。处于这种场合下工作的摩擦副可以采用固体润滑剂润滑。

⑧ 环境条件很洁净的场合　电子、纺织、食品、医药、造纸、印刷等机械中的转动件，照相机、录像机、复印机、众多家用电器的转动件，应避免污染，要求很洁净的环境场合，可以采用固体润滑剂进行润滑。

⑨ 无需维护保养场合　有些转动件无需维护保养，有些转动件为了节省费用开支，需要减少维护保养次数。这些场合，使用固体润滑剂即合理方便又可节省开支。

无人化和无需保养的场合。大中型桥梁的支承，高大重型设备的转动件，无法经常保养的场合，为了减少维护保养费用，延长机器设备的寿命，使其在无条件下延长有效运转期限，可以使用固体润滑剂进行润滑。长期存储，无需保养的枪炮，一旦取出即可使用的物件，应用固体润滑干膜既可以防锈又可以起到润滑作用。

经常拆卸和无需保养的场合。紧固件螺钉、螺母等涂以固体润滑干膜后，易于装卸，并能防止紧固件的微动磨损。

1.5.2　固体润滑剂及自润滑材料的类型及特性

固体润滑剂一般作为两个对摩物体的第三体存在于摩擦界面，其主要类型和特性参见表1-24。有的固体润滑剂本身可构成整体结构材料，由于其无需另行润滑或只需少量润滑，故也称自（少）润滑材料。自润滑材料的主要类型和优缺点见表1-25。

表 1-24　固体润滑剂的类型和特性

类　型		特　性
层状化合物	石墨	在吸附水汽或气体情况下，摩擦因数较小，典型值为 0.05～0.15，在真空中，摩擦很大，不能用。当温度较高时，减少了吸附水汽，摩擦因数增大；添加某些无机化合物如 CdO、PbO 或 Na_2SO_4 等，可扩展低摩擦范围约 550℃。在大气中，温度上升到 500～600℃ 时，由于发生氧化而应用受到限制。承载能力较大，但不如 MoS_2；无毒，价廉；可用于辐射环境及高速低负荷场合，导电性、导热性良好，热膨胀小
	MoS_2	摩擦因数较小，典型值 0.05～0.15；承载能力高，可达 3200MPa；抗酸抗辐射，能用于高真空。在大气中一般用于 350～400℃；对强氧化剂不稳定
	WS_2	与 MoS_2 相似，但高温抗氧化温度略高
	$(CF_X)_n$ 氧化石墨	耐高温，承载能力优于石墨，能用于真空环境的润滑，承载能力和摩擦因数与 MoS_2 相仿，温度可用到 550℃；色白；耐高温
金属化合物	BN	新型耐高温材料，能用于 900℃ 以下，摩擦因数 0.35 左右，承载能力不高，使用寿命短，不导电，色白
	PbO	从室温到 350℃，摩擦因数 0.25 左右。在 500～700℃ 时摩擦因数 0.1 左右，提供有效润滑，在 350～500℃ 之间，氧化成 Pb_3O_4，润滑性较差。为填补这一空当，可掺入 SiO_2
	CaF_2 及 BaF_2 的混合物	很好的高温润滑剂，CaF_2 用陶瓷黏合剂在钢板上生成粘接膜。在 800～1000℃，摩擦因数 0.1～0.15，磨耗很小。混入 BaF_2 可进一步改善摩擦
	PbS	在 500℃ 时，摩擦因数 0.12～0.25，室温时摩擦较大

续表

类 型		特 性
软金属	In、Pb、Sn、Cd、Ba、Al、Sb、Bi、Tl、Au、Ag、Cu 等	磨擦因数在0.3左右，提高温度或载荷，可使摩擦因数下降。主要用于辐射、真空环境及高温条件（金属热压力加工），有较好润滑效果。常用于电镀、蒸镀、溅射、离子镀等方法生成薄膜
其他	SiN₄	耐高温（大气中，耐1200℃），硬度大（莫氏9）。粉末状态不具润滑性。只有当成形表面经精加工后，显示低摩擦。耐磨、抗卡咬，可用作空气轴承及无润滑滑动轴承材料
	玻璃	并无边界润滑性。通常将工件预热，浸入玻璃粉末或纤维中，形成薄膜，用于热压加工中，在界面上以熔化状态的流体膜保持润滑，故也有人认为不属于固体润滑剂

表 1-25　固体润滑剂及自（少）润滑材料的类型及优缺点

材 料			优 点	缺 点
热塑性塑料	未填充	尼龙（PA）	价廉，安静，抗擦伤，低磨损率，一定的自润滑性，易压制、浇铸，易机械加工成高尺寸精度	具吸水性，热膨胀大，热导率小
		聚甲醛（POM）	价廉，吸水率小，潮湿环境下尺寸稳定，一定的自润滑性，摩擦因数较小	易被酸侵蚀
		高密度聚乙烯（HD PE）	抗擦伤性、冲击韧度高，低摩擦因数，无黏滑，抗化学腐蚀	软化温度低
		聚四氟乙烯（PT FE）	特低摩擦因数，尤其在重载低速下，无黏滑，抗化学腐蚀，工作温度范围广	高磨耗，价贵，易干冷流、蠕变，不易注射或模压加工，导热性低
		PTFE编织	承载能力大，抗疲劳强度高，低速下耐磨性好	流体中使用，可使性能恶化；价贵；只限于低速下使用
	填充	热塑性塑料	填料改善力学性能、抗磨性、蠕变性及最高使用温度	抗擦伤性可能低于未填充热塑性塑料
	钢背	多孔铜浸渍PTFE或POM	金属背改善承载能力及散热性，改善蠕变性	腐蚀环境中需将金属保护
热固性塑料	增强	热固性塑料	强度、刚度大大提高，可在超过最高使用温度下短期运行。流体润滑剂常有利	比磨损率常较填充塑料高，制造成本提高，热膨胀率较小
		环氧树脂（EP）	粘接强度高，适宜用作低摩擦固体以及碳纤维增强基体，作承受重载用	加工费用较高
		酚醛树脂（PF）	价廉，常用石棉纤维或玻璃纤维、石棉布或玻璃布增强，强度较高，主要用于水润滑部件	只用于增强材料，未增强材料性脆而硬
		聚酰亚胺（PI）	承受较高温度，蠕变小	价贵，加工困难。摩擦因数略高
碳/石墨		包括碳/石墨、金属石墨、电解质石墨	用于很高温度（在空气中受氧化限制）及高速场合，很好的导电、导热性，易加工到精确尺寸	许用压力低、热膨胀小，脆，抗拉强度小
		浸渍热固性树脂	提高强度及抗磨性	使用温度受树脂含量限制

1.5.3　固体润滑剂的使用方法

固体润滑剂的各种使用方法见表1-26。

表 1-26　固体润滑剂的使用方法

直接使用润滑剂的粉末	（1）将粉末与溶剂配制成悬浮液，喷在摩擦表面 （2）将粉末涂抹或滚压于表面 （3）将粉末直接输送到需要润滑的部位，依靠飞扬溅落到表面
粘接膜	用树脂、无机材料或其他粘接材料将润滑剂粘接于摩擦表面形成润滑膜
分散在液体或半固体中	（1）分散于润滑油或其他溶剂用作液态润滑剂 （2）分散在润滑脂中构成极压脂 （3）分散于熔融的硬脂酸、石蜡等材料，冷却后构成润滑蜡笔
用其他方法形成润滑膜	用溅射、电镀、离子镀、等离子喷镀、气相沉积等方法生成润滑膜
构成整体材料	用填充或未填充、增强或未增强的聚四氟乙烯等热塑性塑料，用增强的酚醛树脂等热固性塑料，用碳/石墨（浸渍或不浸渍树脂）材料，用氮化硅等陶瓷材料作整体元件
用作复合材料的一个组分，构成自润滑材料	（1）将固体润滑剂与金属粉末（或与金属粉末及其他材料）混合后烧结或热压成材 （2）将成型的固体润滑材料镶嵌在摩擦表面（例如钻孔中） （3）用粉末冶金方法或磷化等方法制备多孔材料或材料表面层，然后用浸渍或其他方法在孔隙中充填固体润滑材料

1.6　油润滑技术与材料的发展进步

1.6.1　油润滑技术与材料的发展

高效、节能、环保是今后润滑技术研究的发展方向，也是金属磨损表面技术的重要发展方向。

（1）薄膜润滑

随着制造技术的发展，流体润滑的设计膜厚正在不断减小以满足高性能的要求。当滑动表面间的润滑膜厚达到纳米级或接近分子尺度时，在弹性流体润滑和边界润滑之间会出现一种新的润滑状态—薄膜润滑。薄膜润滑的一个特性是时间效应。在静态的接触区内的润滑膜厚度随时间基本不变；在高速情况下，膜厚度随时间增加而略有降低；在低速下，膜厚度随时间增加而不断增加。

（2）高温固体润滑

高温固体润滑主要体现在两个方面：高温固体润滑剂和高温自润滑材料。常用的高温固体润滑剂主要有金属和一些氧化物、氟化物、无机含氧酸盐，如钼酸盐、钨酸盐等，另外，还有一些硫化物，如 PbS、Cr_xS_y 也可作为高温固体润滑剂。

高温自润滑材料可分为金属基自润滑复合材料，自润滑合金和自润滑陶瓷等。金属基自润滑复合材料是指按一定工艺制备的以金属为基体，其中含有润滑组分的具有抗磨、减摩性能的新型复合材料，它将润滑剂与摩擦副合二为一，赋予摩擦副本身以自润滑性能；自润滑合金是对合金组元进行调整和优化，使合金在摩擦过程中产生的氧化膜具有减摩特性；自润滑陶瓷包括金属陶瓷和陶瓷两大类。

具有自润滑功能的金属-石墨复合材料不仅因其在特殊条件下具有优良的摩擦学特性而受到人们的广泛关注，它还是一种石墨高效增值方式。石墨优异的润滑性能由其层状的晶体结构特点决定。石墨具有很高的熔点（3600℃），在空气中，450℃才开始氧化。与其他润滑材料如锡、铅、二硫化钼（MoS_2）等相比，石墨是非常理想的高温润滑剂，尤其在复杂环境下石墨可以表现出更好的润滑性能。而金属-石墨复合材料既具有金属基体的力学性能，又兼备石墨的低摩擦因数和减摩性能等摩擦学特性，并且有很好的高温抗氧化性和载荷能力。目前这种复合材料已经用于制备轴承、轴瓦、衬套、齿轮、止推垫圈及密封环等零部件。金属-石墨自润滑复合材料的种类较多，根据金属基体的不同，可将其划分为难熔金属基自润滑复合材料、高温自润滑复合材料、低温自润滑复合材料、软金属基自润滑复合材料4大类。

（3）绿色润滑油

绿色润滑油是指润滑油不但能满足机器工况要求，而且油及其耗损产物对生态环境不造成危害。因此，以绿色润滑油取代矿物基润滑油将是必然的趋势。绿色润滑油研究工作主要集中在基础油和添加剂上。基础油是生态效应的决定性因素，而添加剂在基础油中的相应特性和对生态环境的影响也是必须考虑的因素。绿色润滑油及其添加剂，必须满足油品的性能规格要求；而从环境保护的角度出发，它们必须具有生物可降解性，较小的生态毒性累积性。

（4）纳米润滑材料

纳米材料具有表面积大、高扩散性、易烧结性、熔点降低、硬度增大等特点，将纳米材料应用于润滑体系中，不但可以在摩擦表面形成一层易剪切的薄膜，降低摩擦因数，而且可以对摩擦表面进行一定程度的填补和修复。

近年来，为了克服传统添加剂中含有硫（S）、磷（P）、氯（Cl）等有害物质造成的金属腐蚀和环境污染，在润滑油中加入固体润滑材料已经越来越受到业界的关注。特别是纳米材料技术的不断进步和广泛应用，对润滑油中固体添加剂的应用产生了巨大的推动，因而纳米粉末成为当前润滑油添加材料研究和开发的一个新热点。纳米材料添加剂具有良好的减摩抗磨效果，且可大幅度地提高润滑油的承载能力，某些纳米颗粒还对磨损的表面具有一定的自修复功能，从而显示了其广阔的应用前景。大量的试验研究表明，超细的金刚石颗粒可渗透到摩擦副表面并形成极薄的固体润滑膜，可以有效地防止和推迟摩擦副表面发生黏着磨损，大大降低摩擦副表面的摩擦因数，并大幅度提升摩擦副极压性能的改善率。金刚石作为一种非常特殊的材料历来都受到人们的关注，特别是由于这种材料的高硬度，以及它具有特殊的光、电、声和热效应，因而在现代工业的各领域中都有着广泛的应用。从1984年前苏联的科学家们采用炸药爆轰法实现了纳米金刚石的工业化生产以来，纳米金刚石的研究和应用已经成为新材料技术研究和开发中的热门技术。纳米金刚石（Ultra-fine Diamond，UFD）不仅具有普通金刚石的一些特性，它还具备纳米材料的表面、量子尺寸和量子隧道等一系列特殊的效应。通常，纳米金刚石微粒的粒径一般为7～10nm，因而它们与大尺寸的金刚石有许多完全不同的特点，尤其由于它们具有独特的球状外形和丰富的表面官能团，这为使其表面具有特殊的吸附性和易于发生化学反应提供了条件，也有助于它们在润滑油中能够得到良好的分散。

溶胶凝胶技术在玻璃、氧化物涂层和功能陶瓷，尤其是传统方法难以制备的复合氧化物、高临界温度氧化物超导材料的合成中均得到成功的应用。应用溶胶-凝胶法制备纳米润滑材料也越来越多，溶胶-凝胶法制备的纳米润滑粉体材料颗粒小，不易团聚，能精确控制并制备所需各种结构的超细材料，如制备的层状、链状、环状和立体状的二氧化硅添加剂已有应用。

（5）润滑油添加剂的开发应用

随着近年来摩擦化学和摩擦物理学的飞速发展，新型润滑添加剂不断涌现，其性能不断提高，同时也对润滑管理人员提出了更高的要求。随着抗磨添加剂得到广泛应用，机械设备的润滑机理发生了根本变化：化学吸附膜取代物理吸附，化学反应膜取代吸附膜。

长期以来，国内润滑油产品的开发，主要依靠国外添加剂公司提供核心技术，没有自主的技术体系已经成为制约我国润滑油行业稳定发展的关键问题。

近年来国内企业采用合资方式与国外知名添加剂公司共同研究新型多功能添加剂，不断跟进世界润滑油发展新潮流，同时不断与汽车制造商、液压泵等专业厂商合作开发高档润滑油产品，满足类似南北极、航空航天等苛刻应用条件的、符合 API Ⅳ/Ⅴ 标准的 PAO、酯类等合成型基础油，并已在小批量生产。

自从 20 世纪 90 年代末期开始，我国润滑油公司对国外生产的复合汽油、机油添加剂与国内研制的同类产品进行使用性能的研究，试验结果表明通过调整国产润滑油添加剂的组成和比例，可以获得较优的试验结果。国际润滑油添加剂公司的核心技术是拥有一套先进合理的添加剂评价和筛选手段，确保了在众多化合物中成功找出适宜在润滑油中使用的产品。中国润滑油企业在这方面的工作起步较晚，近年通过不断努力已改变相对落后的状况，并已取得成效。

润滑油添加剂按作用可分类成清净剂、分散剂、抗氧抗腐剂、极压抗磨剂、油性剂、摩擦改进剂、黏度指数改进剂、降凝剂等。添加剂的使用方法和用量应根据添加剂的出厂说明。有时需要配制成母液再混合于油中，有的需要在使用时加以稀释后再兑入润滑油里，如硅油需用 10 倍左右的煤油稀释后再兑入润滑油里。油溶性好的添加剂也可直接按比例掺入油中。通常还要先进行少量试配，经过检验和试用，确认性能符合要求方可批量调配。

（6）油气润滑技术及应用

为了适应现代机械设备高速、重载、高效、长寿命的特点，近年研制出了一种气液两相流冷却润滑新技术，即油气润滑，并得到了日益广泛的应用。油气润滑技术是德国 REBS 集中润滑技术公司的创新，它采用压缩空气的连续作用带动油沿管道内壁不断地流动并形成涡流状的油气混合物，（油和气并不真正融合也不会雾化）以精细油滴的方式导入润滑点。压缩空气是连续供给的，而油则是间歇供给的—间歇时间和供油量可根据各润滑点的消耗量进行调节并可连续供给。油气润滑技术是一种利用压缩空气的作用对润滑剂进行输送及分配的集中润滑系统。

油气润滑用于轴承的优点如下：

① 润滑效率高，可大幅提高轴承的使用寿命。由于油气润滑在供油量、轴承温度和摩擦三者关系上找到了最佳区域，即油气润滑用最小的供油量却能达到降低轴承温度和减少轴承摩擦的良好效果，实现了润滑剂 100％ 被利用。

② 耗油量极低。例如，某厂每套轧机工作辊轴承采用油气润滑全年的稀油耗油量仅为 1.7t，而采用油脂润滑的耗油量全年高达 24t，可见油气润滑的耗油量只是油脂润滑的耗油量的 1/14。

③ 大幅降低设备的运行和维护费用。正因为油气润滑大幅提高了轴承的寿命，因此与轴承相关运行和维护费用大幅降低。

④ 适用于高速、高温、重载及流体侵蚀的场合。除了润滑剂 100％ 被利用外，在运动的轴承部件之间形成尽可能薄的润滑油膜不会过润滑而产生多余的热量，连续流动的压缩空气对轴承来说是理想的冷却剂，不仅散热轴承及降低轴承的温度，而且在轴承座内部保持正压，对轴承起到良好的密封，有效防止外部流体或脏物侵入轴承内部危害轴承。

⑤ 环境效益明显。油和压缩空气在形成油气混合物时并不真正融合，也不存在雾化现象，因此不会像油雾润滑产生的油雾对周围环境和人体有害，也不会对乳化液介质造成危害，同时在更换轴承时也不需要像采用油脂润滑那样对黏附在轴承上的厚厚油脂进行清理，既保护了环境，又节省了处理费用。

1.6.2　润滑技术进步路线

图 1-9 所示为未来十多年我国润滑技术进步路线图。

	目标：主要生产设备应用高性能油达60%	目标：由我国自行研发高性能油品占国内市场应用份额达60%
工业用油润滑技术	(技术途径1：)大型企业必须建立润滑油品化验室 (技术途径2：)不断开发废油再生技术 (技术途径3：)培养高级润滑技术人才 (技术途径4：)不断创新开发液压系统液压用油新技术 (技术途径5：)不断开发和推广全优润滑技术 (技术途径6：)不断开发耐高温、耐高速或耐低温润滑材料	(技术途径1：)建立国家级润滑油品研发机构及高级油品生产基地 (技术途径2：)建立国家级液压用油研发机构，开发新型液压系统，研发新型润滑纳米材料
润滑治漏技术	目标：主要生产设备漏油比例与2010年相比减少50%	目标：漏油设备占总量小于1%
	(技术途径1：)不断开发自动间歇供给技术 (技术途径2：)不断开发自动速续供给装置技术 (技术途径3：)开发和应用治漏新材料	(技术途径1：)创新开发静密封新技术 (技术途径2：)创新开发动密封新技术 (技术途径3：)开发新型弹性密封件技术及应用
润滑油添加剂技术	目标：主要生产设备和运输车辆应用新型润滑油添加剂达70%	目标：高端设备应用高级润滑油添加剂达95%
	(技术途径1：)自主创新开发国内润滑油添加剂技术 (技术途径2：)研发添加剂与润滑油配比技术	(技术途径1：)极压抗磨剂技术得到创新开发 (技术途径2：)建立国家级润滑添加剂研发机构

2010年	2020年	2030年

图 1-9　润滑技术进步路线图

第2章

润滑装置与润滑系统

润滑装置是设备润滑所必需的器具。大型机械设备往往设有润滑系统，润滑系统由一系列元件组成。润滑装置与系统的正确设计、选择与使用，对设备润滑至关重要。

2.1 润滑方法及装置

2.1.1 常用润滑方法及装置

在决定润滑方法时，主要考虑下列因素：

① 设备的工作条件、环境，如载荷、速度、工作场所、密封和冷却等要求。

② 设备应采用的润滑剂种类、需要量、流量调节及更换周期。

③ 设备发热、传热和散热的情况。

④ 设备润滑点的数目、分布及结构特点。

⑤ 设备安置的润滑点要便于施加润滑剂和操作安全。

⑥ 润滑装置力求简单可靠，便于维修。

机器设备中采用的润滑方法很多，这里介绍常用的几种。

（1）手注加油润滑

通过人工，用加油工具（油壶、油枪）将油加入油杯或油孔中，使油进入摩擦部位或直接将油加到摩擦接触部位。

这是最简单的润滑方法，全靠人工间歇给油，故油的进给不均匀，加油不及时就容易造成机器零件磨损，润滑材料利用率低。轻载低速的摩擦接触部位选用得较多，如开式齿轮、链条等。

① 直接开在机体表面的带喇叭的油孔是逐点润滑法中最简单的形式，在缺乏安装油杯位置的时候采用，如图 2-1（a）。如果必须将整个油杯埋入机体中，使与机体外表面相平时，应采用图 2-1（b）球阀油杯。油枪加油的，用如图 2-1（c）所示的压注油杯。用螺纹旋入机件内的旋套式油杯如图 2-1（d）所示。

② 图 2-2 所示为常用的手注加脂杯。在杯内和盖内填满脂，拧转杯盖（使用时每次拧1/4 圈），因挤压作用使杯内脂进入摩擦接触面达到润滑的目的。这种装置当杯盖旋到底时，

则应再加脂。

以上装置最为简单，已标准化。

（2）滴油润滑

滴油润滑是利用油的自重一滴一滴地向摩擦部位滴油进行润滑。这种润滑方法对摩擦表面供油量是限量的并可调节。

图 2-3 是一种常用的针阀油杯。滴油量受阀针 3 的控制，开关 1 控制阀针 3 的开闭使其在工作时油量不变；调节螺钉 2 调节滴油量，滴出的油滴可以从透明的玻璃管 4 观察。

使用滴油润滑装置时必须保持容器内的油位不得低于最高油位的 1/3 高度。为防止滤网和阀针被阻塞，必须定期清洗油杯及采用经过过滤的润滑油。使用前需检查油杯工作是否正常。

（3）飞溅润滑

飞溅润滑方法是依靠旋转的机件或附加在轴上的甩油盘、甩油片将油溅散到润滑部位。为了润滑轴承或油溅散不到的摩擦部位，在箱的内壁开有集油槽或加挡油板。

这种润滑方法比较简单，由于只能用于封闭机构，故能防止润滑油污染。由于润滑油循环使用，润滑效果好，油料消耗少，图 2-4 为减速器的飞溅润滑装置，靠旋转的齿轮将油溅起，达到润滑的目的。

飞溅润滑装置使用时必须保持容器内的油位，定期清洗更换润滑油。

（4）油池润滑

依靠淹没在油池中的旋转机件连续旋转将油带到相互啮合的摩擦件上或将油推向容器壁上润滑轴承及其他零件。

这种润滑方法比较简单，适用于封闭的、转速较低的机构，如蜗轮蜗杆传动、凸轮机构、转子链和齿链、钢丝绳等。

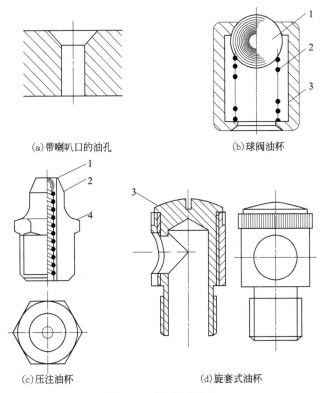

(a)带喇叭口的油孔   (b)球阀油杯

(c)压注油杯   (d)旋套式油杯

图 2-1 手注加油装置

1—球阀；2—弹簧；3—杯体；4—旋套

图 2-5 为蜗轮蜗杆传动的油池润滑装置，它是靠淹没在油池中的蜗杆（油淹过齿高）旋转，把油带起，使蜗轮及轴承得到润滑。

油池润滑装置工作时必须保持规定的油位，要定期清洗更换润滑油。

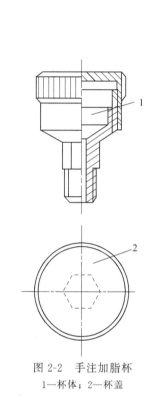

图 2-2 手注加脂杯
1—杯体；2—杯盖

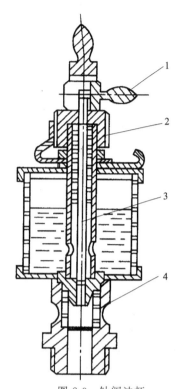

图 2-3 针阀油杯
1—开关；2—调节螺钉；3—阀针；4—玻璃管

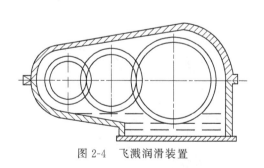

图 2-4 飞溅润滑装置

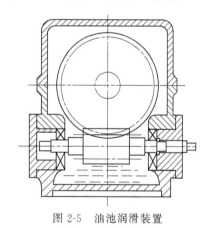

图 2-5 油池润滑装置

（5）油环、油链及油轮润滑

这种润滑方法是将油环或油链套在轴上作自由旋转，油轮则固定在轴上。油环、油链、油轮浸入油池中随轴旋转时将油带入摩擦面，形成自动润滑。图 2-6（a）为油环润滑装置。图 2-6（b）为油链润滑装置。它们是靠套挂在水平轴上的油环、油链，借轴颈与环（链）的摩擦而随轴旋转，将油带到轴颈上，然后进入轴承中达到润滑目的。图 2-6（c）为油轮润滑装置，在轮转时，油轮带起油并经刮板将油刮入油槽内再流入轴承中。

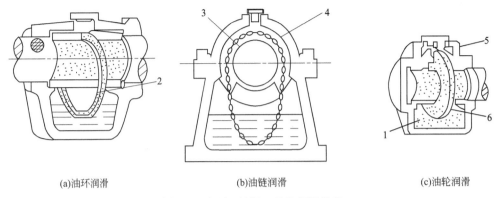

(a)油环润滑   (b)油链润滑   (c)油轮润滑

图 2-6　油环、油链、油轮润滑装置

1—油池；2—油环；3—轴；4—油链；5—刮板；6—油轮

以上装置只要在油池内保持规定的油位就能可靠地保证摩擦部位的润滑。

（6）油绳、油垫润滑

这种润滑方法是将油绳、油垫或泡沫塑料等浸在油中，利用本身的毛细管和虹吸管作用吸油，连续不断地供给摩擦面油滴。该润滑装置润滑作用均匀，具有过滤作用使进入摩擦面的油清洁。图 2-7 为油杯油绳润滑装置，其中油杯内放入毛绳，一端插在管内，通过毛细管吸油，滴入摩擦面。

使用油绳润滑方法时，油绳不要与摩擦面接触以免被卷入摩擦面中。油杯中的油位应保持在全高的 3/4 以上，保证吸油量。毛绳不可有结并定期更换。

（7）机械强制送油润滑

这种方法是利用装在油池上的小型柱塞泵，通过机械装置的带动把油压向润滑点。其装置维护简单，供油随设备的启停而启停，故供油是间歇的、自动的。油的流量由柱塞泵的行程来调整，如图 2-8 所示。此泵不宜装在转速较高的部件上，柱塞每分钟的双行程数不宜超过 800 次。

为了保持润滑油的清洁，装置的油池应保持一定深度，以防止油池中的沉淀物堵塞泵的吸油管路。

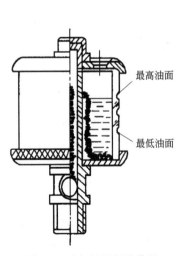

最高油面

最低油面

图 2-7　油杯油绳润滑装置

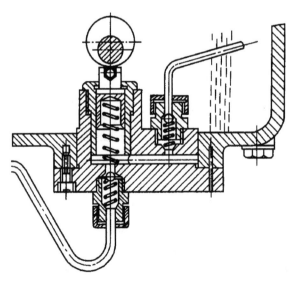

图 2-8　强制送油润滑装置

（8）油雾润滑

油雾润滑的原理是利用压缩空气通过喷嘴把润滑油喷出雾化后再送入摩擦接触面，并让其在饱和状态下析出，使摩擦表面上黏附一薄层油膜而起润滑作用。

此润滑方法除润滑油能随压缩空气侵入并弥散到有摩擦接触表面外，还能散去摩擦产生的热，并带走磨损落下的屑末。图 2-9 为油雾润滑装置。当压缩空气由 1 处通过时，由于空气的压力作用，将油吸进油管，并到达油量调整阀 2。气流通过喷嘴时，在喷嘴的喉头处静压力降至最低。由于调整阀和喷嘴喉头间的压力差而引起油流动。流入的油被压缩空气气流所雾化，从出口将油送入到要润滑的部位。

采用油雾润滑方法时，必须采用无水分和经过净化的压缩空气。润滑油中最好加入抗氧化添加剂。

（9）压力循环润滑

压力循环润滑方法，是利用重力或油泵使循环系统的润滑油达到一定的工作压力后，输送到各润滑部位。使用过的油被送回油箱，经冷却、过滤后，供循环使用。

一般压力循环润滑方法能调整供油压力和油量，可保证均匀而连续地供油。由于供油量充足，润滑油还能将摩擦热及磨损的屑末带走。图 2-10 为压力循环润滑装置。通过电机带动油泵，把油箱中的润滑油输送到分油器分送到各摩擦部位。油靠重力经回油管流回油箱，从而达到循环使用。

此种润滑装置使用中必须保持一定油位和油的清洁，管道畅通，无泄漏，要定期清洗系统及更换润滑油。

（10）集中润滑

集中润滑方法是通过中心润滑器、一些分送管道和分配阀，按照一定时间发送定量油、脂到各润滑点。其润滑装置有的是手工操作，有的是在调整好的时间内自动配送油料。供给摩擦接触面的油是均匀和周期性的，而不是连续的。有的装置的油量可以调整。

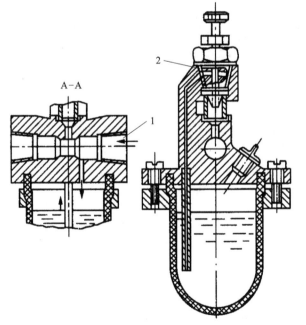

图 2-9　油雾润滑装置

1—压缩空气；2—调整阀

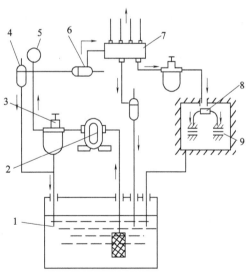

图 2-10　压力循环润滑装置

1—油箱；2—齿轮油泵；3—滤油器；4—回油阀；
5—压力计；6—压力调节器；7—主要分配阀；
8—辅助分配阀；9—机床主轴承

① 图 2-11 是润滑油集中润滑装置。由齿轮泵 6、过滤器 5 和分配器 4 将油压入各润滑点。用过的油通过滤油网 2 流回油箱。

② 图 2-12 为杠杆式加脂集中润滑装置。拉动杠杆使活塞 3 退出时，受弹簧压着的润滑脂通过槽送入泵的高压缸 2 中。推压杠杆时，润滑脂即从单向阀 1 送入分配器，再通过支路油管把脂送到摩擦部位。

采用集中润滑方法应保持油箱内有一定的油位、清洁的润滑材料和畅通的油路系统。

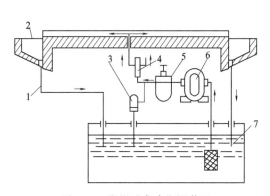

图 2-11　润滑油集中润滑装置
1—回油管；2—滤油网；3—回油阀；4—分配器；
5—过滤器；6—齿轮泵；7—油箱

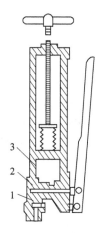

图 2-12　杠杆式加脂集中润滑装置
1—单向阀；2—高压缸；3—活塞

2.1.2　润滑油过滤器具

润滑过程中所使用的润滑油必须纯净、不含杂质。如果被润滑机件和油箱等清洗得不干净，以及灰尘、脏物、摩擦副表面磨损下来的金属屑和金属氧化物颗粒进入润滑油内，或者长期循环使用的润滑油在高温重载条件下因氧化变质而生成胶质、沥青质、炭渣等杂质，都会严重危害机器，如摩擦面拉毛、卡死和堵塞润滑孔道等。因此，润滑油的过滤是十分重要的。并且需要按照机器的精度、运转工况等条件对滤油器具和过滤精度提出要求。

（1）滤油器要求

① 具有较高的过滤性能，能阻挡一定粒度的杂质，满足润滑油纯净度的要求。

② 通油性良好，单位过滤面积所通过的流量要大。

③ 能抵抗滤油的侵蚀和耐相应的温度。

④ 过滤材料要有一定的机械强度，在油压下不变形或破坏。

⑤ 容易拆洗，便于更换过滤材料。

（2）滤油器的过滤精度

过滤精度是以通过过滤器的杂质的最大颗粒度 d 为指标的，一般分为四级：

粗的过滤精度 $d > 0.1mm$；

普通的过滤精度 $d = 0.01 \sim 0.1mm$；

精的过滤精度 $d = 0.001 \sim 0.005mm$；

特精的过滤精度 $d = 0.0005 \sim 0.001mm$。

（3）滤油器种类

过滤装置是利用各种多孔的物体、隔膜，或应用油与杂质的相对密度不同而采用离心力等办法，分离悬浮在油中的杂质。所用过滤材料有棉布、毛毡、金属网及带孔金属薄片等多种材料。过滤器的种类很多,现介绍常用的几种。

① 网状过滤器如图 2-13 所示。它是由壳体 3、网管心子 2(过滤筒)及铜丝网 1 组成。润滑油从进口通过丝网过滤后,进入滤心经出口流出。

② 片状过滤器如图 2-14 所示。其盖子上有个进油孔,油经过金属之间的间隙得到过滤。为防止过滤器金属片之间的间隙被堵塞,应经常转动手柄,让相隔金属片间相互转动,把它们之间的脏物刮掉。滤油器每季度需清洗一次。

③ 线隙式过滤器如图 2-15 所示。其过滤精度决定于相邻金属线圈之间的间隙。按顺时针方向回转过滤筒 2 时,利用刮刀 3 将过滤筒外表面上的脏污清除下来。

④ 磁铁过滤器如图 2-16 所示。它是带有两个磁铁的过滤器。这种过滤器主要是收集油中的金属粉末。

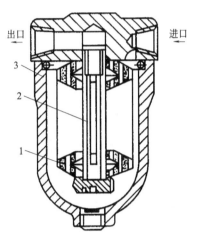

图 2-13　网状过滤器

1—铜丝网;2—网管心子;3—壳体

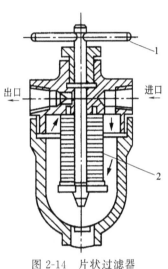

图 2-14　片状过滤器

1—固定杆;2—过滤片

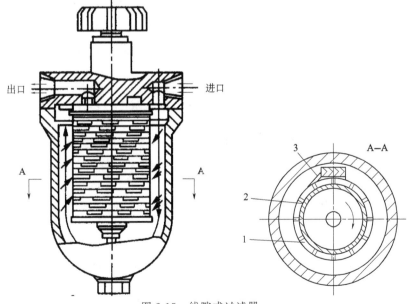

图 2-15　线隙式过滤器

1—梯形面上带凸起的金属线;2—过滤筒;3—刮刀

必须注意，金属微粒不仅会加速摩擦表面的磨损，而且具有促进油氧化过程的催化作用。因此，在最重要的机械上，最好依次地安装磁铁过滤器与线隙式过滤器。

2.1.3 润滑系统的指示装置

在润滑系统中，常常需检查润滑工作情况，以便及时维修、加油和换油。检查及保护装置用以观察及控制油箱里的油面高低、油管中的流量大小及其压力、温度变化情况。

这些装置有的是供人工观察和调整的，也有的是自动控制的。

（1）油位指示装置

1）油标　油标是润滑系统中最常见的一种指示装置，它主要是用以控制油容器中油位的高低，常见的有下列几种：

① 嵌入式圆形或长方形油标如图 2-17 所示，采用有机玻璃或透明塑料板制成，中间刻有单刻线和双刻线。单刻线者要求油面和刻线一样齐；双刻线者要求油面最高不得超过上刻线，最低不能低于下刻线。

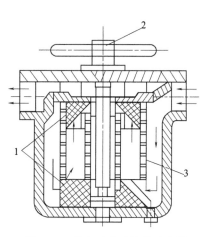

图 2-16　带有两个磁铁的过滤器
1—磁铁；2—固定螺钉；3—开孔的管子

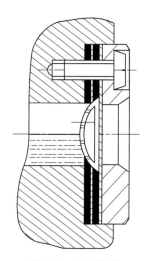

图 2-17　圆形油标

② 管式油标如图 2-18 所示，此种油标通常是用 1/4、3/8 或 1/2 英寸管螺纹连接到箱体上。其缺点是不易找到合适的安装位置，也易损坏。

③ 浮标式油尺如图 2-19 所示，常用于容积固定的容器中，浮子用薄铁皮制成一个不漏气的封闭盒，上装有指示灯和刻度尺。容器中的油量由装在浮子杆上的指针指示在刻度尺上。

④ 量油杆主要用在部分磨床的砂轮主轴箱和起重传导设备的减速箱等。量油杆上有两条刻线控制油面，最高不超过上刻线，最低不低于下刻线。

⑤ 一些设备的主轴箱或变速箱是用油位牌控制油面的。如 C620、C630 等车床的主轴箱，在箱体内适当位置安有油位牌。添加油时，油面不得低于或高于油位牌。

2）油流指示表　这种类型的指示表，是用来观察润滑油从油泵、油容器或油杯中是否正确地和及时地流向摩擦副的装置。按照油的流动特点，分为连续油流、滴流和脉式油流指示表三种。

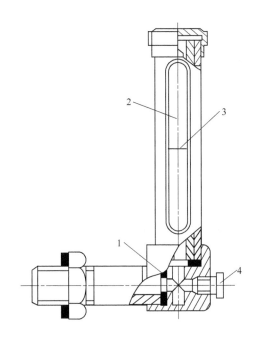

图 2-18　管式油标

1—密封圈；2—玻璃管；3—油线；4—放油塞

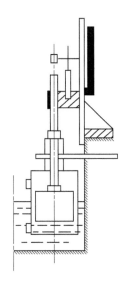

图 2-19　浮标式油尺

① 连续油流指示表用于观察油泵工作情况，如一些机床上的油窗。正常情况下，当机床开动时，在油窗处可观察到连续供油。它是装在上油管的接头上，若发现不供油时，应立即停车，查清原因。另一种是观察单位时间内流过油的体积的，如图 2-20 所示，根据簧舌片向油流方向的倾斜度来确定油的滴量。

② 滴油指示表。这种指示表，一方面可观察供油情况，另一方面还可调节供油量，如X52K 或 X53K 立铣头上的油窗。在开车工作时，可调节主轴油窗上的螺钉来控制轴承的供油量（每分钟滴数）。

（2）油温指示表

这种指示表是利用普通或特殊的水银温度计，可用目测检查流过摩擦副油的温度，也可用热电偶自动温度检测记录仪。油温检查装置主要用于一些重型设备的重要轴承的循环润滑上。

（3）安全装置

为预防事故发生，在重、精机器设备的润滑系统中，有的安装安全装置。安全装置分为不带信号的和带信号两种。当机器发生各种过载时，不带信号设备的安全装置即自动生效，将油过载部分漏掉，但不发出任何信号。当接近发生事故时，带信号设备的安全装置就发出声音或灯光信号。

当油管中压力过高时能使油溢回容器的安全阀，属于不带信号设备的安全装置。安全阀分为两种，一种是可调的，另一种是不可调的。

带信号设备的安全装置有：控制温度的水银温度计及热电偶；控制压力的自动油压控制继电器及压力报警器；控制流量的带有指示灯及声响的浮标式油指示器，如图 2-21 所示。

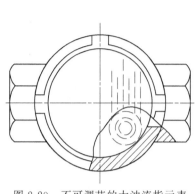

图 2-20　不可调节的大油流指示表

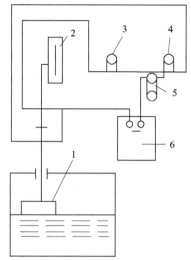

图 2-21　带灯（铃）信号的浮标式油流表
1—浮子；2—刻度尺；3—最高油面信号灯；4—最低油面信号灯；
5—电铃；6—电池或变压器

2.1.4　循环润滑系统的润滑装置

（1）油泵

润滑油泵必须有满足润滑系统内所有轴承、齿轮、液压装置等零件润滑需要的压力和流量，能适应系统工作温度变化。常用的泵一般有容积式泵（如叶片泵、齿轮泵、活塞泵、蜗杆泵）或离心泵等。选用时，应根据设备性质、润滑特点及泵的本身性能加以选择。

（2）油管

吸油管子按流速 1～2m/min 的条件选择，最好规格大些、短些、不拐弯、管径不变，防止抽空现象。送油管按流速 2～4m/min 选择，管径不能太小，否则会产生不适当的压力降。回油管按流速 0.3m/min 选择，管径应大些，如不够大，则会出现振动现象。

（3）油箱

油箱不但是润滑油、液压油的容器，而且还能沉淀杂质、分离泡沫、扩散热量以及支承管道等。安装油泵、过滤器、冷却器、仪表、调节阀的支架，要适应上述的要求，必须对其结构、容量、比例、位置加以充分考虑。

2.1.5　润滑工具

在对机器设备进行润滑时，通过分散的润滑装置对摩擦接触面加油，以及向油箱、油池添油。这些润滑装置包括加油工具及其他工具等。

（1）加油工具

① 油壶如图 2-22 所示，这是最简单的一种手注加油工具。

② 油枪如图 2-23 所示，主要用于压注油杯加油。

③ 手提油壶如图 2-24 所示，在向油箱、油池加油时常采用这种工具。

（2）其他工具

① 活塞式抽油器如图 2-25 所示，当油箱内不能排净废油时采用此装置吸油。

② 油抽子如图 2-26 所示。

③ 手摇泵如图 2-27 所示。

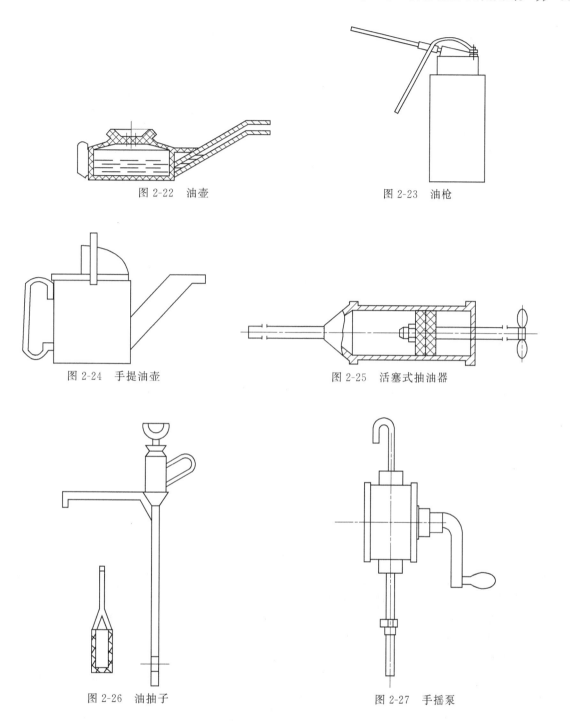

图 2-22 油壶　　　　　　　图 2-23 油枪

图 2-24 手提油壶　　　　　　图 2-25 活塞式抽油器

图 2-26 油抽子　　　　　　　图 2-27 手摇泵

2.2 稀油集中润滑系统

2.2.1 稀油集中润滑概述

随着生产的发展，机械化、自动化程度不断提高，润滑技术也同样由简单到复杂，不断更新发展，形成了目前集中润滑系统。集中润滑系统具有明显的优点，因为压力供油有足够的供量，因此可保证数量众多、分布较广的润滑点及时得到润滑，同时将摩擦副产生的摩擦热带走；摩擦表面的金属磨粒等机械杂质，随着油的流动和循环将杂质带走并冲洗干净，达到润滑良好、减轻摩擦、降低磨损和减少易损件的消耗、减少功率消耗、延长设备使用寿命的目的。但是集中润滑系统的维护管理比较复杂，调整也比较困难。每一环节出现问题都可能造成整个润滑系统的失灵，甚至停产。所以还要在今后的生产实践中不断加以改进。

在整个润滑系统中，安装了各种润滑设备及装置，各种控制装置和仪表，以调节和控制润滑系统中的流量、压力、温度、杂质滤清等，使设备润滑更为合理。为了使整个系统的工作安全可靠，应有以下的自动控制和信号装置。

（1）主机启动控制

在主机启动前必须先开动润滑油泵，向主机供油。当油压正常后才能启动主机。如果润滑油泵开动后，油压波动很大或油压上不去，则说明润滑系统不正常。这时，即使按下了操作电钮主机也不能转动，这是必要的安全保护措施。控制联锁的方法很多，一般常采用在压油管路上安装油压继电器，控制主机操作的电气回路。

（2）自动启动油泵

在润滑系统中，如果系统油压下降到低于工作压力（0.05MPa），这时备用油泵启动，并在启动的同时发出示警信号，红灯亮、电笛鸣，这时值班人员根据示警信号立即进行检查并采取措施消除故障。待系统油压正常后，备用泵即停止工作。

（3）强迫停止主机运行

当备用油泵启动后，如果系统油压仍继续下降（低于工作压力）（0.08～1.2MPa），则油泵自动停止运行并发出信号；强迫主机也停止运行，同时发出事故警报信号，红灯亮、电笛鸣。

（4）高压信号

当系统的工作压力超过正常的工作压力0.05MPa时，就要发出高压信号，绿灯亮、电笛鸣。值班人员应立即检查并消除故障。

启动备用油泵、强迫主机停转等，常是采用电接触压力计及压力继电器来进行控制的。

（5）油箱的油位控制

油箱的油位控制常采用带舌簧管浮子式液位控制器。当油箱油位面不断地下降，降到最低允许油位时，液位控制器触点闭合，发出低液位示警信号，红灯亮、电笛鸣，同时强迫油泵和主机停止运行。当油箱油位面不断升高（可能是水或其他介质进入油箱内），达到最高油液位面时，则发出高液位示警信号，红灯亮、电笛鸣，应立即检查，采取措施，消除故障。

（6）油箱加热控制

在寒冷地区或冬季作业时，应加热油箱中的润滑油，润滑油温度一般维持在40℃左右，以保持油的流动性，否则整个系统的控制因温度低、油的黏度增加而发生困难。加热的方法有两种，一种是用蒸汽加热，比较缓和；另一种是用电热元件加热。后一种加热方式比较剧烈，有时会使油质发生热裂化反应，降低黏度并生成胶质沉淀。这两种方法都装有自动调节温度的装置，当油温升到规定温度时，即自动断电或断汽。

（7）系统自动测温装置

系统中有关部位的温度在运行中都要进行定时测量，以便掌握运行情况。如油箱、排油管、进、出冷却器的油温和水温，都要随时测量。为此，采用了温度自动测量装置。常用的测量装置是热敏元件和电桥温度计，只需扭动操作盘上的转换开关，就可测出各部位的温度。

（8）过滤器自动启动

当油流进出过滤器的压差大于0.05～0.06MPa时，过滤器被阻塞。应自动启动过滤器，以清除圆盘式过滤器内滤筒周围的杂质。通常用电接触差式压力计来控制，当压差减小（或恢复到允许压差范围）后，就切断电源自动停止滤筒清刮。

稀油集中润滑系统根据不同的供油制度分为灌注式即润滑油通过油泵把油送到摩擦部件的油池（槽），一次灌至足够量，油泵即停止工作。当灌注的润滑油耗去需要添补、更新时，则再启动油泵供给或人工灌注，例如油环润滑，密封式减速箱的齿轮润滑等。自动循环式即油泵以一定压力向摩擦副压送润滑油，润滑后，沿回油管回到润滑站的油箱内，这样润滑油不断循环使用。油泵也是连续不断运转工作的。

由于润滑系统采用的动力装置（即油泵装置）形式不同，目前各厂实际使用的有回转活塞油泵、齿轮油泵、螺杆油泵、叶片油泵等装置供油的稀油集中润滑站。

根据组成稀油站各元件布置形式的不同，基本上分两种形式：

一种是整体式结构，各润滑元件都统一安装在油箱顶上，其特点是体积小，安装布置比较紧凑，适用于分散的单机润滑。在制造厂出厂前已整体装配并包装好，用户提货后，不用再一件件组装。只要直接固紧在地脚螺栓上，接好管路，清洗后即可使用。但这种油站能力较小，一般在 125L/min 以下。因为各元件组装较紧凑，所以在检修、拆卸时稍有不便。

另一种是分散布置形式，根据设计要求，油站各组成元件分别布置在地下油库的地基基础上。其优点是检查、维修方便，供油能力较大，一般 250L/min 以上供油量的油站都采用这种分散布置形式。

耗油量不大的单体设备润滑系统，通常安装在该设备旁或附近的地坑中；重要的润滑系统如主电机轴承的集中润滑系统、轧钢设备主机及其机组用的集中润滑系统，则安装在车间地平面以下的地下油库内。也有将数个润滑系统的油站，集中放在一个较大的地下油库内，便于统一管理和检查维护。

2.2.2　回转活塞泵供油的集中循环润滑系统

（1）系统的组成

回转活塞泵供油的集中循环润滑系统由以下设备组成：油箱、回转活塞泵装置、圆盘式过滤器、列管式油冷却器、空气筒、放泄阀等。该系统使用如下测量计器：压力计、差式压力计、电接触压力计、水银温度计、电阻温度计、电桥温度计、蒸汽加热油时用的温度调节器、液位控制器、油标等。此外，还有各种不同用途的阀类——安全阀、截止阀、单向阀或逆止阀，油流指示装置——给油指示器、油流指示器等，油、风、蒸汽、水等管道、接头、阀门压力箱等，如图 2-28、图 2-29 所示。

（2）回转活塞泵润滑系统的工作

如图 2-30 所示，当电动机 3 启动时，带动回转活塞泵 4，从油箱内将油吸出，经单向阀 6 送入圆盘式过滤器 8 中（通过圆盘式过滤器将油中的机械杂质清除），过滤后清净的油沿输油管流入冷却器 15，在冷却器 15 中冷却后，沿输油管道被压送到所润滑的机构摩擦副上（如齿轮副、轴承副等）。油流润滑摩擦副后，流入回油管，并按一定的坡度自行返回油箱。

当周围空气温度很高时，或者是经常处于高温条件下工作的机构才需要连续冷却。在正常温度下（20～25℃），润滑油沿着设于冷却器旁的绕行管道，绕过（不经过）冷却器，直接流向润滑点。为了消除回转活塞泵压油时流量的不均匀性（或流量脉动），在油泵压油管路上装有空气筒（补偿器），空气筒的上部充满了与润滑系统油路压力相适应的压缩空气。在系统工作时，压缩空气由车间压缩空气的网路供给，这样在空气筒的上部就形成了具有一定压力的空气垫。当油泵向系统供油时，压缩空气调到适当的压力。在入口阀门关闭后，由于泵的流量不均匀，空气筒中的油面将在一定范围内波动。为了检查油面的变化，在空气筒上安装了油面指示计。为了测量压力的变化，在空气筒上端安装了压力计。

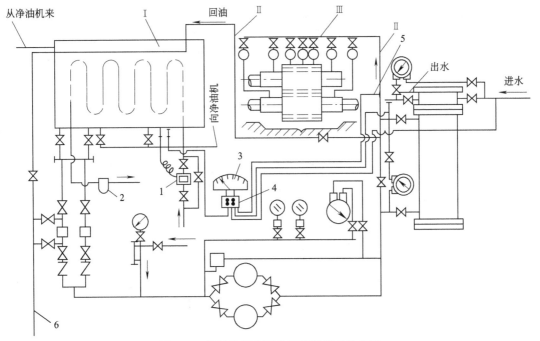

图 2-28　带回转活塞泵的循环润滑系统简图

1—温度调节器；2—冷凝器；3—电桥温度计；4—转换开关；5—电阻温度计；6—系统内换油用的管道；

Ⅰ—润滑站；Ⅱ主油管；Ⅲ—被润滑的机器上的油管

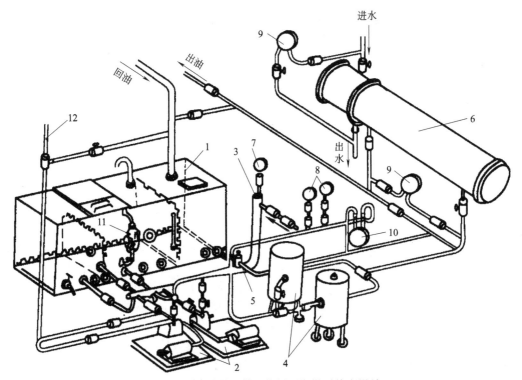

图 2-29　用回转活塞泵供油的循环润滑系统润滑站

1—油箱Ⅰ；2—回转活塞泵装置；3—补偿器（空气筒）；4—圆盘式过滤器Ⅰ；5—放泄阀Ⅰ；6—冷却器；7—压力计

Ⅰ；8—电接触压力计；9—压差式压力计；10—差式电接触压力计；11—浮标式液位继电器；12—排污油管

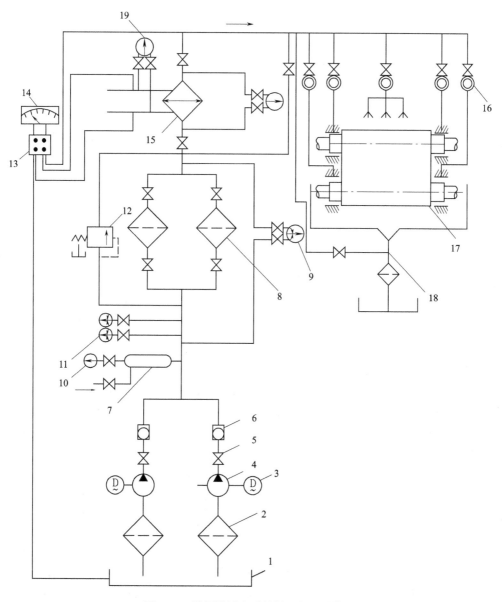

图 2-30　带回转活塞泵的循环润滑系统图

1—油箱；2—吸油过滤器；3—电动机；4—回转活塞泵；5—截止阀；6—单向（逆止）阀；7—空气筒；
8—过滤器；9—接触差式压力计Ⅰ；10—压力计；11—电接触压力计；12—安全旁通阀；
13—转换开关（测温度用）；14—电桥温度计Ⅰ；15—冷却器；16—给油指示器；
17—轧钢机齿轮座各摩擦部位的供油润滑点 1；18—回油管；19—压差式压力计

　　在稀油润滑系统中，一般只有一个油箱。只是系统中有相当数量的水浸入时，或因某些关键设备的特殊要求，才采用两个油箱。这时，一个油箱向外供油，而另一个油箱作沉淀箱用，油中沉积下来的水，从油箱下部的阀门放出，流到油库的污水坑内，由污水泵排走。在采用两个油箱的系统中，应周期地互换使用。这时，工作的油箱变为备用的，而备用的油箱就变成工作的。

　　为了保证系统供油可靠，通常采用两台油泵，一台工作，另一台备用，轮换使用。在某些特殊情况下，如需供油量较大，一台油泵供应不足时，或泵工作一段时间，其容积效率已经降低，又尚未达到拆卸检修的标准时，可以两台油泵同时启动供油。

对于润滑转动惯量较大的运动副（如油膜轴承等），应在系统内采用一定容量的压力箱。一旦因电源网路发生故障，停止供电，这时虽然油泵已停止供油，但是压力箱内贮存的油能继续供给并可维持一定的时间，从而消除了因惯性运行的摩擦副供不上油而造成的磨损破坏。也就是说在事故状态下，在逐渐减速、停止运转的过程中，能对惯性运行的摩擦副从压力箱供给润滑油，保证了制动过程的润滑。

在冬季，为了提高油温，油箱里装有蒸汽加热的蛇形管，用以加热润滑油。在蛇形管的出口管路上装有冷凝器，从蛇形管出来的废蒸汽迅速冷凝后，沿地下排水沟排走。也可在油箱内安装电加热元件进行加热，并可自动控制油温。

为了提高系统的自动化程度，油站中装有两个电接触压力计，两个差式压力计和一个接触差式压力计。两个电接触压力计用来控制系统中油的压力，以达到下述目的：即在润滑系统正常工作情况下，给油主管靠近空气筒的润滑油压力保持在 0.3～0.35MPa（此压力大小决定于润滑系统内的液压损失）。当给油主管的压力从 0.3～0.35MPa 降低 0.05MPa 时（即降至 0.25～0.3MPa，如工作油泵发生故障，就可产生这种情况），此时第一个电接触压力计的最小接触点就接通了备用油泵的电机，并发出警告信号（信号灯亮、示警笛或警铃发响）；当油路中油的压力，因备用油泵投入工作，供油逐渐恢复正常压力之后，并开始超过正常工作压力时，电接触压力表的最大接点闭合，切断备用泵，自动地停止备用泵的工作。若备用泵虽已投入供油，但系统中的工作压力没有达到正常状态（正常工作压力为 0.3～0.35MPa），说明系统所供的润滑油，因压力过分降低而不能供至各摩擦副或各润滑点（如供油主管中的管路断裂、管接头松脱、漏油等），那么第二个电接触压力计的最小触点闭合，切断油泵传动装置电源，停止油泵继续供油。同时油库的自动控制盘上发出事故信号（鸣笛、响铃及事故信号灯亮）。也可以通过电气联锁，使该系统所润滑的各机组立即停车。假如备用油泵未启动，系统油压超过了正常工作压力，即油压由 0.3～0.35MPa 升高到 0.4～0.43MPa（增高量 0.05～0.08MPa）时，说明过滤器或喷嘴被堵塞了。此时，第二个电接触压力计的最高接触点闭合，即在自动控制盘上发出高压示警信号，信号灯亮。值班人员应立即检查处理。当该表上最高接触点断开后，高压示警信号及信号灯即断路（熄灭）。另外，我们还可以在系统中装置第三个电接触压力计。当系统中油压仍继续升高至最大允许极限值（安全阀已失灵）时，则第三个电接触压力表上的高压触点闭合，使主机、油泵停车。

在圆盘式过滤器的压力正常时，经过过滤器前后油的压力差为 0.04MPa，这时接触差式压力计的接触点之一闭合。当过滤器堵塞时，则压力差增大，在压力差增大到 0.055～0.06MPa 时，接触差式压力计的第二接触点闭合，并接通圆盘过滤器的电机电源，圆盘过滤器的滤筒开始旋转，就清除了堵塞在滤筒四周的杂质。当圆盘过滤器转 1～2 圈后，油库自动控制盘便发出示警信号（鸣警笛并亮信号灯）。这说明滤筒的堵塞物已清除完毕。当过滤器的压力差恢复到正常工作的数值时，这时接触差式压力计的高压差接点断开（即切断驱动过滤器的电机的电源）。目前，有的厂矿规定过滤器的开动时间约为 1～3min。如果由于某种原因，过滤器不能自动接电工作，而压力差上升高达 0.08～0.085MPa，那么装在过滤器旁路上的安全旁通阀（或放泄阀）开启，不经过过滤器全部润滑油就由旁通阀流出。

控制油冷却器的是两个差式压力计，其中一个是测量进油冷却器和出油冷却器油的压差的，并以这个数值的大小变化来判断润滑油在冷却器中流动的情况。而另一个差式压力计则是测量进出冷却器的冷却水的压力差值的，并由这个数值的大小来判断冷却器中的冷却水管的堵塞情况。

为了测量油箱内润滑油的温度及经过冷却器之后油的温度和进、出冷却器的水温，系统里采用了 4 个电阻温度计，其温度数值由电桥温度计指出。电桥温度计通过多点转换开关接于测温点处。

润滑系统的启动，通常是听从主机操纵台上操纵工的指挥，在车间主机启动之前数分钟由润滑油库的值班工人操作的。在机器需要长时间停车时（如检修），仍然是听从操纵工的指挥，待被润滑的机器（各主机及辅机）全部停车完毕，润滑系统才可停止供油。

为了避免机器在润滑系统未工作时启动，驱动电机电源与润滑系统驱动油泵电机的电路联锁起来。这样润滑系统在未启动供油之前，可保证主机不能任意启动。

2.2.3　齿轮油泵供油的循环润滑系统

机械制造业的某些金属切削机床、钢铁企业的许多机组，普遍采用齿轮泵供油的循环润滑系统。目前这套系统已经逐步标准化、系列化。

图 2-31 是带齿轮泵的、供油能力较小（16～125L/min）、整体组装式的标准稀油站系统图。如果稀油站和所润滑的机组供油管路和回油管路相连接，就组成了稀油集中循环润滑系统。图 2-32 是这种稀油站的总体结构图。图 2-33 是供油能力较大（250～1000L/min）、分散安装式的标准稀油站（XYZ-250-XYZ-1000 型）系统图。图 2-34 是这种标准稀油站（XYZ-250-XYZ-1000 型）总体布置图。

这类带齿轮油泵的稀油润滑站，其供油能力不同，规格也不同。它的技术性能如表 2-1 所示，尺寸参数见表 2-2 及表 2-3。各种规格的稀油站工作原理都是一样的，由齿轮泵把润滑油从油箱吸出，经单向阀、双筒网式过滤器及冷却器（或板式换热器）送到机械设备的各润滑点（如果不带板式换热器，则经过滤器后，就直接送往润滑点）。油泵的公称压力为 0.6MPa，稀油站的公称压力为 0.4MPa（出口压力）。当稀油站的公称压力超过 0.4MPa 时，安全阀自动开启，多余的润滑油经安全阀流回油箱。

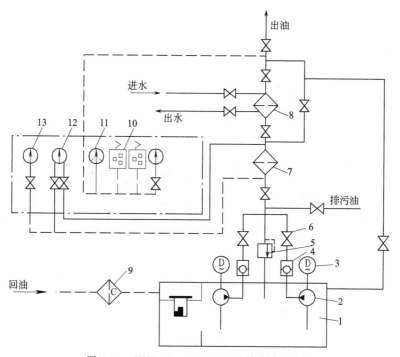

图 2-31　XYZ-16～XYZ-125 型稀油站系统图

1—油箱；2,3—齿轮油泵装置；4—单向阀；5—安全阀；6—截断阀Ⅰ；7—网式过滤器Ⅰ；8—板式冷却器；9—磁性过滤器；10—压力调节器；11—接触式温度计Ⅰ；12—差式压力计Ⅰ；13—压力计

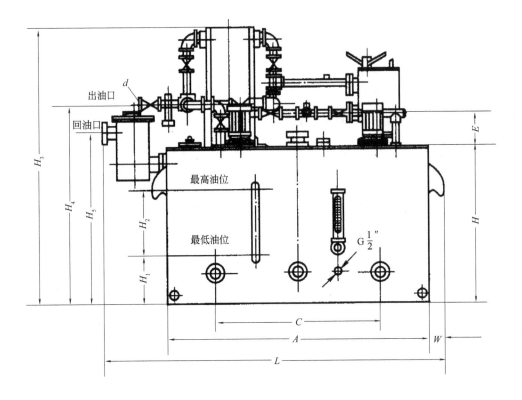

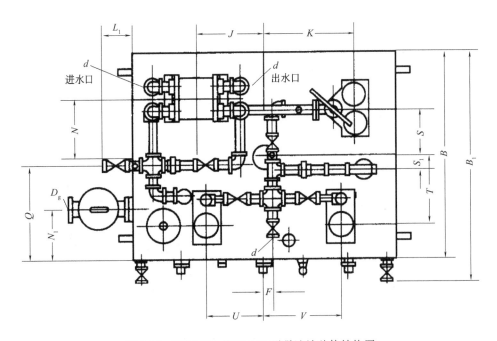

图 2-32　XYZ-16～XYZ-125 型稀油站总体结构图

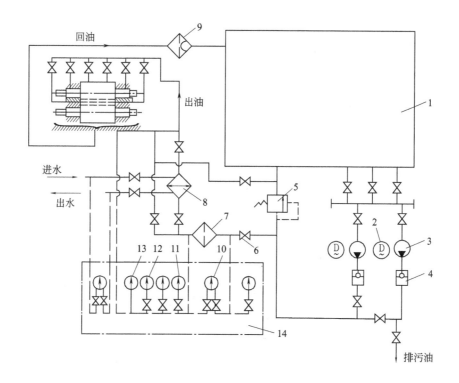

图 2-33　XYZ-250～XYZ-1000 型稀油站系统图
1—油箱；2—齿轮油泵；3—电动机Ⅰ；4—单向阀；5—安全阀；6—截断阀Ⅰ；
7—网式过滤器Ⅰ；8—板式冷却器；9—磁过滤器；10—差式压力计；11—压力计Ⅰ；
12—电接触式压力计；13—电接触温度计；14—仪表盘

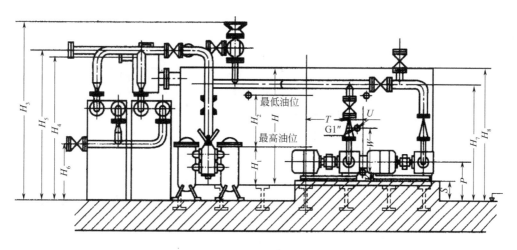

图 2-34

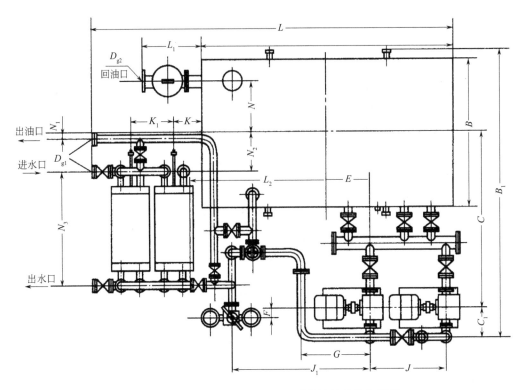

图 2-34 XYZ-250～XYZ-1000 型稀油站总体布置图

表 2-1 XYZ 型标准稀油站技术性能表

型号	公称油量 / (L/min)	油箱容积 /m³	过滤面积 /m²	换热面积 /m²	冷却水耗量 / (m³/h)	电热器功率 /kW	蒸汽耗量 / (kg/h)	电动机 型号	电动机 功率/kW 转速/ (r/min)	质量 /kg
XYZ-16	16	0.63	0.08	3	1.2	18		JO2-12-4-T₂	$\dfrac{0.8}{1380}$	880
XYZ-25	25									
XYZ-40	40	1	0.08	5	3	18		JO2-22-4-T₂	$\dfrac{1.5}{1410}$	1130
XYZ-63	63									
XYZ-100	100	1.6	0.2	7	6	36		JO2-32-4-T₂	$\dfrac{3}{1430}$	1507
XYZ-125	125									1600
XYZ-250	250	6.3	0.52	24	12		100	JO2-42-4	$\dfrac{5.5}{1440}$	4143
XYZ-250A										3296
XYZ-400	400	10	0.83	35	20		160	JO2-51-4	$\dfrac{7.5}{1450}$	5736
XYZ-400A										4393
XYZ-630	630	16	1.26	30×2	30		250	JO2-61-4	$\dfrac{13}{1460}$	9592
XYZ-630A										7121
XYZ-1000	1000	25	1.93	35×2	50		400	JO2-71-4	$\dfrac{2}{1470}$	12155
XYZ-1000A										9338

注：1. A 为不带冷却器的稀油站。

2. 本标准稀油站不带压力箱，用户自行设计。

表 2-2　**XYZ-16～XYZ-125 型稀油站尺寸参数表**

型号	d	D_g	A	B	B_1	C	E	F	H	H_1	H_2	H_3	H_4	H_5
XYZ-16	G1″	50	1000	900	1050	2×320	344	—	700	250	280	1405	1345	875
XYZ-25														
XYZ-40	G1$\frac{1}{4}$″	50	1200	1000	1167	2×450	210	120	850	260	400	1555	1080	1035
XYZ-63														
XYZ-100	G1$\frac{1}{2}$″	80	1500	1200	1370	5×250	276	195	950	300	400	1655	1390	1125
XYZ-125														

型号	d	J	K	L	N	N_1	Q	S	S_1	T	U	V	W	L_1	质量 /kg
XYZ-16	G1″	290	375	1448	250	575	370	175	80	180	180	180	70	200	880
XYZ-25															
XYZ-40	G1$\frac{1}{4}$″	290	500	1650	322	280	245	245	55	332	185	425	70	270	1130
XYZ-63															
XYZ-100	G1$\frac{1}{2}$″	400	580	2040	360	400	340	340	25	355	175	565	70	270	1570
XYZ-125															1600

注：1. 上列稀油站均无地脚螺栓孔。

2. 本表各尺寸符号可参看图 2-32。

3. 标记示例　公称流量为 16L/min 的稀油站 XYZ-16 稀油站。

表 2-3　**XYZ-250～XYZ-1000 型稀油站尺寸参数表**

型号	D_{g1}	D_{g2}	A	B	B_1	C	C_1	E	F	G	H	H_1	H_2
XYZ-250	65	125	3300	1600	3140	1960	300	350	200	850	1200	510	470
XYZ-250A													
XYZ-400	80	150	3600	2000	3610	2230	300	450	85	950	1500	600	630
XYZ-400A													
XYZ-630	100	200	4300	2600	4500	2700	390	640	240	1300	1600	650	650
XYZ-630A													
XYZ-1000	125	250	5300	2600	4500	2700	390	980	55	1500	1900	800	750
XYZ-1000A													

型号	H_3	H_4	H_5	H_6	H_7	H_8	J	J_1	K	K_1	L	L_1
XYZ-250	2160	1485	1850		1290	1350	1100	1700	500		4050	630
XYZ-250A				595							3930	
XYZ-400	2275	1740	1956		1400	1650	1100	1870	500		4400	700
XYZ-400A				720							4300	
XYZ-630	2425	1835	2080		1600	1750	1400	2250	750	640	5950	830
XYZ-630A											5130	
XYZ-1000	2755	2175	2380		1850	2050	1500	2700	750	750	7300	1020
XYZ-1000A											6320	

续表

型号	L_2	N	N_1	N_2	N_3	P	S	T	U	V	W	质量/kg
XYZ-250	—	570	364			500	286	650	100	170	430	4143
XYZ-250A	1950		1836									3296
XYZ-400	—	750	500			550	315	600	100	170	430	5736
XYZ-400A	2100		1980									4393
XYZ-630	—	1020	320	918	1622	550	260	750	100	210	530	9592
XYZ-630A	2350		2540									7121
XYZ-1000	—	1000	240	898	1212	650	315	1150	100	260	670	12155
XYZ-1000A	2950		2310									9338

注：1. 本表尺寸符号可参照图 2-34。

2. 标记示例　公称流量为 250L/min 的不带板式冷却器的稀油站 XYZ-250A 稀油站。

上述稀油站的规格为：

油泵工作压力/MPa　　　0.6

电动机电压/V　　　　　220/380

过滤精度/mm　　　　　0.08～0.12

润滑油工作温度/℃　　　40

蒸汽温度/℃　　　　　　130～150

冷却水温度/℃　　　　　≤28

冷却水压力/MPa　　　　0.3

冷却器进油温度/℃　　　48

冷却器出油温度/℃　　　40

润滑油为汽轮机油、32～68 号轴承油、工业齿轮油等，一般 50℃时的运动黏度为 20～350mm/s。

正常工作时，一台齿轮泵工作，一台备用。有时由于某种原因（如各机组设备都在最大能力下运转）耗油量增加，一台油泵供油不足，系统压力就下降。当下降到一定值时，便通过压力调节器（整体式稀油站）或电接触压力计（分散式稀油站）自动开启备用泵，与工作油泵一起工作，直到系统压力恢复正常，备用泵就自动停止。

双筒网式过滤器的两个过滤筒，其中一个工作，另一个备用。在过滤器的进出口处接有差式压力计，当过滤器前后的压力差超过 0.05MPa 时，则由操纵工转换（换向）过滤器，把堵塞了的过滤筒替换下来，清洗过滤筒。

冷却器的进出口装有差式压力计，用来检查与控制在进冷却器前与出冷却器后的冷却1K 的压差变化。如果冷却水中的杂质阻塞了冷却器，压力差将增大（直接反映在压差表 E），降低了冷却效果，这时必须检修、清洗冷却器。根据对油温的不同要求，可以用调整拿却水流量方法来控制油温。当不使用冷却器时，可以关闭冷却器前后两端油和水的进、出口阀门，并打开旁路阀门。这时，润滑油可以不经过冷却器，而直接输向各润滑部位。

在油箱回油口处装有回油磁过滤器。它用于对润滑之后的返回油中夹杂的细小铁末进行磁性过滤，以保持油的清洁。

综上所述，XYZ 型稀油站有如下特点。

① 设有备用油泵，一台工作，一台备用。在正常情况下，一台油泵运行。遇有意外情况时，备用油泵投入工作，可对主机连续不断地供送润滑油。

② 过滤器放在冷却器之前。油通过过滤器的能力与油的黏度有关，黏度大，通过能力差，反之通过能力好。温度高，则黏度下降，通过能力好，过滤效果也较佳。

③ 采用双筒网式过滤器。一个筒工作，一个筒备用，轮换使用，换向不需停车，清洗方便，不影响过滤工作，结构紧凑，接管简单，不设旁路。

④ 采用板式换热器。结构简单，体积小，效率比列管式冷却器提高一倍左右。

⑤ 回油口设有磁过滤器。可将回油中的细小铁末吸附过滤，保证油的清净。

⑥ 设有站内回油管路。在试车之前，应对油站进行循环清洗；投产以后，为保持润滑油清净，可以进行站内循环过滤；当所润滑的机组需要停车检修时，则可借站内回油管路，把系统压油管道中的油引回油箱。

⑦ 配有仪表盘和电控箱。所有显示仪表均装在仪表盘上，两只普通压力表用来直接观察油泵及油站出口油压；两个压力调节器（或电接点压力表）实现油压自控；两个差示压力表分别测量双筒网式过滤器的油压降及冷却器的油压降；一个电接点温度计用来观察和控制油温。

2.2.4　油雾集中润滑系统及应用

（1）油雾润滑系统

油雾润滑以仪表风做动力，通过电控柜控制，将液体润滑油经过油雾发生装置转化成油雾，再经配雾器送到半径 50m 内的各润滑点。

① 油雾润滑系统的组　油雾润滑系统由主机、管路、凝缩嘴和集油盒等组成（见图 2-35）。

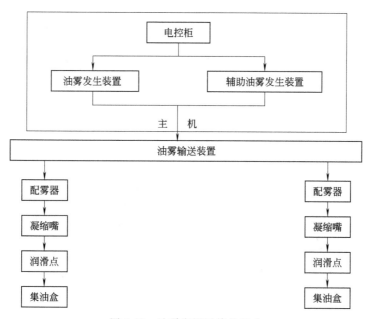

图 2-35　油雾润滑系统的组成

② 油雾润滑的优点　油雾润滑技术是目前世界上广泛采用的一种先进的集中润滑方式，以其优越的技术特性，受到了各行业使用单位的广泛好评。以泵类设备为例，其主要优点如下：

泵轴承故障减少 90%。

轴承运行温度下降 10～15℃，轴承寿命延长 6 倍。

润滑油耗用量降低 40%。

由于使轴承箱内保持正压，大大减少了轴承箱内的外来污染物，使轴承保持清洁，简化了对机泵的维护。

对于 A/B 泵配置及季节性运转的机泵，在非运行期间给予充分保护。

主机为计算机控制，并与中控室相连，易于管理及实现减员增效。

油雾润滑系统的运行只涉及极少的运动部件，运行可靠性很高，非常有利于机泵设备及整个装置的长周期无故障运行。

大幅度减少机械设备的库存配件，有利于提高经济效益。

（2）应用于重催装置的情况

某石化分公司重催装置 31 台泵应用了集中油雾润滑，延长了泵的使用周期，降低了泵的故障率。表 2-4 为部分重油催化泵房机泵轴承使用分散式稀油润滑和集中油雾润滑前后工作温度的对比。

表 2-4　重油催化泵房机泵轴承使用油雾润滑前后温度对比表　　　　　　　　　℃

机泵号	稀油温度				油雾温度			
	电机侧	机泵侧	电机侧（另）	机泵侧（另）	电机侧	机泵侧	电机侧（另）	机泵侧（另）
1303B	42.5	39.5			27	29		
1205A	61	61			39	50		
1208A	42.5	47			25	38		
1202B	32	38.5			30	25		
1308A	30.5	37			23	26.5		
1201B	38	49			33	39		
1308B	44	44.5			37	35.5		
1307A	50.5	43.5	50		40	36	42	
1305A	42	43.5	46.5		35	38.5	42	
1304A	31	36.5	40.5		31	35	37	
1210A	35.5	44.5	54		30.5	40	48	
1205B	46	54	64.5	54.5	47	52	60	43
1306	33	42.5	50.5		30	40	46.5	
1310B	46.5	48	49		39	41.5	42	
1311B	47.5	44.5	55	50	35	35	38	36
1204B	29.5	29.5	30	29.5	26	27	28	27.5
1202A	34	34	34	34	34	33.5	33.5	
1201A	42.5	43.5	44.5	48.5	40.5	42	44	45
1206A	35	40.5	46.5	40	30	37	41.5	32
1206B	36	42	46	40	30.5	38	41.5	33.5
1208B	30	43			26	39		
1210B	36	43			30	38		
1304B	31	34			30	30		
1305B	40	38			35	32		
1308B	44	44.5			37	35.5		
1307B	45	43	50		40	35		

续表

机泵号	稀油温度				油雾温度			
	电机侧	机泵侧	电机侧（另）	机泵侧（另）	电机侧	机泵侧	电机侧（另）	机泵侧（另）
1303A	40	38			35	32		
1311A	45	40.5	52		40.5	34.5	46.5	

表 2-5 为重油催化装置泵群投用集中油雾润滑前后工况的对比。

表 2-5　重油催化装置使用油雾润滑技术前后工况对照表（31 台泵）

序号	项目 ＼ 比照	投用前	投用后	节约支出/（万年/年）
1	轴承温度	30～65℃	19～49℃	
2	轴承寿命	1 年	预计 2 年	1.85
3	节电	平均 35kW・h	平均 28kW・h	1.8
4	维修周期	2 次/年	1 次/年	4.4
5	轴承备件	1 套/季	0 套/季	1.8
6	故障率	20%	0%	4.2
7	劳动强度	加油 1 次/班	1 次/月	
8	现场环境	中	优	
9	岗位人员	4 人	0 人	不设岗位
10	人员费用及社会统筹	3.5 万元/人	0 万元/人	3.5×2＝7
11	机泵集中管理	无	实现	
12	机泵整体管理水平	好	优	
13	环保等级	Ⅱ	Ⅰ	

采用油雾润滑后，大大降低了泵的故障率，延长了装置的运转周期，效益可观，重催装置年节约支出 21.05 万元。

2.3 干油(润滑脂)润滑系统

2.3.1　干油集中润滑系统概述

在各种机械设备中，除了广泛地采用稀油润滑外，在许多摩擦副中还采用了润滑脂（简称干油）润滑。例如：炼钢车间转炉倾动机构的齿圈啮合部位；各种起重机上的某些润滑点。根据摩擦副的情况不同，有的采用单独分散的润滑方式（即由人工定期用加脂枪向润滑点或油脂杯添加润滑脂）；有的则因摩擦副的数量多，工作条件的限制，用人工加脂有一定的困难（如高温、润滑点多、人工加脂忙不过来、人工加脂不易接近润滑点），则必须采用干油集中润滑系统定期加润滑脂。

干油集中润滑系统就是以润滑脂作为机械摩擦副的润滑介质，通过干油站向润滑点供送润滑脂的一整套设备。由于干油集中润滑系统的研究依据不同，所以分类的方法也不同。

目前一般的分类方法如下。

（1）根据往润滑点供脂的管线数量分类

① 单管线（单线）供脂的干油集中润滑系统。

② 双管线（双线）供脂的干油集中润滑系统。

（2）根据供脂的驱动方式分类

① 手动干油集中润滑系统。

② 自动干油集中润滑系统。由于动力源不同，又可分为：电动与风动两类。

（3）根据双线供脂管路布置形式分类

① 流出（端流）式干油集中润滑系统。

② 环式（回路式）干油集中润滑系统。

（4）根据单线供脂时（单线给油器）压脂到润滑点的动作顺序分类

① 单线顺序式；

② 单线非顺序式；

③ 单线循环式。

2.3.2　手动干油集中润滑站

某些润滑点数不多和不需要经常使用稀油润滑的单独机器，广泛地采用手动干油润滑站供脂的系统。如图 2-36 所示。这种润滑系统是属于双线供脂的手动干油集中润滑系统。

当人工摇动手柄时（见图 2-36），油站 1 内的干油，经干油过滤器 2，沿输油脂主管 I送到给油器 3，各给油器在压力油脂的作用下，根据预先调整好的量，把润滑脂经输油支管分别送到各润滑点。继续摇动手柄，所有给油器供脂动作完毕，此时润滑脂在输油脂主管 I内受到挤压，压力就要升高，当压力计压力达到一定值时（一般为 7MPa），说明润滑系统供送润滑脂的所有给油器都已工作完毕，可以保证润滑脂定量地送到各润滑点了，然后停止

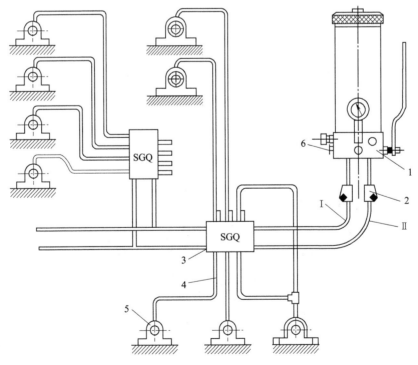

图 2-36　手动干油集中润滑系统

1—手动干油泵站；2—干油过滤器；3—双线给油器；4—输油脂支管；5—轴承副；6—换向阀；I，II—输油脂主管

手柄的摇动，并放回到原来位置上。在压送油脂的过程中，压力润滑脂是建立在输脂主管Ⅰ内。而输脂主管Ⅱ则经过换向阀内的通路和贮油器连通，也就是说管Ⅱ内的压力已卸除，管Ⅱ内的润滑脂可沿管Ⅱ往回挤到贮油筒。最后，干油站的换向阀 6 从左边移向右边换向。

换向后，输脂主管Ⅰ经换向阀的通路和贮油筒相连，这时原来管Ⅰ内的高压就消除了。经过一定时间后（即摩擦副的加脂周期），人工继续摇动干油站的手柄，第二次向摩擦副供给润滑脂，此时，因换向阀 6 已经换向，所以压送出的润滑脂这次又由输脂主管Ⅱ输送，经各给油器仍按定量供到各摩擦副（润滑点）。在这个过程中，输脂主管Ⅰ（因与贮油筒相通）内没有压力，在管Ⅰ内的多余的润滑脂则被挤回到贮油筒。当输脂管Ⅱ中的压力升高到一定数值（在压力计中可以读出，一般为 7MPa）时，说明所有给油器已按定量供脂到各润滑点了，于是停止摇动手柄，进行换向（即把换向阀 6 从右端移到左端极限位置），这就是手动干油集中润滑系统的整个供脂工作过程。

手动干油集中润滑系统用油泵（以 SGZ-8 型手动干油泵为例）的结构与工作原理见图 2-37、图 2-38。

干油站供脂是人工摇动手柄，通过小齿轮 1 带动有齿条的压油柱塞 2 作往复运动实现的。当柱塞处于如图 2-38 所示的右端极限位置时，左端油腔容积增大形成真空，于是贮油筒内的润滑脂在大气和活塞压力的作用下进入左端油腔内。当柱塞向左移动时，挤压润滑脂顶开单向阀 4 经换向阀进入输油主管Ⅱ内。当柱塞向左移动时，柱塞右端油腔容积逐渐增大，润滑脂被吸入，在柱塞返回向右移动时，充满润滑脂的油腔又逐渐变小，这样挤压润滑脂顶开单向阀 3 经换向阀流进输油主管Ⅱ。

手动干油站必须垂直安装并应紧固，同时还要考虑到压油手柄能有足够摆动的空间位置、存放加油泵的贮油桶的位置，以及活塞杆伸出的空间。

在贮油脂筒内有一活塞，其活塞杆伸出贮油筒的长度可以判断贮油器内尚存润滑脂的数量。当贮油筒添加润滑脂时可用各种加油泵来完成。

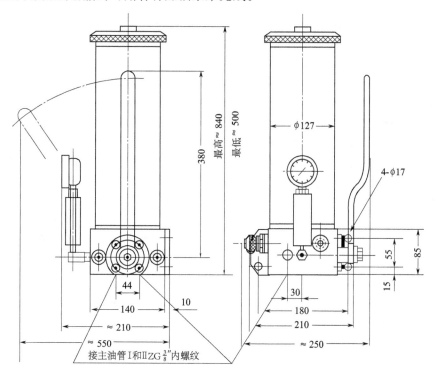

图 2-37　SGZ-8 型手动干油泵外形图

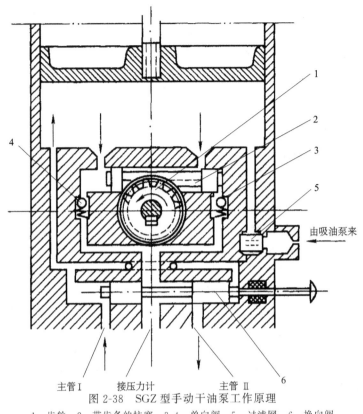

图 2-38　SGZ 型手动干油泵工作原理

1—齿轮；2—带齿条的柱塞；3,4—单向阀；5—过滤网；6—换向阀

2.3.3　自动干油集中润滑系统

自动干油集中润滑系统是由自动（风动或电动）干油润滑站、两条输脂主管、通到各润滑点的输脂支管、在主管与支管之间相连的给油器、有关的电器装置、控制测量仪表等组成。

自动干油集中润滑系统，按供脂管路布置分为流出式（端流）与环路（回路）式两种。根据润滑的机组布置特点、运转工艺要求、润滑点分布及数量等不同的具体情况，可分别选择相适应的润滑系统，以满足不同机组工作时对润滑提出的要求，即在一定的时间内（规定的润滑周期），自动地供给每个润滑点足够数量、符合性能（品种规格）要求的润滑脂。

（1）流出（端流）式自动干油集中润滑系统

流出式自动干油集中润滑系统，可供给更多的润滑点和润滑点分布区域较大的范围。尤其是面积长条形（如轧钢设备中的辊道组）的机器，如图 2-39 和图 2-40 所示。

如图 2-39，由电动干油站 1 供送的压力润滑脂经换向阀 2，通过干油过滤器 3 沿输脂主管Ⅰ经给油器 4 从输脂支管 5 送到润滑点（轴承副）6。当所有给油器工作完毕后，输脂主管Ⅰ内的压力迅速提高，这时装在输油主管末端的压力操纵阀，在润滑脂液压力的作用下，克服了弹簧弹力，使滑阀移动，推动极限开关接通电信号，使电磁换向阀换向，转换输脂通路，由原来的输脂主管Ⅰ供脂改变为输脂主管Ⅱ供脂。与此同时，操作盘上的磁力启动器的电路断开，电动干油站的电机停止工作，干油柱塞泵停止往系统内供脂。按照加脂周期，经过预先规定的间隔时间后，在电气仪表盘上的电力气动控制器使电动机启动，油站的柱塞泵即按照电磁换向阀已经换向的通路向输脂主管Ⅱ压送润滑脂。当润滑脂沿主管Ⅱ输送时，另一条主管Ⅰ中的润滑脂的压力卸荷，多余的润滑脂，经过电磁换向阀内的通路返回到贮油筒内。

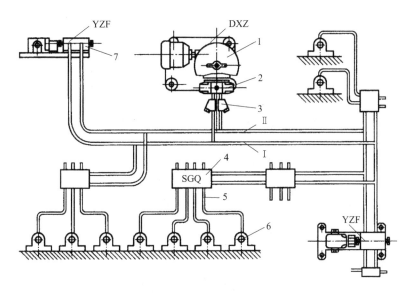

图 2-39　流出式自动干油集中润滑系统

1—电动干油站；2—电磁换向阀；3—干油过滤器；4—给油器；5—输油脂支管；
6—轴承副；7—压力操纵阀Ⅰ；Ⅰ，Ⅱ—输油脂主管

　　电磁换向阀的作用是使油站输送的压力润滑脂由一条输脂主管自动转换到另一条输脂主管，如图 2-40 和图 2-41 所示。从油站柱塞泵压送的润滑脂是由左、右两入口经柱塞式逆止阀 8 进入电磁阀的阀腔，如图 2-40 中 a 所示。当滑阀 7 在左边极限位置时，压力润滑脂沿阀腔通路从主输脂管Ⅰ供脂，这时主管Ⅱ与油站贮油筒连通呈卸荷状态。当系统中所有给油器都供脂结束时，最远端（压力操纵阀之后）的给油器 3 也动作完毕。这时油泵仍在继续压脂，促使主管Ⅰ内的压力提高，以致克服滑阀 4 内弹簧 2 的阻力，推动滑阀 4 动作，伸出杆伸出而触动电极限开关 5，通过电气联锁，使电磁阀右边的电磁铁 11 通电，滑阀 7 被吸向右边的极限位置，实现了供脂换向的目的，如图 2-40 中 b 所示。这时供脂由主管Ⅱ输送，而主管Ⅰ则经阀腔里的通路与油站贮油筒连通呈卸荷状态。在电磁换向阀的阀体内，滑阀 7 的两伸出端，分别与各自的电磁感应线圈组成的磁铁的铁芯相连接。工作时，只能一个电磁铁接电吸引铁芯，使滑阀 7 移动，切断其线圈的电流，所以电磁铁不是长时间处于接电状态，这样可以减少电磁铁发热，延长寿命。

　　（2）环式（回路式）自动干油集中润滑系统

　　环式自动干油集中润滑系统是由带有液压换向阀的电动干油站、供脂回路的输脂主管及给油器等组成。它是属于双线供脂。这种环式布置的干油集中润滑系统，一般多用在机器比较密集，润滑点数量较多的地方。其工作原理是以一定的间隔时间（按润滑周期而定），如图 2-42 所示，由电动机 6 经蜗杆蜗轮减速机 5 带动柱塞泵 7，将润滑脂由贮油筒 1 吸出，并压到液压换向阀 2，从换向阀 2 出来经干油过滤器，压入输脂主管Ⅰ或Ⅱ内，压力润滑脂由输脂主管Ⅰ压入给油器，使给油器 3 在压力润滑脂作用下开始工作，向各润滑点供给定量的润滑脂。当系统中所有给油器都工作完毕时，油站的油泵仍继续往输脂主管Ⅰ内供脂，输脂主管Ⅰ的润滑脂不断地得到补充，只进不出，相互挤压，使管内油脂压力逐渐增高，整个系统的输脂路线形成一个闭合的回路。在油脂压力作用下，推动液压换向阀换向，也就是使润滑脂的输送由原来输脂主管Ⅰ转换为输脂主管Ⅱ。在换向的同时，液压换向阀的滑阀伸出端与极限开关电气连锁，切断电动机 6 的电源，泵停止工作。在液压换向阀未换向之前，在输脂主管Ⅰ的输脂过程中，另一条输脂主管Ⅱ则经过液压换向阀 2 的通路与油站贮油筒 1 连通，使输脂主管Ⅱ的压力卸荷。换向后，具有一定压力的输脂主管Ⅰ，经过液压换向阀 2 内

的通路与油站贮油筒连通，则输脂主管 I 的压力卸荷。

当按润滑周期调节好的时间继电器启动时，接通油站电动机电源，带动柱塞泵工作，使润滑脂从换向以后的通路送入输脂主管 II，经给油器 3，从输脂支管送到润滑点。在供脂过程中，因主管 I 沿液压换向阀的通路与贮油筒相通，所以压力卸除。当系统中所有给油器都工作完毕时（即按定量压送润滑脂到润滑点），主管 II 中的压力增高，在压力作用下，又推动液压换向阀换向，在换向的同时，因液压换向阀的滑阀伸出端与极限开关电气连锁，则切断电动机电源，干油站停止供脂。这样油站时间继电器定期启动，达到良好润滑的目的，这就是环式自动干油集中润滑系统的工作原理。

为了保证润滑点的定量供脂，必须采用 SGQ 型给油器。

图 2-43 是 SGQ 型双线双点给油器内部结构。

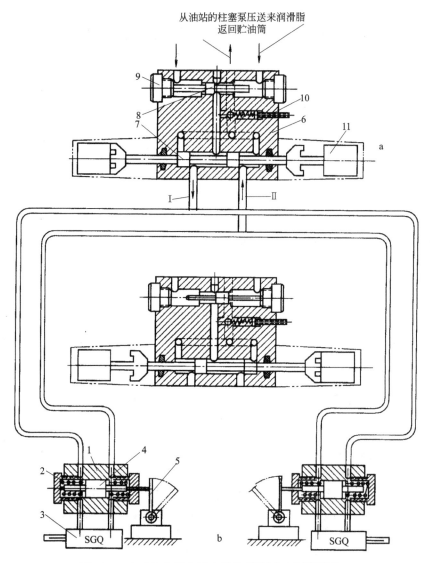

图 2-40　电磁换向阀和压力操纵阀协同工作原理图

a—电磁阀的滑阀在左边极限位置，管 I 供脂；b—电磁阀的滑阀在右边极限位置，管 I 供脂；

1—压力操纵阀的阀体；2—弹簧；3—给油器；4—压力操纵阀的滑阀；5—电极限开关；6,7—电磁换向阀的滑阀；

8—柱塞式逆止阀；9—螺堵；10—安全阀的压力调节杆；11—电磁铁

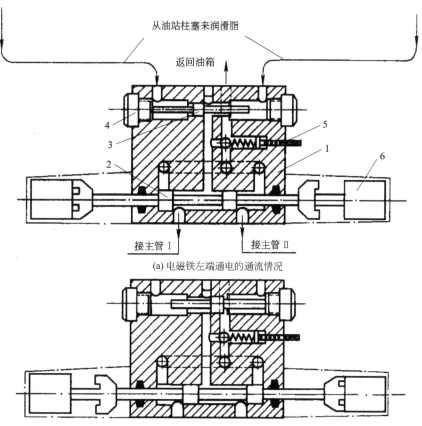

图 2-41　DXZ 型电动干油站换向阀工作原理图
1—阀体；2—滑阀；3—柱塞式逆止阀；4—螺堵；5—调节杆；6—电磁铁

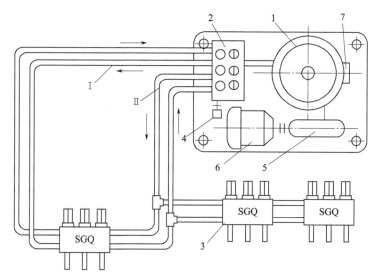

图 2-42　环式自动干油集中润滑系统
1—贮油筒；2—液压换向阀；3—给油器；4—极限开关；5—减速机；
6—电动机；7—柱塞泵；Ⅰ,Ⅱ—输脂主管

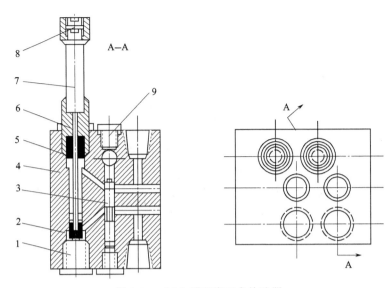

图 2-43 SGQ 型双线双点给油器

1,9—螺堵；2—压油柱塞；3—配油柱塞；4—壳体；5—密封圈；6—指示杆；7—护罩；8—调节螺钉

由于 SGQ 型给油器的结构限制，在系统中必须采用两条输脂主管，轮换供送压力润滑脂，而这种轮换供脂的转换—换向，在流出式的润滑系统中是由电磁换向阀与压力操纵阀协同完成的（见图 2-40）；在环式干油集中润滑系统中，则采用液压换向阀（见图 2-44）来完成。其工作原理（见图 2-45）如下。

油站柱塞泵压入液压换向阀的压力润滑脂，经过换向阀送入输脂主管 I（图 2-44 位置 I）中，同时换向阀的压力油脂经过通路 8 进入滑动阀 3 的左油腔，因压力的作用，把滑动阀 3 压在右方极限位置上，而另一个滑动阀 2 正在左方极限位置上。同时另一条输脂主管 II 中的压力卸除，多余的润滑脂则经过换向阀中的通路流回贮油筒内；输脂主管 I 不断流过润滑脂，在系统中所有的给油器都工作完毕后，压力开始升高，并沿输脂主管 I 箭头所示方向的回路传到压力调节阀 4。当压力超过压力调节阀 4 规定的压力时（压缩弹簧打开通路），润滑脂通过压力调节阀 4 的通路，流到滑动阀 2 左端油腔中，并推动滑动阀 2 从左向右移动到右端极限位置（位置 II）。当滑动阀 2 右移时，由柱塞泵压入的润滑脂不能压入通路 8（因通路 8 已关闭），改变进入通路 9（因通路 9 已打开），到达滑动阀 3 的右腔，并推动滑动阀 3 从右向左移动到左端极限位置，滑动阀 3 的伸出杆触动极限开关，电动机断电，柱塞泵

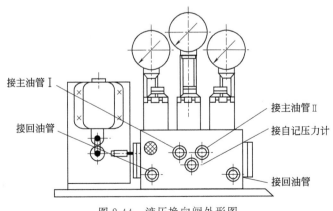

图 2-44 液压换向阀外形图

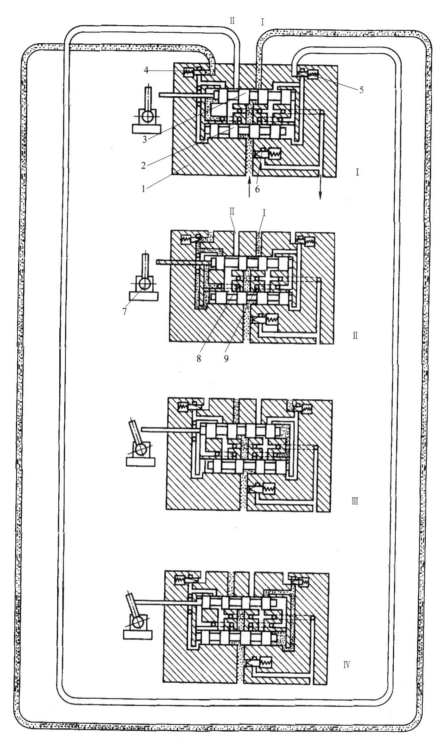

图 2-45　液压换向阀工作原理

1—阀体；2,3—滑动阀；4,5—压力调节阀；6—安全阀；7—极限开关；8,9—通路；Ⅰ,Ⅱ—输脂主管

停止压送润滑脂（位置Ⅲ）。经过一定时间（供脂间隔周期）以后，控制盘上的时间继电器动作，电动机接电，柱塞泵重新工作。这时，换向阀已经换向到另一条输脂主管Ⅱ（位置Ⅲ）。同时在输脂主管Ⅰ中的压力卸荷，多余的润滑脂经液压换向阀的有关通路流回贮油筒。

当系统所有给油器工作完毕时，输脂管Ⅱ的压力不断地升高，油脂沿主管Ⅱ的传递方向又回到液压换向阀。当压力超过压力调节阀5的规定压力时，弹簧压缩，开启阀5的通路，润滑脂则经调节阀5的通路压入滑动阀2的右腔，推动滑动阀2由右向左移至左方极限位置（见图中位置Ⅳ），这时润滑脂进入通路8到滑动阀3的左腔内，并推动滑动阀3从左向右移至右端极限位置，于是滑动阀3的伸出杆又离开极限开关，使柱塞泵的电动机断电，柱塞泵停止工作。再经过一定时间后，控制盘上的时间继电器又重新动作，重复位置（Ⅰ）的情况。在液压换向阀的阀体中装置有安全阀6，当柱塞泵压入输油管中的润滑脂压力过大时，顶开安全阀6润滑脂回到贮油筒内。润滑系统工作过程中压力的变化，可以由压力自动记录仪自动记录，此外还有自动控制的信号及装置等。

（3）风动干油集中润滑系统

主要由风动干油站与输脂主管、给油器等组成。根据需要可以布置成流出式，也可以布置成环式。其工作原理和前面所述一样，只是供脂的动力不同。

FJB-200型风动加油泵外形见图2-46。由操纵箱1、贮油筒2和加油泵3等主要部件组成。加油泵固定在贮油筒上端的箍环上，根据吸油的需要松开箍环的螺栓即可将油泵提升或下落。需要时也可将加油泵从贮油筒上取下，或将加油泵的油缸部分直接放入干油桶中抽吸干油。吸油缸的端部可以放在油筒底部，把深部油脂吸出。由于加油泵与操纵箱之间用软管连接，所以油泵搬动、操纵都很方便。

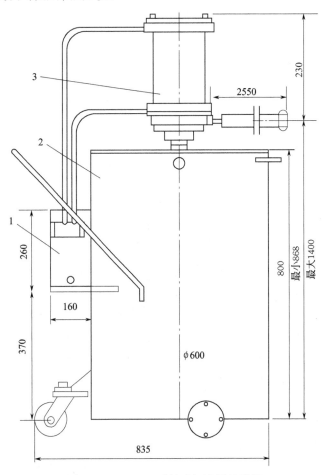

图 2-46　FJB-200 型风动加油泵外形图

1—操纵箱；2—贮油筒；3—加油泵

风动加油泵气动系统的工作原理见图 2-47。它是将进气管接于操纵箱的进气接头上。压缩空气进入空气滤清器 1，将空气得到过滤并排除其中水分，再进入油雾器 2，使压缩空气含油，让气动元件得到润滑。

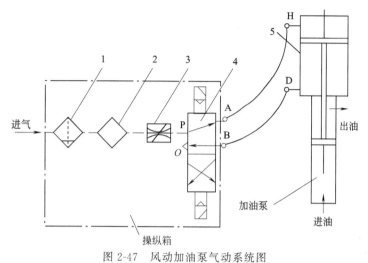

图 2-47　风动加油泵气动系统图
1—空气滤清器；2—油雾器；3—空气节流阀；4—空气换向阀；5—气缸

用空气节流阀 3 来调节气缸空气的流量，从而控制气缸活塞的运动速度，其节流范围为 $0\sim5\text{m}^3/\text{h}$。当压缩空气从节流阀送入二位四通电磁气阀的 P 口，电磁气阀的 A、B 口与加油泵气缸的 H、D 口用软管相连，当气缸活塞运动到极上或极下位置时，由晶体管无稳态振荡器，自动控制电磁气阀换向。

加油泵的工作原理见图 2-48。当压缩空气从加油泵气缸 D 口进入活塞 4 的下腔 E 时，活塞 4 向上移动［见图 2-48（a）］，与活塞 4 相连的活塞杆 3 和活塞 2 也向上移动。这时活塞杆 3 的下端凸缘靠紧活塞 2 的下部端面，将油腔 A、B 隔开，油缸 A 腔内形成负压，使活门 1 开启，润滑脂吸入 A 腔。当活塞杆继续上升到上部极限位置，由晶体管无稳态振荡器自动控制，使二位四通电磁气阀换向。这时［见图 2-48（b）］H 口为进气口，D 口为排气口，压缩空气从加油泵气缸 H 口进入上腔 G 内，活塞 4 带动活塞杆 3 和活塞 2 向下移动。此时活塞 2 的上、下腔相通；活门 1 关闭，A 腔内的润滑脂进入 B 腔。当活塞杆继续向下移动，直至活塞 4 下移至下部极限位置，由晶体管无稳态振荡器自动控制，使二位四通电磁气阀换向。这时［见图 2-48（b）］活塞 4、活塞杆 3 和活塞 2 又向上移动，把油腔

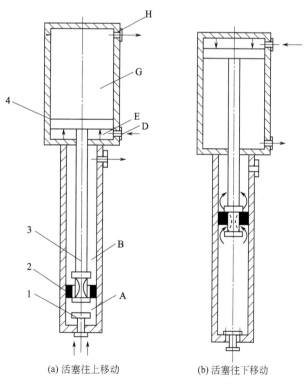

(a) 活塞往上移动　　(b) 活塞往下移动

图 2-48　风动加油泵工作原理图
1—活门；2，4—活塞；3—活塞杆

B 内的润滑脂沿出油口输送出去；同时 A 腔又重新从贮油桶内吸入润滑脂。这样依次循环完成加油泵的吸油和压油过程。

在操纵风动加油泵工作时，应注意先接通电源，然后再接通气源；在工作结束时，先断开气源，而后再断开电源。若风动加油泵的油缸内存集了空气，应通过油缸上部的内六角螺堵放出。如油缸内有压缩空气进入时，应停泵检修。

2.3.4 单线供脂的干油集中润滑系统

与双线供脂系统相比，单线供脂系统具有以下优点：

① 结构紧凑体积小，重量轻；

② 用单线供脂线路简化，节约管材；

③ 对于使用干油集中润滑的某些润滑点不太多的单机设备（如剪切机、矫直机、锻压设备、金属切削机床等），采用单线供脂更为合适。

其缺点是：

① 单线给油器制造精度较高，工艺性较差；

② 供脂距离不能像双线供脂那样长。

单线干油集中润滑系统是由单线干油泵、干油过滤器、输脂主管和单线给油器等组成。由于单线给油器的结构形式不同，所以系统接管布置也各不相同。

（1）单线非顺序式干油集中润滑系统

如图 2-49 所示，打开操纵阀的通路，油泵将压力润滑脂沿输脂主管（单线）送到各单线给油器，然后向润滑点定量供脂。当供应所有润滑点的单线给油器都已工作完毕，油站压力计的压力升高到规定数值，这时可用人工（或自动）切断电源。第二次（按润滑周期）供脂，再由人工（或自动）接通电源，使油站油泵供脂，继续上一次的过程。这种供脂不用换向，操作维护都很简单。

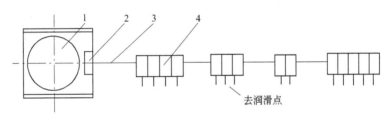

图 2-49 单线非顺序式干油集中润滑系统
1—干油泵站；2—操纵阀；3—输脂主管；4—给油器

所谓非顺序（或非进行）式，就是说这种单线给油器的工作并不是严格按顺序一个个动作，而是当输脂主管内的压力增大到足以克服给油器内的弹簧阻力时，给油器就开始动作，向润滑点压脂。

这种系统的优点是：当其中的一个或几个给油器发生故障不能供脂时，不会影响其他给油器的正常供脂。

（2）单线循环顺序式干油集中润滑系统

如图 2-50 所示，油泵送出的压力润滑脂经换向阀 2 送入输脂主管，经 DL 型单线给油器，沿润滑脂供给方向，由近及远一个个定量地送到润滑点。当所有给油器依次供脂完毕，压力润滑脂回到油站的换向阀，推动滑阀换向，完成一个工作循环。第二个工作循环，输脂方向与前一循环方向相反，供脂顺序便颠倒过来，即原来最后工作的给油器这次是最先工作。只要油泵不停地压出润滑脂，此系统即按上述工作循环依次向润滑点定量供送润滑脂。

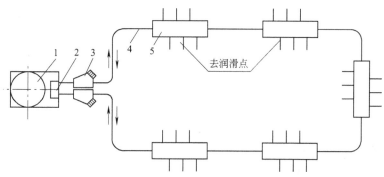

图 2-50　单线循环顺序式干油集中润滑系统

1—干油泵站；2—换向阀；3—过滤器；4—输脂主管；5—给油器

（3）单线顺序式（进行式）干油集中润滑系统

如图 2-51 所示，油泵的压力油脂经输脂主管送到主给油器（每次供脂量较大），从主给油器出来经输脂支管进入二次给油器（每次定量压出的润滑脂较少），再定量地供给润滑点。这种给油器的外形是一片片的，所以又称为片式给油器，每组至少由 3 片，最多由 6 片组成。每片给油器可以供给两个润滑点，每组给油器供脂是按顺序一个点一个点地定量供脂。

系统采用 PSQ 型片式给油器。如图 2-52 所示，PSQ 型片式给油器最少由三片（上片、中片、下片）组成。而中片可以在组合时根据系统中润滑点数量的不同而增加，但最多不能超过 4 片，连同上片与下片，最多由 6 片组成。PSQ 型给油器外形见图 2-53 所示，技术性能及外形尺寸参数在表 2-6 中给出。

PSQ 型片式给油器的工作原理如图 2-52（a）所示。压力润滑脂从输油管进入后，首先将柱塞Ⅱ推向左端，然后再将柱塞Ⅲ推向左端，并分别依次将左腔内的润滑脂从出油口 1、2 排送到润滑点。待活塞Ⅲ动作完毕后（指示杆同时向左伸出，表示给油器正常工作）。在柱塞Ⅲ左腔的压力润滑脂，从内部通道进入柱塞Ⅰ的左腔内，并推动活塞Ⅰ到右端，同时将右腔内的润滑脂从出油口 3 排至润滑点。柱塞Ⅰ向右动作完毕［见图 2-52（b）］，柱塞又按照上述相反的方向依次动作，将润滑脂又从右边的 3 个出油口 4、5、6 顺序压出送往润滑点。只要油泵连续供脂，该给油器就连续往复动作，不断地把润滑脂从各出油口送出。在图 2-52 中的 E—E 二孔是当柱塞Ⅰ或Ⅱ移动到中间位置时，压力油脂仍能继续压送的内部通道。

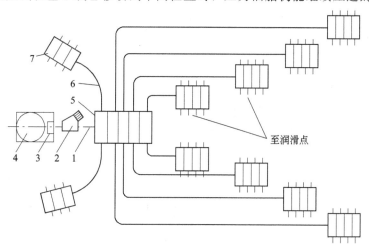

图 2-51　单线顺序式干油集中润滑系统

1—输脂主管；2—干油过滤器；3—操纵阀；4—干油泵；5—主给油器；6—输脂支管；7—二次给油器

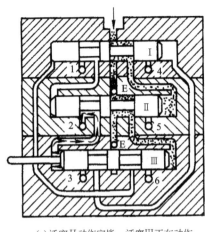
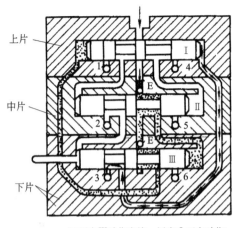

(a)活塞Ⅱ动作完毕,活塞Ⅲ正在动作　　　　　(b)活塞Ⅲ动作完毕,活塞Ⅰ正在动作

图 2-52　PSQ 型片式给油器工作原理

1～6—通向润滑点的出油口；Ⅰ—上片内的柱塞；Ⅱ—中片内的柱塞；
Ⅲ—下片内带指示杆的柱塞；E—E—连通中片与下片的油道

表 2-6　PSQ 型片式给油器技术性能及外形尺寸参数

型号	给油器片数/片	给油孔数/孔	最高工作压力/MPa	每孔每次给油量/mL	外形尺寸/mm														质量/kg
					A	B	C	D	E	F	G	S	b	h	d	d_1	d_2	l	H	
PSQ-31	3	6			48	70														0.9
PSQ-41	4	8		0.15	64	86	64	69/75	38	31	15	16	9	2	M12×1.25	M10×1	7	8	31	1.25
PSQ-51	5	10			80	102														1.5
PSQ-61	6	12	10		96	118														1.8
PSQ-32	3	6			60	85														2.2
PSQ-42	4	8		0.60	80	105	86	94/102	48	39.5	30	20	9	2.5	M14×1.5	M12×1.25	9	9	39.5	2.8
PSQ-52	5	10			100	125														3.4
PSQ-62	6	12			120	145														4

注：1. 标记示例　由 5 片组成的给油量为 0.15mL/每循环的片式给油器。

2. 各尺寸符号可参照图 2-53。

　　PSQ 型片式给油器的优点是结构简单、小巧紧凑、内部除了必要的油路孔道外，每片只有一个三段圆柱式柱塞，其中下片柱塞与指示杆连成一体，动作比较可靠。

　　它的缺点是供量固定，不能调节。若其中任何一点失灵，则会影响在这一点以后的所有给油器而不能正常工作，并且不易判断已失灵不供油脂的这一组（3～6 片）给油器是哪一片出了故障。在这种情况下，只能把这一组给油器全卸下来，换上一组新的。然后把卸下来的这一组拆开逐个查找与修理。

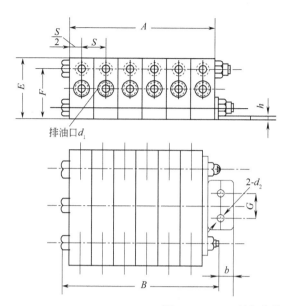
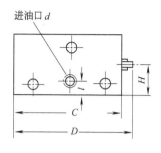

图 2-53　PSQ 型片式给油器外形图

2.3.5　多点干油泵与单线片式给油器联合使用的干油集中润滑系统

多点供脂的干油集中润滑系统一种形式是采用多点干油泵，经输脂管线直接与润滑点连接。

多点干油泵适用于单机和润滑点数不多但较集中的干油集中润滑系统。这种干油泵是依靠泵体周围的压油部件（独立的小柱塞泵）单独地向润滑点供脂。它还可以与单线片式给油器配合使用，向更多的润滑点供送润滑脂。

目前国内生产的多点干油泵主要有：ZY42 型和 ZGZ 型轴向柱塞式多点干油泵；DDB型径向柱塞式多点干油泵等。前两种结构比较复杂，后者属于新型产品。

（1）ZY42 型多点干油泵

ZY42 型 14 点轴向柱塞多点干油泵有四种装配形式。手柄和进出油门体部分可以分别或同时进行左装配或右装配，可根据单机设备的具体要求任选其一种。其技术性能见表 2-7，其外形如图 2-54 所示。它是由传动部分、贮油筒和油泵等组成。

表 2-7　ZY42 型轴向柱塞式多点干油泵技术性能

型号	工作压力/MPa	出油孔数/个	柱塞直径/mm	柱塞行程/mm	柱塞每分钟往复次数	每柱塞理论出油量/(cm³/min)	总理论出油量/(cm³/min)	贮油筒容积/L	外形尺寸（长×宽×高）/mm	质量/kg
ZY42	1.5	14	8	5	1~1.5	0.25~0.378	3.5~5.3	15.9	392×365×533	59

这种泵的工作原理是通过单机上的曲柄机构与泵的手柄连接起来工作的。泵本身不带动力部分，由手柄棘轮机构、蜗轮副、锥齿轮减速机构和斜面圆盘等传动（见图 2-55）。当手柄 1 被主机上的曲柄连杆机构带动而作摆动时，蜗杆 2 按箭头所示方向作单方向转动，蜗杆带动蜗轮 3 和锥齿轮 4 及 5 旋转，则圆盘 6 的斜面在转动时带动工作柱塞 7 作往复运动，完成吸油和压油工作。

为了做到多点干油泵的每一个柱塞油泵准确地吸油和压油，采用了配油齿轮来接通贮油筒（吸油）或接通出油通孔（压油）。如图 2-56 所示，泵是由配油齿轮 1 和与之啮合的带齿轮的油门 2 组成，油门端与柱塞泵的柱塞同装在缸套内。配油齿轮 1 的结构是在相对 180°对称的部位每边各有三个轮齿，其余部分以齿根圆为界呈无齿的圆柱形。围绕配油齿轮 1 的四周均匀地分布 14 个有 6 个轮齿的小油门齿轮 2，每当配油齿轮 1 旋转并与油门齿轮 2 啮合时，只有三对齿啮合旋转而且是配油齿轮 1 每旋转 180°角才和同一油门齿轮 2 啮合旋转一次，油门齿轮 2 每啮合旋转一次只自转 180°角（半圈）使油门齿轮 2 的槽口或者沿配油齿轮的直径方向向外与贮油筒吸油孔口连通，或者沿径向向内与压油出口连通以达到准确地接通吸油口或压油出口的目的。

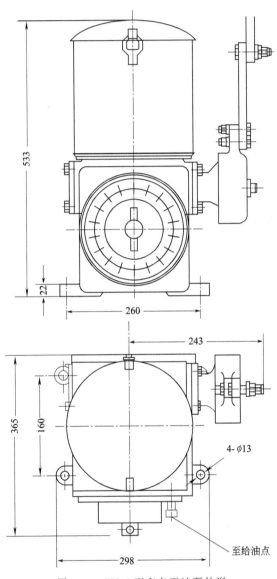

图 2-54 ZY42 型多点干油泵外形

从图 2-55 可知，斜面圆盘 6、配油齿轮 8 和锥齿轮 5 是固定在同一根传动轴上的。整个配油过程如图 2-56 所示。柱塞泵吸、压油的工作原理见图 2-57，位置 I 是柱塞的吸油过程，这时柱塞 3 由斜盘 6 带动沿柱塞轴线方向向右移动，使柱塞左边空腔的密封容积逐渐变大、形成真空，将油脂从贮油筒经油门齿轮 2 的槽口吸入空腔；当柱塞移动到右边极限位置时，斜盘 6 继续旋转的同时，配油齿轮 1 与油门齿轮 2 啮合，使油门槽口旋转 180°向下对准了出油孔口，如图 2-57 位置 II 所示，这时柱塞 3 在斜盘 6 带动下沿柱塞轴线方向从右向左移动，使柱塞左腔吸满油脂的密封容积由大逐渐变小，将油脂经油门齿轮 2 的槽口沿出油孔口输向润滑点，完成了压油脂过程。当柱塞 3 从左边极限位置开始向右边移动时，这时油门齿轮又与配油齿轮啮合并旋转，油门槽口旋转向上对正贮油筒的孔口，同时把出油孔口堵死，进入吸油过程，如此循环往复，斜盘 6 每转一周柱塞泵吸、压油一次。

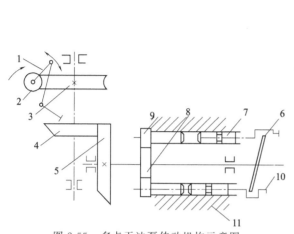

图 2-55　多点干油泵传动机构示意图
1—手柄棘轮机构；2,3—蜗杆蜗轮；4,5—锥齿轮；6—斜面圆盘；
7—工作柱塞；8—齿轮；9—油门；10—调节螺钉；11—泵体

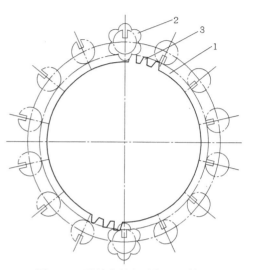

图 2-56　配油齿轮与油门配置简图
1—配油齿轮；2—油门齿轮；3—配油齿轮的轮齿

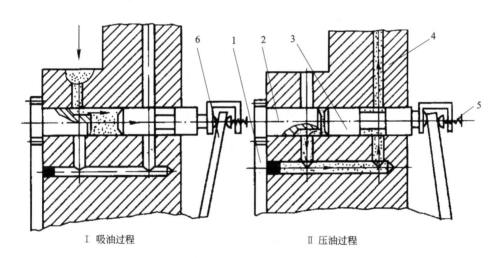

Ⅰ 吸油过程　　　　　　　　　Ⅱ 压油过程

图 2-57　ZY42 型多点干油泵的柱塞油泵工作原理示意图
1—配油齿轮；2—油门齿轮；3—柱塞；4—泵体；5—调节螺钉；6—斜盘

柱塞泵油量靠调节螺钉 5 调节。当向外旋拧调节螺钉时，斜盘 6 与调节螺钉 5 的间隙加大，这样斜面盘旋转时沿轴线方向对于柱塞要有一段空行程，柱塞的行程也就减少，从而实现了给油的微量调节。

如果需要减少或增加在单位时间内的给油量，可以通过调整曲柄连杆机构、改变蜗杆每次转动的角度来实现。当单机设备的润滑点数少于多点干油泵的给油点数时，可将柱塞和油门相应地拆卸下几个，妥加保管，以备修理时替换。

柱塞 3 和油门齿轮 2 的表面粗糙度 Ra 为 $6.3\mu m$，与其所配的腔体孔径均属选择配合，其间隙要求为 $0.01\sim0.03mm$。装配时应打字、单配。

（2）ZGZ-36 型多点干油泵

ZGZ-36 型多点干油泵的技术性能见表 2-8。它是由装在贮油筒下面的柱塞泵、传动装置和电动机等组成，这些部件共同固定在一个底座上，其构造如图 2-58 所示。

表 2-8　ZGZ-36 型多点干油泵技术性能

型号	工作压力/MPa	出油孔数/个	柱塞直径/mm	每个柱塞一次行程的最大给油量/(cm³/行程)	总给油量/(cm³/r)	质量/kg
ZGZ-36	7.0	36	7	0.352	12.672	

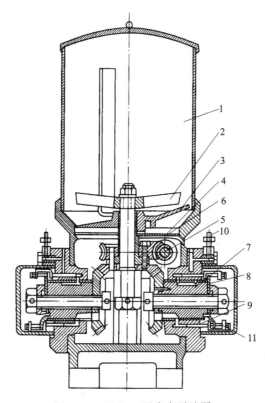

图 2-58　ZGZ-36 型多点干油泵

1—贮油筒；2—螺旋桨；3—刮油板；4—滤油板；5—蜗杆；6—蜗轮；7—分配柱；
8—圆盘形凸轮；9—柱塞；10—出油孔；11—调整螺钉

当电动机经减速装置传动蜗杆 5 和蜗轮 6 时，装在蜗轮上端的螺旋桨 2 和刮油板 3 将贮油筒 1 内的润滑脂通过滤油板 4 压入下部壳体空腔，进入分配柱 7；同时，通过与蜗轮 6 同轴上的锥齿轮带动分配柱转动，在分配柱末端的圆盘形凸轮 8 推动各柱塞 9 依次作轴向往复运动，将分配柱 7 吸入的润滑脂从出油孔 10 送至各润滑点。柱塞泵共分 3 组，每个分配柱组成一组柱塞泵，每组柱塞泵有 12 个柱塞（即有 12 个供油点），整个干油泵共有 36 个供油点。使用时，可根据设备的润滑点需油量和点数不同，调整各柱塞的行程（调整每次压出的油脂量）并取舍出油口。

（3）DDB 型多点干油泵

DDB 型多点干油泵按出油孔数也就是给油点数分为 10 个、18 个和 36 个 3 种，其技术性能见表 2-9。

表 2-9　DDB 型多点干油泵技术性能

参数		型　号		
		DDB-10	DDB-18	DDB-36
出油孔数量/个		10	18	36
柱塞直径/mm		8	8	8
贮油筒容积/L		7	23	23
柱塞往复次数/（次/min）		14	14	14
公称压力/MPa		10	10	10
每孔给油量/（mL/次）		0.05～0.2	0.05～0.2	0.05～0.2
电动机	型号	A3O6334	A3O7114	A3O7114
	功率/kW	0.37	0.55	0.55
	转速/（r/min）	1400	1400	1400
质量/kg		19	75	80

注：标记示例为 出油孔数量为 10 个点的多点干油泵 DDB-10。

多点干油泵的传动系统如图 2-59 所示。电动机 1 经两级减速带动偏心轴 6 转动，那么与偏心轴 6 铰接在一起的压油柱塞 7 就产生周期性的径向往复运动，从而把电动机的高速回转运动转变为压油柱塞的低速径向往复运动，以完成吸油和压油过程。

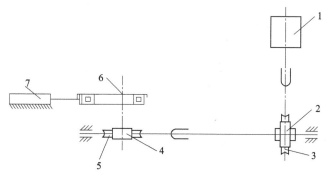

图 2-59　多点干油泵传动系统简图
1—电动机；2～5—蜗杆蜗轮副；6—偏心轴；7—压油柱塞

图 2-60 是 DDB-10 型多点干油泵的外形图，图 2-61 是它的内部结构剖视图。

压油部件的结构和工作原理如图 2-62。当装在偏心轴上的圆盘（见图 2-61 中的件号 11 和 9）带动柱塞 1 向左运动时［如图 2-62（a）的情况］，柱塞 1 所在的空腔密封容积逐渐增大而形成负压，润滑脂从进油口 8 被吸入。当偏心圆盘继续转动带动柱塞 1 向右推进，堵死了进油口 8，处于如图 2-62（b）的情况，腔内润滑脂压力逐渐增高，直至油压增高到大于弹簧 4 的弹力，于是推动配油活塞 3 向右移动直至打开油孔 9，润滑脂才在柱塞 1 推动下经油孔 9 进入配油活塞 3 的右腔，并顶开球形单向阀 5 从出油口 7 沿所接的管路到润滑点。如偏心圆盘继续转动便回到如图 2-62（a）的吸油过程，只要偏心轴不断地转动，压油部件就不停地向外压送润滑脂。

DDB 型多点干油泵具有使用调整方便，结构简单紧凑，外表美观，工艺性较好等优点。

它的缺点是出油口接管比较集中，管路布置密集，给配管带来麻烦。一般情况其输出管路长度约为 10m 或稍长，每米管长的压力损失约为 0.3MPa。当配合片式给油器使用时，整个压力损失约为 5MPa 或更大些。而 DDB 型多点干油泵的工作压力为 10MPa，已能满足要求。另外它的每个出油 El 的供脂量，可以根据润滑点的需要，在 0.05~0.2mL/次的范围内进行微量调节。

运转时圆盘的沟槽和柱塞的端头容易磨损（图 2-61），所以应保存适当的备品备件。供脂的工作环境温度在 10~40℃；润滑脂要求泵送性好，宜用针入度大于 290 的润滑脂。

（4）多点干油泵和片式给油器联合组成的干油集中润滑系统

如图 2-63 所示，它是由多点干油泵和片式给油器联合组成的干油集中润滑系统。就是用 DDB-10 型多点干油泵的 10 个出油口，每个出油口接一个片式给油器后，再接到润滑点。如果采用 3 片组合则供应 6 个润滑点，这样由原来只能供给 10 个润滑点的多点干油泵，增加到可以供应 60 个润滑点润滑。这种方法可根据摩擦副的具体情况灵活使用。

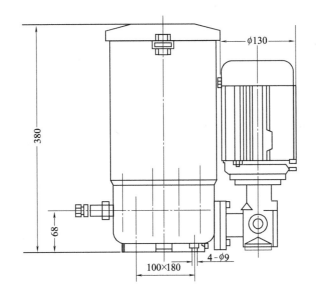

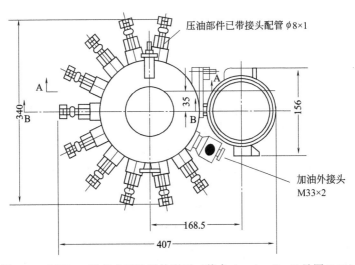

图 2-60　DDB-10 型多点干油泵外形图（其中 A—A、B—B 见图 2-61）

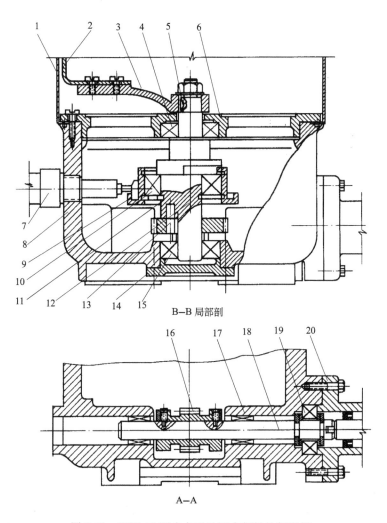

图 2-61　DDB-10 型多点干油泵内部结构剖视图

1—贮油筒；2—立杆；3—压油板；4—轴承；5—半圆键；6—压环；7—压油部件；8—壳体；

9—圆盘；10—轴承；11—偏心轴；12—蜗轮；13—销；14—盖；15—轴承；16—蜗杆；

17—滚针轴承；18—轴；19—轴承；20—减速器壳体

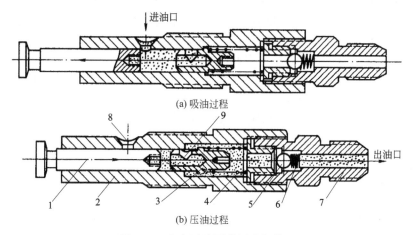

图 2-62　多点干油泵的压油部件

1—柱塞；2—缸体；3—配油活塞；4—弹簧；5—球形单向阀；6—弹簧；7—出油口；8—进油口；9—油孔

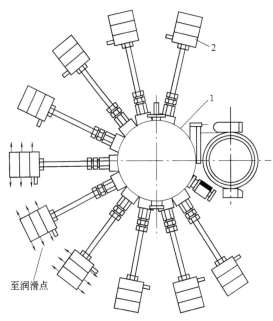

图 2-63　多点干油泵与片式给油器联合组成的干油集中润滑系统
1—DDB-10 型多点干油泵；2—PSQ 型片式给油器

2.3.6　PLC 控制的通用型自动干油润滑系统

利用可编程控制器和组态技术设计的通用型自动干油润滑系统，不仅能够实现逐点检测，单点按需供油；而且还能通过上位机监测现场的运行状况，及时发现并排除故障。这不但避免了油脂的浪费，也提高了生产效率。

（1）自动干油润滑系统工作原理

自动干油润滑系统的工作原理与控制方式不同于传统的单线式和双线式润滑系统。新系统在每个润滑点上都加装了控制元件与监测元件，现场供油分配直接受上位机与现场可编程控制器的控制，供油量大小、供油循环时间都由主控系统来加以监控与调节。这从根本上解决了以往润滑系统的弊端。在自动干油润滑系统中，使用流量传感器实时检测每个润滑点的运行状态，并将该信号传送至主控系统，由其判断分析故障类型。

自动干油润滑系统采用 PLC 作为主控单元，采用串行总线与上位机计算机系统进行连接，供油分配受 PLC 的控制，流量传感器实时检测每个润滑点的运行状态，并准确判断故障点所在，便于维护与维修。设备各点润滑量可通过显示器实现远程调控。系统工作时，按照设定程序运行，启动电动高压润滑泵，并控制电磁给油器的启闭，润滑脂经流量传感器被输送到各润滑点。自动干油润滑系统配置有上位计算机监控系统，现场润滑系统的各种信息显示在上位机的监控画面中，使用户对整个系统的运转情况一目了然，故障位置显示形象具体。

（2）系统硬件

自动干油润滑系统主要包括上位机、PLC、编码解码电路、流量传感器以及执行元件等，其硬件组成框图如图 2-64 所示。

自动干油润滑系统利用 PLC 作为现场控制柜的主控元件，利用安装在现场控制柜上的触摸屏进行现场控制，通过总线连接的上位计算机利用组态软件实现远程监控。系统工作时，安装在现场的流量传感器将每个润滑点的工作信号传回 PLC；PLC 控制两个润滑泵交替工作注油给电磁给油器，利用电磁给油器给润滑点进行润滑。每个电磁给油器都接有配套的流量传感器。当某个润滑点堵塞时，虽然该点电磁给油器打开，但是该点的流量传感器没有信号，PLC 据此发出润滑点堵塞报告并进行故障处理。

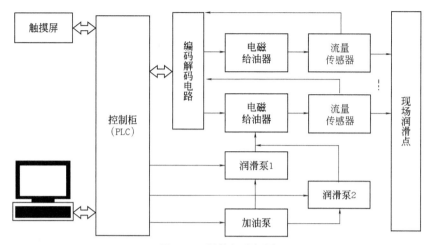

图 2-64　硬件组成框图

　　大型设备的润滑点一般比较多（上百个），如果每一个润滑点都占用 PLC 的一个输入点和输出点，将造成系统硬件规模的扩大和成本浪费，为此采用编码解码电路对 PLC 的输入点和输出点进行扩展。根据编码解码原理，当选择 8 位编码器时，只需占用 PLC 的 8 个输入点和输出点，即可以控制 256 个现场润滑点。工作时，安装在润滑点的流量传感器通过编码解码电路将现场信号传送给 PLC；根据程序要求，通过编码解码电路将控制信号输出到现场给油器，给油器按事先设定好的参数给润滑点供油。

　　控制系统可进行手动和自动操作。手动运行时，在触摸屏的控制画面上输入润滑点号，然后点击手动控制即可对应现场的相应润滑点。开启电动高压润滑泵后，润滑脂被压注到主管道中，待管道压力升至 10MPa 时（根据管道远近，此压力的范围为 5～30MPa），输入数字来选择现场润滑点号，对应点电磁给油器得到信号，开通油路，将润滑脂压注到相应的润滑部位。

　　在自动运行状态下，主控系统按照设定的程序运行，启动电动高压润滑泵，并控制电磁给油器的启闭。

　　润滑脂过滤后被输送到各润滑点的电磁给油器，按照设定好的量（可调整）自动对每个润滑点逐点供油，逐点检测，直至所有润滑点给油完成，进入循环等待时间（可调整）。循环等待时间结束，自动进行下一次给油过程。流量传感器实时检测每点是否供油，监测系统远程显示该点的润滑状态，如有故障及时报警。

　　系统采用 S7-200 系列可编程控制器作为主要控制元件，中央处理单元（CPU）选用 CPU 226 CN，根据不同工业现场的润滑点数不同，选择不同数量的模拟量扩展模块 EM 231 CN 和数字量扩展模块 EM 222。

　　当采用 8 位编码解码电路时，部分 I/O 分配表如表 2-10 所示。

　　（3）系统软件

　　自动干油润滑系统软件包括上位机监控程序、PLC 控制程序、PLC 与上位机的通信程序等。

　　本系统选择北京亚控的组态王（KingVIEW）作为上位机远程监控软件。利用组态王可以根据具体工业现场设计具体的监控软件。监控画面中包括画面选择、运行记录表、故障记录表、系统参数、循环时间、时间参数、启动、停止、手动、自动等按钮，同时在运行过程

表 2-10　I/O 分配表

序号	输入点	名称	序号	输入点	名称
1	I0.0	1号润滑泵过载	11	Q0.0	1号润滑泵启动
2	I0.1	2号润滑泵过载	12	Q0.1	2号润滑泵启动
3	I0.4	加油泵过载	13	Q0.2	加油泵启动
4	I1.0	急停信号	14	Q0.4	轻故障信号
5	I1.5	流量反馈1	15	Q0.5	重故障信号
6	I1.6	流量反馈2	16	Q0.6	地址位1
7	I1.7	流量反馈3	17	Q0.7	地址位2
8	I2.0	流量反馈4	18	Q1.0	地址位3
……	……	……	……	……	……

当中也会显示各个润滑点的供油状态。系统通过上位机的监控画面直接对润滑点进行参数设定，监控系统同时具备故障记录查询功能。

根据自动干油润滑系统的功能要求，PLC控制程序包括流量监测、加油泵控制、润滑泵控制、编码解码控制等程序。在确定了PLC的I/O口分配以后，可以在S7-200的专用编程软件Step7 Micro/WIN32环境下设计相应的程序，以满足工艺控制的要求。

组态王与PLC的数据交换采用串行通信方式，PLC通过RS-232串行通信电缆连接到安装组态王的计算机串口。由于上位机使用组态软件具有与PLC的通信功能，不需要编写PLC和计算机的通信程序，只需要在组态软件中进行相应的配置，通信即可自动完成。在配置过程中，用户需要选择PLC的生产厂家、设备型号和连接方式，为设备指定一个设备名，并设定设备地址和串口。实现上位机（组态王）与PLC数据交换的关键是正确设置它的串行通信参数。设置的串行通信口通信参数如表2-11所示。

表 2-11　通信参数设置表

波特率	停止位	数据位	检验位	通信方式
9600bit/s	1位	7位	偶校验	RS-232

（4）系统特点

相对于传统的单线式和双线式润滑系统而言，通用型自动干油润滑系统在工作原理、元件配置等方面具有以下特点。

① 远程监控　组态画面能够真实反映每个润滑点的供油状态，现场情况一目了然，直接显示润滑点的位置，便于维护远程设定、调整润滑点的供油参数。

② 故障查询方便　在上位机直接显示各故障点的具体位置，准确判断每个润滑点、润滑元件故障，系统自带故障类型数据库。

③ 集成度高，扩展方便　本系统通过编码解码控制方式，使控制系统在集成方面有较大程度的提高。当需要增加润滑点时，只需增加编码电路位数，扩展方便。

2.3.7　集中润滑智能控制系统应用实例

某钢铁公司对原料厂烧结机润滑系统进行改造，实现了大范围内各润滑点的自动加脂，更好地保障了设备的正常运转。

（1）原设备存在问题和改造方案

烧结生产历来环境恶劣，温度高，粉尘多，设备一直沿用人工润滑方式（润滑泵站定期电动打油和手动操作油枪加油），工人劳动强度高，油消耗高，润滑效果不好。常因许多部位的润滑不及时到位，出现设备干磨发热，发生故障，甚至造成停机。同时原设备对润滑点的泄漏、干结、堵塞无检测、报警功能，润滑点出现故障时得不到及时处理。造成烧结机滑道得不到良好润滑，缩短了使用寿命；同时，滑道磨损造成的漏风也影响了烧结矿的产量、质量。

针对以上润滑系统的缺点，采用微电脑技术与可编程序控制器相结合的 ZDRH-2000 型智能集中润滑系统对原系统进行改造。该系统由主控设备、高压电动油泵、电磁给油器、流量传感器、压力传感器及电动加油泵等构成。

设备采用 SIEMENS S7-200 系列 PLC 作为主要控制系统，为润滑智能控制需求提供了适当的解决方案。供油部分采用 QJRB1-40 型高压润滑泵（一备一用），双柱塞双杠结构，由电机直接驱动；电动加油泵采用 QJDB-400B 型直齿圆柱齿轮啮合的定量容积泵，带储油桶；油路主管采用 $\phi32\times3$ 无缝钢管，支路采用 $\phi10\times1.5$ 无缝钢管，活动点采用软管连接。系统共有 30 台电磁给油箱作为润滑系统的执行机构，分布在离各供油点最近的位置，每台电磁给油箱内设计有 4 路电磁阀、流量传感器、润滑点运行指示灯，系统实现 $30\times4=120$ 个润滑点的润滑能力，并反馈状态信息给主控系统。油泵的供油压力可达到 40MPa，由压力传感器实时检测油压，并控制系统压力。如图 2-65 所示。

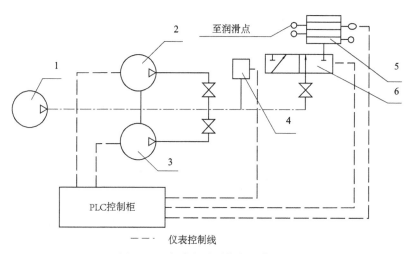

图 2-65　自动润滑系统的工作原理

1—加油泵；2,3—润滑泵；4—压力控制器；5—电磁阀；6—单线分配器

（2）电气系统原理及特点

由于每台电磁给油箱内设计为 4 路输出，把每三个箱子组成一组，每组作为一行，则系统共有 30 个箱子可组成 10 行，分别表示为 X1～X10；每行都有 $3\times4=12$ 个输出点，组成12 列，分别表示为 H1～H12。系统由西门子 S7-200PLC 本机 CPU224 的 6 个输出点和扩展模块 EM223 的 6 个输出点共计 12 个点作为控制列 H1～H12 的信号输出，另一扩展模块 EM223 的 10 个输出点作为控制行 X1～X10 的信号输出，组成 $10\times12=120$ 点的二极管矩阵输出网络，采用此设计节省大量输出单元。功能的实现采用脉冲扫描的方式，设有专门的程序给予支持。

控制程序采用 STEP7-Micro/Win32 软件编程。系统可手动、自动切换。手动操作时，应先开启油泵，润滑脂被压注到主管路中，操作面板上的 X 和 H 按钮组合对应现场的相应润滑点，按下某点按钮，电磁给油器得到信号，油阀动作。

数显屏和现场指示灯被点亮。自动运行时，PLC 按照已编制好的程序自动运行；第一步检测联锁控制参数，第二步检测油泵参数，第三步顺序打开油路，实现 1～120 点的供油，完成一次供油循环后，系统进入循环等待延时。如图 2-66 所示。

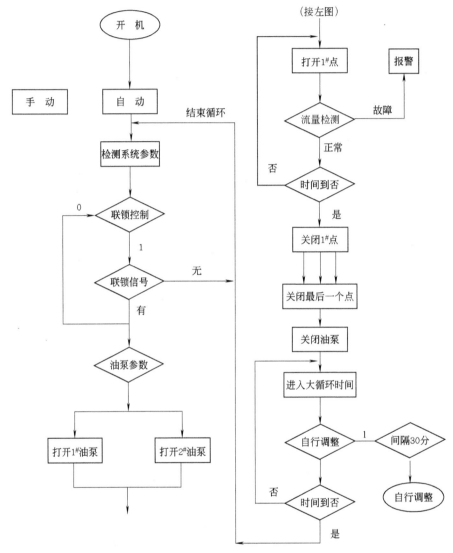

图 2-66　自动供油流程图

TD200 文本显示器通过 TD/CPU 电缆连接到 S7-200CPU。是人机对话的主要显示设备和控制设备。显示和调节参数，实现人机对话。自定义键的功能如下：F1—自动运行启动键，F2—自动运行停止键，F3—编辑各润滑点时间，F4—编辑循环时间，SHIFT＋F1—调整基本参数，SHIFT＋F2—编辑系统参数，SHIFT＋F3—查看故障信息，SHIFT＋F4—返回键。

根据烧结机各润滑点的工况不同，分三段控制，热振筛、单辊、机尾星轮等润滑点供油 20s，每 20min 循环一次；滑道、拉链机瓦座等润滑点供油 4s，每 60min 循环一次；布料器、机头星轮、减速机轴承等润滑点供油 4s，每 720min 循环一次。每次启动，信息识别器会顺序打开各润滑点，完成润滑任务。系统通过流量传感器对各润滑点的润滑情况进行监控，系统具有声光报警、压力指示、堵塞指示功能，实现润滑系统与烧结主机操作联锁运行。高压润滑泵开一备一，确保润滑设备的正常工作，此系统适用于现场较恶劣的生产环境，故障率较低。

（3）应用情况

烧结机智能集中润滑系统投入运行后工作稳定可靠，润滑点全部实现了远距离集中控制，提高了自动化水平；减少油脂用量；提高了润滑效果，降低了机械磨损，延长了滑板寿命，降低了漏风率，大大降低了工人作业强度和设备维护工作量，取得了显著的经济效益。

第 3 章

润滑系统维护诊断与监测

生产现场的润滑工作主要是润滑系统检查与换油，润滑系统维护保养，润滑系统故障分析与排除，润滑系统及油液的分析与监测。

3.1 设备润滑的检查与换油

3.1.1 润滑系统的检查

检查的要点和程序即用目视、听觉和手摸等简单的方法进行外观检查，检查时既要检查局部也要注意设备整体。在检查中发现的异常情况，对妨碍润滑设备继续工作的应作应急处理；对其他的则应仔细观察并记录，到定期维护时予以解决。润滑设备的异常现象和故障，应在泵的起动前后和停车前的时刻检查，这时检查最容易发现问题。在启动时润滑设备的操作必须十分注意，特别在冬天的寒冷地区等低温状态启动和长期停车后启动更要密切注意。

（1）启动前的检查

① 根据油位指示计检查油箱油量。经常从加油口检查油位指示计是否指示有误差。液面要保持在上限记号附近。

② 从油温计检查油箱的油温。如采用 N150 汽轮机油或相当的油，其油温在 10℃ 以下时，须注意泵的启动，启动后要空载运转 20min 以上。在 0℃ 以下运转操作则是危险的。

③ 从温度计了解室温。即油箱油温较高管路温度仍要接近室温。所以在冬季温度转低时，要注意泵的启动。

④ 停车时，压力表的指针是否在 0MPa 处，观察其是否失常。

⑤ 溢流阀的调定压力在 0MPa 时，启动后的泵的负载很小，处于卸荷状态；小型设备除温度外，还要注意溢流阀的调定压力，然后进行启动。

（2）启动后的检查

① 在点动中，从泵的声音变化和压力表压力的稍稍上升来判断泵的流量。泵在无流量状态下运转 1min 以上就有咬死的危险。

② 操作溢流阀，使压力升降几次，证明动作可靠、压力可调，然后调至所需的压力。

③ 操作上述②项时，检查泵的噪声是否随压力变化而变化，有不正常的声音。如有"格利、格利"的连续声音，则说明在吸入管侧或在传动轴处吸入空气。如高压时噪声大，则应检查吸入滤网、截止阀等的阻力。

④ 检查吸油滤网，在泵启动后是否有堵塞情况，可根据泵的噪声来判断。

⑤ 根据在线滤油器的指示表了解其阻力或堵塞情况，在泵启动通油时最有效，同时弄清指示表的动作情况。

（3）运动中和停车时的检查

用较简单的检查，了解清楚泵和控制阀的磨损情况、外漏、内部泄漏的变化、油温上升等情况。检查的要点如下：

① 目测检查油箱内油中气泡、变色（白浊、变黑）等情况。如发现油面上有较多气泡或白浊的情况，须研究其原因。

② 用温度计测定油温及用手摸油箱侧面，确定油温是否正常（通常在 60℃ 以下）。

③ 打开压力表开关，检查高压下的针摆。振动大的情况和缓慢的情况属异常。正常状态的针摆应在 0.3MPa 以内。

④ 根据听觉判断泵的情况，噪声大、针摆大、油温又过高，可能是泵发生磨损。

⑤ 检查油箱侧面、油位指示针、侧盖等是否漏油。

⑥ 检查泵轴、连接等处的漏油情况。高温、高压时最易发生漏油。

⑦ 根据听觉和压力表检查溢流阀的声音大小和振动情况。

⑧ 观察管路各处（法兰、接头、卡套）及阀的漏油情况，或用手摸检查；保持管路下部清洁，以使简单观察即能发现漏油。漏油一般在高温高压下最易发现。

⑨ 检查管路、阀的振动情况，检查安装螺栓是否松动。

（4）点检制

点检制是一种科学的管理方法，是利用人的感官和仪器、工具按照事先确定的技术标准，对设备定人、定点、定标准、定方法、定周期进行检查的一种管理方法。使用该方法能够发现设备的异常现象和隐患，掌握设备的初期故障信息，可及时采取措施将故障消灭在萌芽状态。点检制从 20 世纪 80 年代宝钢开始引进应用。

3.1.2　润滑系统的冲洗净化和换油

润滑系统的清洗和净化是设备维修工作的关键环节。新设备的润滑系统中不免残留有加工屑末和外界杂质，需彻底清除。已经运行的设备，其润滑油逐渐老化变质，生成沉淀，此外还会因加油和空气污染带来的尘埃和屑末而沾污系统，故仍需定期冲洗。冲洗和净化的程度和周期须按设备的大小及其重要程度以及环境情况而根据检查和试验室分析结果加以规定。

3.1.2.1　润滑系统的冲洗净化

根据润滑系统的油泥沉积和结垢情况，必要时换用新油之前，须把旧油放净，并把润滑系统冲洗干净。一般是用低黏度的，有时还加有特制清净分散添加剂的冲洗油，冲洗内燃机、汽轮机、液压系统以及一些润滑系统里油泥沉积和结焦膜及废用油等，以防污染新油，从而延长新油的使用寿命，并减少设备的磨损和腐蚀。

对新购进的设备，也有在装配过程中，不可避免地带入一些尘埃、杂质及纤维或铁屑等，而需要在使用前用冲洗油冲洗干净后，再按规定向系统中加入新油后开始试运转或跑合，有时还要用专门的试车油或跑合（磨合）专用润滑油。在正常运转到规定的换油期（或间隔 1.2 个换油期），或经测定润滑油变质情况决定换油时放出旧油之后，冲洗油把系统中残存的废油及油泥沉积物冲洗干净再加入规定的适用的新油。

(1) 冲洗油的选择

选用的冲洗油一般比正常运转用油的黏度小 1～2 级，以有利于溶解油泥和胶质沉积物，并利于迅速渗入系统各部。同时要求冲洗油的溶解性能好，要有必要的清净浮游性和防锈性，而最好使用溶解能力较强的环烷基低黏度冲洗油，或加有清净分散剂、防锈剂及极压剂等添加剂的冲洗油。国外还用加有清洗剂、有机溶剂等冲洗油。也有用黏度指数 70 左右，40℃时黏度 10mm²/s、14.5mm²/s 和 21.8mm²/s，中和值最大 0.05mgKOH/g，闪点最低 149℃，倾点最高 2℃的石蜡基冲洗油。这里必须指出，所用冲洗油的性能不得影响润滑油的质量指标和性能。如汽轮机冲洗油不得含有影响汽轮机油添加剂，否则冲洗变成了污染，起了反作用。

(2) 非自驱润滑油泵润滑系统的冲洗

在冲洗前把旧油趁温度较高时放净。为了提高冲洗效果，而使冲洗油在适当的温度下加快流速进行循环，因而将主轴承等供油管线加上盲板，并装临时冲洗管线，使冲洗油通过旁路管线回流到冲洗油罐，并经沉降后过滤循环使用。一般清洗油用量约为正常运转时润滑油循环量的 50%～75%，非循环润滑系统的应依具体情况而定。在润滑油箱或油底壳或油冷却器里设闭式电热或蒸汽加热设备，并设自动调节控制设备。一般把冲洗油加热到 65～80℃，并用油泵进行循环，一般循环冲洗 2h，中间停 1h，如此的返复 3 次以上（依实际需要情况决定）。在循环中经过滤机或离心机等，随时把杂质油泥等除掉。并应及时切换和清洗过滤器。根据循环冲洗系统中过滤器污染和离心机的清洁程度，可以判断冲洗达到要求的清洁度。冲洗完毕时，趁热放净冲洗油，而后加入置换油（运转用新油加防锈剂），到正常运转用油量的 50%～75% 加热到 60℃ 左右进行循环，循环中期把主轴承等润滑管线的盲板取下，使置换油通过正常润滑油系统管线，并时时转动机械设备，使其状态位相改变，用置换油循环 2～4h，同时依具体情况的需要，进行过滤器的切换和清洗及离心分离机的清洗，而后在高温下，将置换油放净，按规定数量加入正常运转用的润滑油。

(3) 自驱润滑油泵润滑系统的冲洗

把旧油在高温情况下彻底放干净，把用过受污染润滑油的过滤心换新，将 50% 冲洗油和 50% 运转用新油的混合油，按规定运转油量调制，并注入油箱或油底壳或曲轴箱内，将油在允许范围内，加热到 80～90℃（需设适当的加热装置），对行使动力机械应将主轴离合器脱离，或将变速齿轮挂在空挡上，以减轻载荷并停止行进，使机械低速运转。同时将油温提高到 60℃ 左右进行循环，循环时间一般 2～4h，循环中将润滑油过滤器随时切换，清扫除去杂质，循环外的污物用喷油进行清洗，最后停止机械趁热将冲洗油彻底放净，随后按规定数量加入正常运转用新油。按操作规定进行运转。

(4) 油液的净化

在冲洗过程中应连续采用过滤器和离心机，以净化冲洗油液。如原润滑系统缺少这种装置，则需另行加装。热冲洗油液的循环应按需要继续一段时间，小型装置可以是 1～4h，而大型装置则需要更长的时间。当冲洗过程完成后，可即从系统中放净冲洗油液，特别要注意放净管道和变速器等中的所有低凹位置。要人工清除落入油箱中的沾污杂质，检查轴承及其壳体和顶盖，拆开变速器的液压机构，清除外界杂质。小型和末涂防锈材料的润滑系统可以简化手续，利用和规定润滑油同样的油品进行冲洗工作。其清洗的方法和上述方法相同。需要注意的是：仍要防止任何可能的沾污，并不让外界杂质进入轴承和变速器中。

(5) 冲洗油的排出

冲洗油不符合润滑的要求，而且包含杂质太多（包括溶解和不溶解的），必须彻底排除。特别大型重要的润滑系统，在清洗净化并放出冲洗油之后，还需利用和规定润滑油同样的油品加入系统中，加热至 55～65℃，让其循环约 2h，然后放出。因油的黏度高于清洗油的黏度，故能将一些更重的杂质悬浮起来而冲洗除掉。冲洗过的冲洗油和置换时用过的置换油，都要分别放入干净的容器里，经沉淀过滤和吸附净化，或送石油再生加工厂处理循环使用。

经过上述办法冲洗净化的润滑系统，在加入规定润滑油运行几个星期后经实验室分析判定油的黏度和清洁度均无意外情况时，就可认为跑合终了，需要换一次油，然后作长期正常的运行。

3.1.2.2　冲洗换油的基本步骤

设备冲洗换油工艺一般分为以下三个阶段：

（1）准备检查阶段

对已到换油周期的设备进行换油时，先将回收废油的专用桶、清洗油、清洗工具和新油一并准备就绪，然后清理设备周围场地，不得有明火存在，换油设备必须切断电源。

（2）冲洗换油阶段

根据润滑卡片或润滑图表所规定的部位，拆卸必要的罩壳、盖板，在放油口上接上油盘，拧开放油孔，放尽废油。接着，拆卸各级过滤器，认真清洗，拆卸油标、油毡、油线，并清洗干净。然后，再把冲洗用油倒入油箱或换油部位，用油拖把、油勾和纱布进行油箱体内的清洗，规格较大的油箱也可用油泵冲刷清洗。要求把箱内油垢、油泥、垃圾杂物清洗干净，油漆面显露本色。同时检查润滑系统中各元件是否完好，对损坏或失落的机件进行修配。

最后，擦干油箱，装好过滤器、油窗、油标，旋上放油螺钉，按规定的油品牌号加油至规定油量。

（3）收尾调整阶段

加油后进行试车运转，认真检查润滑系统中各油路是否畅通，油量是否符合要求，及时加以调整。设备运行后的清洗也可参照上述方法进行。

3.1.2.3　润滑油的更换周期

润滑油使用一段时间（几个月、几年以至几十年）后，由于本身的氧化以及使用过程中，外来因素的影响，会逐渐变质以至要报废更换，适时更换润滑油，对维护设备，节约油料都是很有意义的。目前，在润滑油使用过程中对换油期的确定很不科学。如不恰当地勤换油，机床用油硬性地规定为几个月，内燃机油一看发黑就换，或者使用中的油品分析某项指标已超过新油要求就认为这油已不能继续使用。有的对油品管理不善，长年累月使用，该换油的不换油。这些都会造成油料浪费或设备损坏。润滑油用到什么时候，什么程度就不能继续使用，需要换油，这就是润滑油的换油期和报废指标的问题。这是一个比较复杂的问题，不能一刀切，而是要根据用油单位的工况条件和油品检验情况具体分析。

（1）根据设备制造单位的介绍和设备运转情况换油

这里必须强调设备制造单位所推荐的换油期，只能作为参考。特别是过去出产的机床，由于缺乏实验手段，有的厂家就规定换油期为半年或者一年。这种规定不尽合理，就是有的设备制造厂，换油期是通过实验制定出来的，但是对于具体设备使用单位的工况条件还差别较大。有的单位设备的工作温度较高，有的常与粉尘、水分接触，这样，换油期相应缩短。相反，可适当长些。

另外，还得根据设备运转的情况，如油温油压是否正常，运转中有无异常现象，检查油路是否正常等。在设备检修时，更应检查润滑系统，有无严重锈蚀、剥落、擦伤等因油质不良而造成的缺陷。

（2）根据油料检验情况确定换油期

目前，确定润滑油的换油期比较科学可靠的方法，就是对使用中的润滑油进行抽样检验，根据检验结果来评定油品质量并确定要不要换油。具体抽样检验时，有几点注意事项：①油样要有代表性。要在油品经过长时间循环，润滑系统处于热运转状况取样，在补充新油以前取样。②采样工具和装油容器要清洁。③要掌握新油的化验数据及润滑油补加数量等，以便对比并作出判断。

　　至于具体换油指标，国内外有很多资料介绍。这里，将国外有代表性的加德士（GAL-TEX）润滑油使用监测手册中介绍的部分油品报废指标列于表 3-1～表 3-3，国外一些有关换油期和换油标准列于表 3-4～表 3-7。

表 3-1　加德士公司液压和循环系统油报废指标

检验项目	质量变化控制指标	附　记	检验项目	质量变化控制指标	附　记
运动黏度（40℃）/（mm²/s）	+/-20%		抗氧剂	新油之 50%	每年测定
			防锈剂	锈蚀试验失败	每年测定
水	0.2%		水分离性 Ca	10mg/kg	
抗磨剂	新油之 50%	每年测定	乳化特征	120min 乳液到 32mL	

表 3-2　加德士公司汽轮机油报废指标

检验项目	透平变化控制指标	附　记	检验项目	透平变化控制指标	附　记
外观和气味	迅速变化	观察者判断	水含量	0.2%（体）	
爆裂试验	有水	测定水分	抗氧剂	新油的 50%	每年测定
运动黏度（40℃）降低	20%		防锈剂	锈蚀试验失败	每年测定
运动黏度（40℃）增加	20%		钙含量	10mg/kg	
总酸值	0.30mgKOH/g	也称中和值	乳液特性	120min 乳液到 3mL	

注：防锈汽轮机油的总酸值不受此限制。

表 3-3　加德士公司变压器油报废指标

检验项目	质量变化控制指标	附　记
介电强度/kV	30	如<30 测水分
总酸值（TAN）/（mgKOH/g）	5.3	也称中和值
水/μg	30	用爆裂试验测不出水

表 3-4　世界主要汽车推荐的换油期

汽车公司（汽油机）	换油里程/km	汽车公司（汽油机）	换油里程/km
美国汽车公司 American Motors	12000	丰田 Toyota	15000
克莱斯勒 Dhrysler	12000	本田 Honda	10000
福特 Ford	12000	日产 Nissan Datsun	10000
通用汽车（General）Motors	13000	丸善 Mazda	10000
大众 Volks Wagen	7500	五十铃 suzu	5000
菲亚特 Fiat	10000	中国	约 10000
本茨 Mercedes-Benz	15000		

表 3-5　世界主要柴油机推荐的换油期

柴油机公司	换油期/km	柴油机公司	换油期/km
马克 Mack	40000	卡特皮勒　Caterpillar	16000～80000
皮卡索 Pegaso	6000～18500	日产柴油机　Nissan Diesel	6000～12000
斯堪尼亚 Scania	50000～800000	日野　HiNo	10000～20000
沃尔沃 Volvo	10000～100000	三菱发动机 Mitsubihil Motor Co	5000
柏里特　Berlidt	50000	五十铃 Isuzu	5000
库明斯 Cummins	16000～40000	中国	10000～30000

注：厂家推荐的换油期主要是根据发动机功率大小，增压或自然吸气，柴油喷射方式以及机油的质量与黏度级别来定的。厂家从保护发动机角度出发，一般推荐的机油质量都高些，换油期短些。

表 3-6　国外发动机油正常使用达到危险水平指标

100℃运动黏度：以新油为准，黏度下降不低于 25%，或黏度增长不高于 35%
总碱值（TBN）：不低于 1mgKOH/g
强酸值：　　　　在使用过的机油中不应有强酸存在
闪点：　　　　　柴油机油闪点不低于新油闪点 25℃
不溶物：　　　　戊烷不溶物（加凝聚剂）不允许增加到 5%～6%
水含量：　　　　不高于 0.5%，无游离水存在
稀释：　　　　　可接受的限度为 5%（一般汽油机油为 1%～2%）
磨损金属
铁含量：不应高于 500μg/g，正常水平允许到 150μg/g
铝含量：危险水平 60μg/g，正常水平低于 20μg/g
铜含量：危险水平 75μg/g，正常水平低于 30μg/g
铅含量：柴油机正常水平铅量稍低（低于 30μg/g）
硅含量：正常水平低于 25μg/g，达到 100μg/g 或更高发动机会发生磨料磨损

表 3-7　日本推荐的液压油使用界限（指与新油的变化量）

项　目	精密液压系统	一般液压系统	项　目	精密液压系统	一般液压系统
相对密度（15℃/4℃）	±0.03	±0.05	戊烷不溶物/%	0.03	0.1
燃点/℃	−30	−60	苯不溶物/%	0.02	0.04
黏度/%	±10	±20	树脂量/%	0.02	0.05
黏度指数	±5（−10）	±10（−20）	污染度（微孔<5μm）/（微粒数/100mL）	600000	1200000
总酸值/(mgKOH/g)	±0.4	±0.7			
酸性度（PH）	−2.5（4.0）	−3.5（5.2）	过滤残渣重/(mg/100mL)	20	40
表面张力/(dyn/cm)	−10	−15			
比色	+3	+4	水分/%	0.05	0.2

注：1dyn/cm=10^{-5}N/cm。

我国部分润滑油产品换油指标国家标准和专业见表 3-8～表 3-18。部分企业的换油指标见表 3-19、表 3-20。

表 3-8　L-HL 液压油换油指标（SH/T 0476—92）

项　目		换油指标	试验方法
外观		不透明或混浊	目测
运动黏度 40℃变化率/%	大于	±10	GB/T 265①
色度变化（比新油）/号	等于或大于	3	GB/T 6540
酸值/(mgKOH/g)	大于	0.3	GB/T 264
水分/%	大于	0.1	GB/T 260
机械杂质/%	大于	0.1	GB/T 511
铜片腐蚀（100℃，3h）/级	等于或大于		GB/T 5096

① 动黏度变化率按下式计标：

$$\eta=（\nu_1-\nu_2）/\nu_2\times100$$

式中　ν_1——使用中油的黏度实测值，mm²/s；
　　　ν_2——新油黏度实测值，mm²/s。

表 3-9　L-HM 液压油换油指标（SH/T 0599—94）

项　目		换油指标	试验方法
运动黏度变化率（40℃）/%	超过	+15 或 −10	GB/T 265①
水分/%	大于	0.1	GB/T 290
色度增加（比新油）/号	大于	2	GB/T 6540

续表

项　　目		换油指标	试验方法
酸值			GB/T 264[②]
降低/%	超过	35	
或增加值/（mgKOH/g）	大于	0.4	
正戊烷不溶物/%	大于	0.10	GB/T 9826A 法[③]
铜片腐蚀（100℃，3h）/级	大于	2a	GB/T 5096

① 动黏度变化率（40℃）η（%）

$$\eta = (\nu_1 - \nu_2)/\nu_2 \times 100$$

式中，ν_1、ν_2 分别为使用中油和新油的运动黏度。

② 酸值降低百分数 Y（%）

$$Y = (X_1 - X_2)/X_1 \times 100$$

式中，X_1、X_2 分别为新油和使用中油酸值实测值，mgKOH/g。

③ 允许采用 GB/T511 方法，使用 60～90℃石油醚作溶剂，测定试样机械杂质。

表 3-10　车用汽油机油换油指标（GB/T 8028—2010）[①]

项　　目		换　油　指　标				试验方法
		L-EQB	L-EQC	L-EQD	L-EQE	
运动黏度 100℃变化率/%	超过	±25				GB/T 265、G3B/T 11137[②]
水分/%	大于	0.2				G1B/T 260
闪点（开口）/℃	低于	单级油 165 多级油 150				GB/T 267 或 GB/T 3536
酸值/（mgKOH/g）增加值	大于	2.0				GB/T 7304
铁含量/（mg/g）	大于	250	200	150		SH/T 0197 或 SH/T 0077
正戊烷不溶物/%	大于	1.5	1.5	2.0		GB/T 8926A 法

① 执行本标准要求汽车技术状况和使用情况正常，并在使用过程中对油品性质实行监测。达到表中一项指标即应换油。

② 黏度变化率（%）=［（使用中油的黏度值－新油黏度实测值）/新油黏度实测值］×100

用同一种试验方法测定结果进行计算。

表 3-11　车用汽油机换油周期（参考，GB/T 8028—2010）

车　　型	汽油机油品种	路面状况	参考换油期/10^4km
解放牌 CA-10B（10C）	L-EQB	一般路面	1.2～1.5
东风 EQ140	L-EQC	一般路面	1.5～2.0
解放牌 CA141	L-EQD	较好路面	1.2～1.5
解放牌 CA141	L-EQD	一般路面	1.0
小轿车	L-EQE	一般路面	0.8～1.0

表 3-12　汽车柴油机油换油指标（GB/T 7607—2010）[①]

项　　目		换　油　指　标			试验方法
		L-ECA	L-ECC	L-ECD	
运动黏度变化率（100℃）/%		+25	−15		GB/T 265 及②
碱值/（mgKOH/g）	低于	新油的 50%			SH/T 0251
闪点（开口）/℃	低于	单级油 180 多级油 160			GB/T 3536
水分/%	大于	0.2			GB/T 260
酸值增加值/（mgKOH/g）	大于	2.0			GB/T 264
石油醚不溶物/%	大于	2.5	3.0		SH/T 0473
正戊烷不溶物/%	大于			1.5	GB/T 8926B
铁含量/10^{-6}	大于	400	200　150		SHT 0197—92

① 参考换油里程：良好运行环境条件 14000km 以上；一般运行环境条件 12000km 以上；较差运行环境条件 9000km 以上。

② 运行黏度变化率 η（%）按下式计算

$$\eta = (\nu_1 - \nu_2)/\nu_2 \times 100$$

式中　ν_1——新油的黏度实测值，mm^2/s；

　　　ν_2——使用中油的黏度实测值，mm^2/s。

表 3-13　拖拉机柴油机油换油指标（GB/T 7608—87）①

项　目		换油指标	试验方法
运动黏度（100℃）变化率/%	超过	+35　　−25	GB/T 265 及②
酸值/(mgKOH/g)	大于	0.5	GB/T 8030
碱值/(mgKOH/g)	小于	1	SH/T 0251
水分/%	大于	0.5	GB/T 260
不溶物含量/%			
(1) 石油醚不溶物	大于	3	
(2) 苯不溶物	大于	1.5	

① 适用于拖拉机柴油机油在运行中的质量监控，当运行中的拖拉机油机油的不溶物含量接近本标准时，应采取相应的净化措施。其中有一项指标达到本标准时应更换新油。

② 运行黏度（100℃）变化率 η（%）按下式计算

$$\eta = (\nu_1 - \nu_2)/\nu_2 \times 100$$

式中　ν_1——新油的黏度标准中心值，mm^2/s；

　　　ν_2——运行油的黏度值，mm^2/s。

表 3-14　普通车辆齿轮油换油指标（SH/T 0475—92）

项　目		换油指标	试验方法
运动黏度（100℃）变化率/%	大于	+20，−10	①
水分/%	大于	1.0	GB/T 960
酸值增加值/(mgKOH/g)	大于	0.5	GB/T 8030
戊烷不溶物/%	大于	2.0	GB/T 8926
铁含量/%	大于	0.5	RH/T 0197②

① 100℃运动黏度变化率 η（%）按下式计算

$$\eta = (\nu_1 - \nu_2)/\nu_2 \times 100$$

式中　ν_1——使用中油的黏度实测值 mm^2/s；

　　　ν_2——新油黏度实测值 mm^2/s。

ν_1、ν_2 按 CB/T 265 测定。

② 铁含量测定方法允许采用原子吸收光谱法。

注：1. 本标准适用于普通车辆齿轮油在后桥渐开线齿轮润滑过程中的质量监控，当使用中油品有一项指标达到换油指标时应更换新油。

2. 执行本标准要求汽车后桥技术状况要好，主动和从动齿轮的装配间隙符合检修公差，不漏油，并在使用过程中对油品的性质进行定期监测。

3. 执行本标准的换油里程定为 45000km。

表 3-15　L-CKC 工业闭式齿轮油换油指标（NBSH/T 0586—2010）①

项　目		换油指标	试验方法
外观		异常	目测
运动黏度变化率（40℃）/%	超过	+15 或 −20	GB/T 265②
水分/%	大于	0.5	GB/T 260
机械杂质/%	等于或大于	0.5	GB/T 511
铜片腐蚀（100℃，3h）	等于或大于	3b	GB/T 5096
梯姆肯试验 OK 值/N	等于或小于	133.4	GB/T 11144

① 油品在使用过程中，若发现抗泡性能变差时，可根据使用情况向油品中补加抗泡添加剂。

② 40℃运动黏度变化率 η（%）按下式计算

$$\eta = （\nu_1 - \nu_2）/\nu_2 \times 100$$

式中　ν_1——使用中油的黏度实测值，mm^2/s；

　　　ν_2——新油黏度实测值，mm^2/s。

ν_1、ν_2 按 GB/T 265 测定。

表 3-16　L-TSA 汽轮机油换油指标（SH/T 0636—96）

项　　目		换　油　指　标				试验方法
黏度等级（按 GB 3141）		32	46	68	100	
40℃运动黏度变化率/%	超过	±10		±10		GB/T 265①
酸值增加值/（mgKOH/g）	大于	0.1		0.1		GB/T 264
氧化安定性/min	低于	60		60		SH/T 0193
闪点（开口）/℃	低于	170		185		GB/T 3536
破乳化值（40-37-3，54℃）min②	大于	40		60		GB/T7305
液相锈蚀试验（合成海水）	低于	轻锈		轻锈		GB/T 11143

① 40℃运动黏度变化率 η（%）按下式计算：

$$\eta = （\nu_1 - \nu_2）/\nu_2 \times 100$$

式中　ν_1——使用中油的运动黏度实测值，mm^2/s；

　　　ν_2——新油的运动黏度实测值，mm^2/s。

运动黏度按 GB/T 265 测定。

② 当使用 100 号油时，测试油温度为 82℃。

表 3-17　化纤化肥工业用汽轮机油换油指标（GB/T 9939—98）

项　　目		换油指标	试验方法
运动黏度（40℃）变化率/%	超过	+/—10	GB/T 265
酸值/（mgKOH/g）	大于		GB/T 364
未加防锈剂的油		0.2	
加防锈剂的油		0.3	
闪点（开口）/℃	比新油标准低	8	GB/T 267
水分/%	大于	0.1	GB/T 260
破乳化时间/min	大于	60	GB/T 7305
液相锈蚀试验（15 号钢棒，24h，蒸馏水）		锈	GB/T 11143
氧化安定性/min	小于	60	SH/T 0193

　　注：本标准适用于化纤、化肥工业所使用的各种牌号的矿油型汽轮机油和防锈汽轮机油在运行中的质量监控。当运行中汽轮机油有一项指标达到本标准时，应采取相应的维护措施或更换新油。

　　运动黏度变化率 η（%）按下式计算

$$\eta = （\nu_1 - \nu_2）/\nu_2 \times 100$$

式中　ν_1——使用中油的黏度实测值，mm^2/s；

　　　ν_2——新油黏度实测值，mm^2/s。

表 3-18　抗氨汽轮机油换油指标（NB/SH/T 0137—2013）

项　　目		换油指标	试验方法
运动黏度（40℃）变化率/%	超过	+10	GB/T 265
酸值/（mgKOH/g）	大于	0.2	GB/T 264
闪点（开口）/℃	比新油标准低	8	GIB/T 267
水分/%	大于	0.1	GB/T 260
破乳化时间/min	大于	80	GB/T 73105
液相锈蚀试验（15 号钢棒，24h，蒸馏水）		锈	GB/T 11143
氧化安定性/min	小于	60	SH/T 0193
抗氨性能试验		不合格	SH/T 0302

　　注：本标准适用于大型化肥装置离心式合成气压缩机、冰机及汽轮机组使用的抗氨汽轮机油在运行中的质量监控。

当运行中的抗氨汽轮机油有一项指标达到本标准时，应采取相应的维护措施和更新新油。

运动黏度变化率 η（%）按下式计算

$$\eta = (\nu_1 - \nu_2) / \nu_2 \times 100$$

式中　ν_1—使用中油的黏度实测值，mm^2/s；

　　　ν_2—新油黏度实测值，mm^2/s。

表 3-19　部分钢铁冶金企业极压型工业齿轮油换油指标

项　目	换油指标	项　目	换油指标
黏度变化/%	±15	机械杂质/%	0.5
酸值增加/（mgKOH/g）	1.0	铜片腐蚀/级	2C
水分/%	1.0	梯姆肯试验 OK 值/N	133
正庚烷不溶物/%	1.0		

表 3-20　部分水泥厂极压型工业齿轮油换油指标

项　目	换油指标	项　目	换油指标
黏度变化率/%	+/−15	不溶物/%	0.3
酸值增加/（mgKOH/g）	1.0	梯姆肯试验 0K 值/N	178
水分/%	2.0		

（3）换油注意事项

不要轻易作出换油决定，要设法延长油品的使用期，办法是正确使用设备和油料，同时补充新油，有条件时还可补充添加剂。当然，延长换油期必须以保证设备安全运行和良好润滑为前提。对一些关键、精密的设备，则不应过分强调油品使用期的延长。

尽量结合检修换油。

换油时不要轻易报废，如油质尚好，可以稍加处理（如沉降过滤，去除水分杂质）后再用或用于次要设备。废油则要分别收集，以利于今后再处理。

3.2 设备润滑系统的维护

设备的维护保养工作就是要保持设备良好的状态，掌握设备属性，及时清除隐患等。加强设备的润滑及管理，是设备维护工作中极其重要的组成部分和关键环节。及时、正确、合理地润滑设备，能减少摩擦阻力，降低动力消耗，减少磨损，延长使用寿命，充分发挥设备效能，并有助于安全运行。设备维护保养的基本任务是：

建立健全维护管理组织机构，制订各项管理规章制度，人员的职责条例和工作细则。

组织制订材料消耗定额，及时解决系统存在的问题；配备和更换损坏的零件、装置、工具；对设备状况进行记录和分析，不断改善设备管理。

做好设备的日常检查、调整、紧固、安全隐患排除工作。

贯彻设备润滑管理的基本方针和"五定、三过滤"管理办法（五定：定员、定质、定量、定期、定人；三过滤：领油、转桶、加油时进行过滤）。

制订设备润滑技术资料，包括润滑图表和润滑卡片，润滑清洗换油操作规程；使用润滑剂的种类、定额及代用品；换油周期及根据检测设备润滑油各项指标确定换油的标准等，用以指导设备润滑人员及操作工人正确开展设备润滑工作。

采取措施防止设备泄漏；在治漏中要抓好"查、治、管"三个环节，达到主管部门规定的治漏标准。

3.2.1 污染的防治

润滑油污染不仅影响润滑系统的工作性能和被润滑部件的使用寿命，而且直接关系到整台设备能否正常工作。因此，如何有效地降低和控制润滑系统润滑油的污染，是保证润滑系统工作可靠性和被润滑部件使用寿命的关键，也能更好地保证机械设备工作的可靠性。

3.2.1.1 润滑油污染的分类

润滑油污染是指在润滑油中含有危害作用的物质，污染物根据形态可分为气体、液体、固体3种形式，气体污染物主要指空气，液体污染物主要有水、清洗液及其他润滑油，固体污染物主要有金属残渣、灰尘、其他各种颗粒和纤维等。它们一般产生于工作环境和外部环境，来自工作环境的污染物主要是被润滑系统工作时运动零部件磨损、腐蚀所产生的，来自外部环境的污染物主要是在润滑油运输、贮存和设备制造、安装、使用、检修过程中混入的灰尘和水分，以及润滑部件加工时残留的金属屑、焊渣、铸锻件氧化皮、灰尘、橡胶颗粒、纤维、漆皮等，其中尤以固体颗粒污染物的危害最为严重。各种污染产生的原因有：

(1) 气体污染产生的原因

溶解于润滑油中的气体一般不影响系统工作，气体污染主要是指游离空气及气泡产生的污染。其产生的原因主要有：①由于泄漏而造成油箱液面下降，润滑泵在吸油的同时吸入大量的空气。②润滑油黏度大、润滑泵补给不足、滤网堵塞等原因使润滑油不能充满泵的吸油空间，真空度太大，溶于油中的空气分离出来。③润滑油指标不合格，抗泡沫性和空气释放性不好，润滑油中溶入的空气不能及时释放。

(2) 液体污染产生的原因

液体污染产生的原因主要有：①凝结水从注油口、过滤器及油箱侵入。②外露的往复运动部件（高压泵柱塞等）所带水分直接被带入润滑油箱造成油乳化。③清洗时的清洗液飞溅到润滑部件上。④在注油时加油器具混用，掺入其他润滑油。

(3) 固体污染产生的原因

固体污染物产生的主要原因有：①在设备安装时需要清洗各种零部件以及油箱、管路等，但受结构及冲洗设备所限，或是安装人员的疏忽，残留的金属屑、毛刺、焊渣及擦洗时的棉纱纤维等仍有部分残留在部件上，在设备运转时脱落混入润滑油中。②润滑油在灌装、运输、储存过程中也易被污染，因此盛油容器的洁净度也是一个重要因素。③润滑系统工作时，润滑部件表面、管道和油箱内壁均可能因磨损而产生磨屑，润滑油的氧化分解或变质也会产生碎屑和胶状沉积颗粒。④外露的往复运动部件（高压泵柱塞等），虽有密封装置能够阻止大部分污染物的侵入，但不能完全隔离极细的杂质，长期运行会污染润滑油。⑤在补充润滑油或处理润滑系统故障时，常需要打开加油盖或拧开管路连接件，虽采取措施进行防护，但也很难杜绝杂物的侵入。

3.2.1.2 润滑油污染的危害

润滑油污染会直接影响润滑系统的工作可靠性，缩短被润滑部件的寿命，增加设备的故障率，进而导致生产系统瘫痪（为关键设备时）。

(1) 固体污染物对运转设备的危害

固体污染是润滑油污染中最常见、危害最大的，其造成的危害主要有以下几方面：①较大固体颗粒进入油泵时，首先表现为油泵部件堵塞，如叶片泵转子槽中叶片伸缩受阻或完全卡死、齿轮油泵齿轮不转或进出油孔堵塞等，结果导致物料输送设备完全停运（润滑系统和物料输送系统有联锁装置）。②当大量细小固体颗粒进入油箱时，会引起各部位润滑管道和缝隙部分完全堵塞，使整个润滑系统性能相应下降，严重时产生抱瓦现象，导致曲轴损坏。③降低润滑油的理化指标，使之达不到系统所需的性能要求，加速变质，因而换油频繁，增加维修费用。

（2）液体污染对运转设备的危害

液体污染主要是水被带入润滑油中引起的，其造成的危害主要有以下几方面：①水分容易使润滑油变稀，破坏油膜强度，降低润滑油的润滑性能和防锈性能。②油水解产生的酸腐蚀金属，使零部件生锈、腐蚀，生成锈斑，不但加剧了磨损，还增加了润滑系统的固体污染。③水分和润滑油中某些添加剂起化学反应，加速了润滑油的氧化，促使润滑油水解或乳化，形成稳定的乳化层，使润滑油变成胶状物质，引起过滤器堵塞、润滑油泵无法工作等。④在低温时润滑油中的水分易结冰，引起润滑系统功能失灵。⑤清洗油或其他种类的润滑油混入润滑系统，由于各自的化学成分不同，改变了润滑油的化学组成，使其性质发生变化，从而影响整个系统工作的可靠性。

（3）气体污染对运转设备的危害

润滑油中残存的空气在运转过程中时，常会产生泡沫，尤其是当油品中含有具有表面活性的添加剂时，则更容易产生泡沫，而且泡沫还不易消失。润滑油产生泡沫会使油膜破坏，造成摩擦面发生烧结或增加磨损，并促使润滑油氧化变质，还会导致润滑系统气阻，影响润滑油循环，对系统产生影响。其造成的危害主要有以下几方面：①引起气穴，使润滑泵、阀、管路产生温升、噪声、震动，造成效率降低、润滑条件恶化。②引起金属表面严重汽蚀。③在高压高温的环境下，空气极易造成润滑油的氧化和变质，使体积弹性模量降低，润滑系统失去刚性、响应特性、润滑特性。

3.2.1.3　润滑油污染的控制

润滑油污染原因十分复杂，在润滑系统工作时，润滑油自身也在不断产生污染物，因此要杜绝润滑油的污染是不易实现的。为了提高润滑系统的可靠性，延长被润滑部件的使用寿命，将润滑油污染控制在一定限度内则是一种可行的办法，从设备的装配、使用和维护等各个环节对润滑油污染都应该采取严密的控制和预防措施。

（1）装配阶段

① 严格检验外购件和加工零件的污染程度，油泵、滤芯、高压胶管、分支管、连接件、油箱等在运输和储存过程中，所有外漏口都必须加盖密封，防止污染物侵入。

② 装配现场要求整洁、无尘，装配人员应保持装配工具、滤网以及加油容器的清洁，并严格按照有关操作规程进行装配，尽量减少人为因素造成的污染。

③ 装配前，所有零部件必须彻底清洗，特别是细管、细小盲孔及其死角的铁屑、锈片和尘埃砂粒等应清洗干净，内腔死角处的铁屑可用磁铁吸出。对钢管、铜管一般进行酸洗，然后再用温水冲洗。清洗液不得留在零部件表面而影响装配质量。清洗干净的零件用干燥洁净的压缩空气吹干后，才能进行装配。

④ 设备安装后，要选择与润滑油相容的清洗液进行循环清洗，使其大流量、高速地流过所有的管路和部件，以彻底消除装配过程中产生的污染物以及与油直接接触的部件表面的污染物。待系统达到要求的清洁度后，再将清洗液排放干净，加入符合要求的润滑油。

⑤ 添加润滑油时必须经过符合要求的三级过滤才能注入油箱。

⑥ 加强润滑油的管理，储存保管过程中也要注意密封、避光，避免铜、铅等易于促进液压油氧化变质的金属接触，防止氧化变质。

（2）使用、维护阶段

在使用、维护阶段应采取的措施主要有：

① 提高使用、维护人员的污染控制意识，规范系统的使用和维护，定期进行润滑油污染监测。

② 通过主动预防性维护将润滑油的污染度有效控制在目标清洁度范围内，例如根据设

备的性能选择各项指标合适的润滑油，另外，在补油时进行三级过滤，只允许清洁度合格的油品进入系统，而系统中残留污染必须清除，达到全系统工作油清洁。

③ 定时检查润滑油量，使油量充足。

④ 按润滑油及滤芯的更换周期定期更换润滑油及滤芯，更换时用塑料塞或粘贴带堵住各孔口以防外界污染物侵入，在更换完成后，要排放系统空气。

⑤ 在更换润滑油时，特别注意防止不同品种、不同牌号的润滑油混用。

3.2.1.4 油液清洁度标准及测定方法

控制润滑油的清洁度，及时处理在用润滑油中的污染物以及合理地补油换油，是机械设备润滑系统油液检测的主要内容之一。润滑油清洁度检测的目的就是控制和保持机械零件摩擦副表面对污染度的承受能力。为了定量地描述和评定油液的清洁度，实施对油液的污染控制，有必要制定油液清洁度的等级标准。随着颗粒计数技术的发展，世界上已广泛采用此技术作为油液清洁度的等级标准以及测定和表示方法。近年来，各国都采用国际标准 ISO 4406 或美国航天学会标准 NAS1638，而且，ISO 4406 正在取代 NAS 1638。我国在 1993 年修改采用 ISO 4406—1987，又起草了自己的油液清洁度标准 GB/T 14039—1993 及 2002 年修改采用 ISO 4406—1999，将 GB/T 14039—1993 修订为 GB/T 14039—2002。

（1）ISO 标准

① ISO 4406—1987（两位数系统）ISO 4406—1987（两位数系统）清洁度等级标准采用两个颗粒尺寸即 $5\mu m$ 和 $15\mu m$ 作为检测清洁度的特征粒度。一般情况下，人们认为 $5\mu m$ 左右颗粒的浓度是引起流体系统淤积和堵塞故障的主要因素，而大于 $10\mu m$ 的颗粒浓度对设备零件的磨损起主导作用。在结果报告中，前面的数码代表每毫升油液中尺寸大于 $5\mu m$ 的颗粒数等级，后面的数码代表每毫升油液中尺寸大于 $10\mu m$ 的颗粒数等级，如 ISO 16/13 表示：每毫升油液中尺寸大于 $5\mu m$ 的颗粒数为 320～640，定义等级为 16，大于 $10\mu m$ 的颗粒数为 40～80，定义等级为 13。

ISO 4406—1987 是基于 ISO 4402 [以 ACFTD（air cleaner fine test dust）作为标定计数仪的标准颗粒] 颗粒标定标准而制定的。它是以光学显微镜测量颗粒尺寸。

ISO 4406—1987 清洁度等级标准见表 3-21。

表 3-21　ISO 4406—1987（两位数系统）清洁度等级标准

每毫升颗粒数		清洁度分级	每毫升颗粒数		清洁度分级
大于	上限值		大于	上限值	
80000	160000	24	160	320	15
40000	80000	23	80	160	14
20000	40000	22	40	80	13
10000	20000	21	20	40	12
5000	10000	20	10	20	11
2500	5000	19	5	10	10
1300	2500	18	2.5	5	9
640	1300	17	1.3	2.5	8
320	640	16	0.64	1.3	7

如一样品的颗粒计数结果见表 3-22，按照 ISO 4406—1987 标准，该样品清洁度报告结果为：ISO 16/13。

表 3-22　颗粒计数结果示例

颗粒尺寸/μm	1	2	5	10	20	50	100
每毫升大于该尺寸的颗粒数	4753	1398	542	71	24	8	2

② ISO 4406—1999（三位数系统）　ISO 4406—1999（三位数系统）清洁度等级标准采用三个颗粒尺寸作为检测清洁度的特征颗粒，即：$4\mu m$，$6\mu m$ 和 $14\mu m$。这是因为 ISO 4406—1999 是基于 ISO 11171〔以 NIST（SRM 2806）作为标定计数仪的标准颗粒〕颗粒标定标准而修订的。它是以电子显微镜测量颗粒尺寸。

ISO 4406—1999 清洁度等级标准见表 3-23。

如一样品的颗粒计数结果见表 3-24，按照 ISO 4406—1999 标准，该样品清洁度报告结果为：ISO 18/16/13。

表 3-23　ISO 4406—1999（三位数系统）清洁度等级标准

每毫升颗粒数		清洁度分级	每毫升颗粒数		清洁度分级
大于	上限值		大于	上限值	
80000	160000	24	160	320	15
40000	80000	23	80	160	14
20000	40000	22	40	80	13
10000	20000	21	20	40	12
5000	10000	20	10	20	11
2500	5000	19	5	10	10
1300	2500	18	2.5	5	9
640	1300	17	1.3	2.5	8
320	640	16	0.64	1.3	7

表 3-24　颗粒计数结果示例

颗粒尺寸/μm	4	6	10	14	20	30	50	100
每毫升大于该尺寸的颗粒数	1340	524	144	56	16	6	2	0.1

③ ISO 4406—1987 和 ISO 4406—1999 的转换关系　根据经验，ISO 4406—1987 和 ISO 4406—1999 的结果可以通过下面的换算进行转换：两位数清洁度的第一位加 2～3 为三位数清洁度的第一位，两位数清洁度的第一位和第二位数值保持不变成为三位数清洁度的第二位和第三位。

如：两位数清洁度为：ISO 16/13，换算成三位数清洁度为：ISO 19（18）/16/13。

（2）NAS 标准

NAS 1638 是由美国航天学会制定的清洁度等级标准，它根据 5 个颗粒尺寸范围将清洁度分为 14 个等级，见表 3-25。

表 3-25　NAS 1638 清洁度等级标准

级别	100mL 样品中规定颗粒大小（/μm）范围内的最大颗粒数				
	5～15	15～25	25～50	50～100	＞100
00	125	22	4	1	0
0	250	44	8	2	0
1	500	89	16	3	1
2	1000	178	32	6	1
3	2000	356	63	11	2
4	4000	712	126	22	4

级别	100mL 样品中规定颗粒大小（/μm）范围内的最大颗粒数				
	5～15	15～25	25～50	50～100	>100
5	8000	1425	253	45	8
6	16000	2850	506	90	16
7	32000	5700	1012	180	32
8	64000	11400	2025	360	64
9	128000	22800	4050	720	128
10	256000	45600	8100	1440	256
11	512000	91200	16200	2880	512
12	1024000	182400	32400	5760	1024

由表 3-25 可知，每个尺寸段的颗粒浓度有一个固定范围，即相邻两个等级颗粒数量之比为 2，因此，可以用这个比值外推超过 12 级的油液清洁度。在实际操作中，根据实测颗粒数在 5 个尺寸段的分布，得到 5 个对应的清洁度等级，以最高级确定油液的清洁度。

NAS 1638 标准是根据 20 世纪 60 年代飞机液压系统润滑油中的固体颗粒分布统计特征而制定的。随着科技的发展，液压系统润滑油中固体颗粒的分布发生了很大变化，特别是大于 15μm 的大颗粒大幅度减少，导致大颗粒尺寸段的设定已毫无必要，这也就是国际标准化组织制修订 ISO 4406 并逐渐取代 NAS 1638 的目的和意义。同时，美国航天学会也意识到 NAS 1638 标准在使用中存在一些缺点，所以也进行了改进，现已修订为 AS 4509。该标准特别加强了对小颗粒的控制力度，增加了 000 等级，即增加了大于 2μm 的颗粒尺寸，另外，颗粒尺寸不按区间划分而按尺寸上限分档，颗粒计数上由区间计数改为累计计数。

我国军方原来参照 NAS 1638 制定了国军标 GJB 420，现在又根据 AS 4509 修订了 GJB 420。

（3）ISO 4406 和 NAS 1638 的对应关系

ISO 4406 和 NAS 1638 两个标准的清洁度等级划分有所不同，但是二者的测定原理是相同的。因此，两个标准清洁度等级有一定的对应关系，其关系见表 3-26。

表 3-26 ISO 4406 和 NAS 1638 清洁度等级对应关系

ISO 4406	21/18	20/17	19/16	18/15	17/14	16/13	15/12
NAS 1638	12	11	10	9	8	7	6
ISO 4406	14/11	13/10	12/9	11/8	10/7	9/6	8/5
NAS 1638	5	4	3	2	1	0	00

（4）润滑油清洁度与 ISO 4406 清洁度等级关系

不同润滑油对清洁度的要求是不一样的，比如，液压油和汽轮机油对清洁度要求最严，齿轮油次之，内燃机油则相对要宽松一些，这些油品对清洁度的相对要求见表 3-27。

表 3-27 常用润滑油清洁程度与 ISO 4406 清洁度等级关系

油品	12/9	14/11	16/13	18/15	20/17	22/19	24/21
液压油	非常清洁	非常清洁	清洁	脏	脏	脏	脏
齿轮油		非常清洁	非常清洁	清洁	脏	脏	脏
内燃机油			非常清洁	非常清洁	清洁	脏	脏
汽轮机油	非常清洁	非常清洁	清洁	脏	脏	脏	脏

3.2.1.5　液压润滑管道的酸洗与钝化

管道酸洗是目前国内外普遍采用的管道除锈方法。酸洗是以酸为主剂，配以若干种化学元素制成的添加剂，通过化学作用除去管道内壁上的油脂、铁锈、焊渣以及其他杂质，使管内壁露出金属本质，经钝化处理后，达到要求的清洁度，且不再锈蚀。

（1）槽式酸洗法

槽式酸洗法需准备脱脂槽、酸洗槽、中和槽、钝化槽各 1 个，并做上标记以免混淆，推荐尺寸：12.5 m（长）×2 m（宽）×1.1 m（高）。

① 脱脂：脱脂液配方为，w（烧碱）＝9％～10％；w（磷酸三钠）＝3％；w（小苏打）＝1.3％；w（亚硫酸钠）＝2％；w（水）＝83.7％～84.7％。操作工艺要求：温度70～80℃，浸泡 4h。

② 水冲：用洁净水冲洗干净。

③ 酸洗：酸洗液配方为：w（31％浓度的浓盐酸）＝12％～15％；w（乌洛托品）＝2％；w（水）＝83％～86％。操作工艺要求：温度 40～50℃，浸泡 2 h。

④ 中和：中和液配方为：w（氨水）＝2％；w（水）＝98％。操作工艺要求：常温，浸泡 5 min。

⑤ 钝化：钝化液配方为：w（亚硝酸钠）＝8％～10％；w（氨水）＝2％；w（水）＝88％～90％。操作工艺要求为：温度 40～50℃。浸泡 10min。

⑥ 水冲：用洁净水冲洗干净。

⑦ 快速干燥：用压缩空气吹干。

⑧ 封管口：用塑料管堵或多层塑料布捆扎牢固。

（2）循环酸洗法

循环酸洗法需准备一台酸洗泵，用于输送脱脂液、酸洗液、中和液、钝化液、洁净水，操作时应特别注意，不能将几种介质混淆，否则会造成介质浓度降低，以至介质报废。

① 试压：冲入压力为系统工作压力 1.5～2 倍的压缩空气进行试压。

② 探伤：第①、②步是管道安装验收的必要环节，保证管路安装、焊接没有缺陷，才能进行循环酸洗。

③ 脱脂：脱脂液配方与槽式酸洗法脱脂液配方相同。操作工艺要求为：温度 40～50℃，连续循环 3 h。

④ 水冲：用压力为 0.8 MPa 的洁净水顶出脱脂液并冲洗干净。

⑤ 酸洗：酸洗液配方与槽式酸洗法酸洗液配方相同。操作工艺要求为，温度 30～40℃，断续循环 1 h。

⑥ 中和：中和液配方与槽式酸洗法中和液配方相同。操作工艺要求为，常温连续循环 30min。

⑦ 钝化：钝化液配方与槽式酸洗法钝化液配方相同。操作工艺要求为，温度 30～40℃，断续循环 30 min。

⑧ 水冲：用压力为 0.8 MPa 的洁净水连续冲洗。

⑨ 干燥：用压缩空气吹干。

⑩ 循环清洗：用 32 号清洗油进行管道的循环清洗，达到系统要求的清洁度。

酸洗与钝化实际上是液压润滑管道安装的一个中间工艺，但也是施工污染控制的关键。使用什么酸洗方式，什么酸洗液，什么钝化液，才能使酸洗工艺适应性强，设备简单，占地小，环境不污染，操作人员安全，工艺简化，除锈效果好，残留酸小于规定值，成本低廉，是介质管道酸洗追求的目标。

3.2.2 泄漏的防治

设备的泄漏是指从运动副的密封处越界漏出的少量不作有用功的流体的现象。而密封件则是用来防止流体或固体微粒从相邻结合面间泄漏以及外界杂质如灰尘、水分与气体等侵入的零部件，较复杂的密封件称为密封装置。从理论上说，凡是要求密封的部位，介质泄漏量不为零的都应认为是泄漏。通常根据生产工艺流程、设备结构特点和密封技术水平，允许设备某些部位有一定的泄漏量。正在使用的设备，如果不允许泄漏的部位有了泄漏，或允许有一定泄漏量的部位超过了规定值，那就是泄漏。

（1）润滑油泄漏的原因

密封装置和润滑系统是保证设备正常运转相辅相成、互为因果的两个重要方面。一个有效、可靠的密封装置有利于润滑系统的正常工作。

但是，密封装置难免会产生泄漏，特别是在液压系统中的密封，当液压系统压力超过35MPa 以上时，泄漏就更为严重。

究其原因，主要是由于密封件质量不合格（从材料到成品）；管接头和堵头螺纹加工精度低；元件组装不正确（安装偏心、螺钉不均匀等），系统设计不合理（无防止外漏和减少管路振动=冲击的措施）以及缺少规范的预防、检修制度等。

密封件的损坏主要是：

① 磨损。密封件与金属表面滑动产生摩擦使密封件磨损。油内污染物（尤其是金属类颗粒）。金属表面过高的粗糙度，装得太紧等因素加速这种磨损。

② 缝隙挤压变形，密封件在高压下产生液化现象，进入密封面的缝隙（如图 3-1 所示）。密封件与密封沟槽之间的相对运动会促进这一过程，缝隙挤压导致密封件完全损坏，表面撕裂或破碎，还可能出现塑性变形。加密封挡圈可以避免挤出现象。

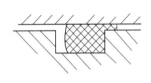 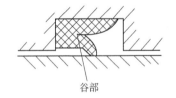

谷部

图 3-1　缝隙挤压变形　　　　图 3-2　谷部开裂

③ 翻转。这类故障在使用唇形密封件（如液压缸里的密封件），它是以密封件从沟槽中部分地被挤出为特征的。液压设备运行时，密封沟槽里的压力很大，这个压力作用于密封件的根部，根部被磨损掉了，然后在摩擦力的作用下，密封件被翻过来并以密封沟槽里脱出，密封唇被切一开或压断，密封件完全损坏。

④ 谷部开裂。唇形密封件的谷部（如图 3-2 箭头所指）是应力集中处，受到压力冲击时，容易裂开。

⑤ 扭转。当唇形密封件在运动中产生较大的摩擦力时，可能产生整圈或局部的扭转。

⑥ 偏磨。这是密封件损坏的主要原因之一。密封件本身偏心，密封支持面偏心，往复运动件与密封件配合面有部分拉毛，受到径向载荷等，均引起偏磨。

⑦ 材料老化。密封件因使用期太长，保存太久或其他原因氧化而变硬，变脆，失去弹性，便不再起密封作用。

实践证明，发生在机械设备中的润滑故障，是普遍存在的。在提高对润滑故障危害性认识的基础上，如何从系统工程的角度对症下药，采取积极、有效的方法加以排治，使润滑系统得以正常工作，确保产品的使用和功能发挥，是一项迫切需要研究解决的课题。

首先应当在产品研发的总体设计阶段，就必须同步、认真地考虑产品的润滑方案及必要的密封形式和装置。

在产品制造过程中，零件的加工精度、表面粗糙度、工艺规程、装配顺序等各个环节，特别是有关啮合面、支承面和各摩擦副作用面上，要使之易于形成润滑油膜以达到良好的润滑状态，使相对运动作用面上的摩擦、磨损降低到最低程度。

（2）防漏治漏的基本途径

由于机械设备的泄漏，涉及密封件的设计、生产、使用及机械本身结构的各个环节，因此需要运用系统观点分析、诊断泄漏原因，进行综合治理，预防、均压、疏导与封堵兼用。一般而言防漏治漏的基本途径如下：

① 均压。使密封部位内外侧的压力差均衡。例如设置适当的通气帽，或在介质通道中加设小型泵送元件，可使动密封的接触压力分布均匀。

② 疏导或引流。在零部件上开设回油槽、回油孔、挡油板等，将泄漏的流体引导流回吸入室、吸入侧或引回油池中。

③ 流阻或反压。利用密封件的狭窄间隙或曲折通道造成密封所需要的流动阻力。例如间隙密封、迷宫密封。或利用密封件对泄漏流体造成反压，使之部分平衡或完全平衡，达到密封目的。

④ 封堵或阻塞。应用密封技术封堵界面泄漏通道。例如使用密封垫、填料密封、密封团、密封环和填缝敛合或者涂密封胶、缠绕密封带等进行密封。或利用在适当间隙中保持有适当流体以阻塞被密封流体的泄漏。例如气封、液封、水环密封或铁磁流体密封等。也可将不接合部位的表面焊合、铆合、压合、折边等以封死泄漏通道。

⑤ 全封闭或部分封闭。特设备用机壳或护罩全部或部分封闭住。例如目前有不少数控机床或加工中心，就是采取了全封闭的方法，以防止冷却液或润滑液飞溅。

⑥ 回流抛甩。采用回流结构密封。例如在流体动力型旋转轴盾形密封唇口内侧，锥面上开设三角形凸垫或凹槽、正弦波形的弓形或半圆形的凸棱，或是在零件上增设螺旋槽等回流措施，或使用甩油环（或槽），将泄漏的油（或水）抛甩回油池。

⑦ 分隔与间隔。利用密封件将泄漏处与外界分隔或间隔开。例如隔膜密封与机械密封等。

⑧ 其他。消除密封部位的振动、冲击及腐蚀等可能引起泄漏的因素。也可以调换润滑脂（或固体）润滑剂，以消除流体的泄漏。

⑨ 采用以上几种方法的组合以达到密封目的。

（3）注意事项

在使用运行与管理中，应注意以下方面。

控制压力的大小。系统的工作压力应在设计时根据计算来确定，使用过程中不应随便调整或改变。

控制温度的变化。控制液压系统温度的升高，一般从油箱的设计和液压管道的设置方面着手。为了提高油箱的散热效果，可以增加油箱的散热表面，把油箱内部的出油和回油用隔板隔开。油箱油液的温度一般允许达到 $55 \sim 65℃$ 之间，最高不得超过 $70℃$。当自然冷却的油温超过允许值时，就需要在油箱内部增加冷却水管或回油路上设置冷却器，从而降低油液的温度。设置液压管路时应该使油箱到执行机构之间的距离尽可能短，管路的弯头、特别是 $90°$ 的弯头要尽可能少，以减少压力损失、减少摩擦。

保持油液的清洁度。采用滤油装置，把油液定期或连续地进行过滤，尽可能减少油液的杂质含量，保证油液的清洁度符合国家标准。

合理地选择密封装置。要做到合理地选择密封装置，必须熟悉各种密封装置的形式和特点、密封材料的特性及密封装置的使用条件（如工作压力的大小、工作环境的温度、运动部分的速度等）。把实际的使用条件与密封件的允许使用条件进行比较，必须保证密封装置有良好的密封性能和较长的使用寿命。

要加强对设备的检查，对液压润滑油进行定期化验，确保油质的清洁、符合标准。选择符合标准的耐用的密封装置，定期或周期对密封装置进行更换，加强设备维护，最大限度地的减少泄漏，确保液压设备的正常运行。

正确地选择密封装置，对防治系统的泄漏非常重要。密封装置选择的合理，能提高设备的性能和效率，延长密封装置的使用寿命，从而有效地防止泄漏否则，密封装置不适应工作条件，造成密封元件地过早地磨损或老化，就会引起介质泄漏。

此外，元件的加工精度、液压润滑系统管道连接的牢固程度及其抗振能力、设备维护的状况等，也都会影响设备的泄漏。

在更换元件、软管以及硬管时，需注意以下事项：

① 一般应按照原来的管道位置和长度更换，原因是设备上原来的管道的位置是经过精心的设计的，特别是一些车辆上的管道位置，由于空间窄小，因此设计时都尽量考虑了避免振动和磨损，所以应按原来的管道尺寸和位置更换新的管道。这样做会避免产生新的故障。

② 避免在管道布置时产生角度很大的急弯，急弯在任何形式的液压润滑管线中都会产生对油液的节制作用，从而引起油液过热。应当根据液压润滑工程手册的要求，选取合适的管道的弯曲半径，对软管来讲，凭经验，软管的弯曲半径应当等于 10 倍的软管的外径。尤其是对在工作期间软管需要弯曲时，一个比较大的弯曲半径则是必需的，对于硬管的弯曲半径应等于管道外径的 2.5～3 倍。

③ 不要试图用力（超过允许的转矩）旋紧管接头，这样做带来的后果是使管接头损坏和密封圈变形。

④ 应使管道长度尽可能的短，管道越长，内阻就愈大，更换管道时，不要用一根长的管道来代替原来比较短的管道，但另一方面，也不要使管道短到弯曲半径小于所规定的值，应当仔细测量原始管道的长度，考虑所有的弯曲部分，然后用相同长度的管道替代。对于软管，需要注意的就是当软管被加压时，有轻微缩短的趋势，所以在更换软管时要考虑到这一点，要留出些长度上的裕量。

⑤ 应当使用合适的支架和管夹，主要原因是要避免软管与软管之间或软管与硬管之间或者软管与设备之间形成摩擦，摩擦会缩短软管的寿命，导致早期的软管的更换。确信使用合适的管夹，不合适的管夹比没有管夹好不了多少，在一个比较松的管夹内，软管的前后移动会引起磨损。还要使用推荐的管接头，假如管接头与管道不是精确的匹配的话，阻力和泄漏将由此产生。

⑥ 安装时要使用合适的工具，不要用管钳子之类的工具代替扳手，不要使用密封胶来防止泄漏。

⑦ 无论什么时候在从系统中拆除软管和硬管时，都要用干净的材料盖住拆除部分的管道，也不要用废旧的材料堵塞系统的管道和元件，记住棉丝纤维材料与其他类型的污物一样有害。

3.2.3 防止空气进入系统

使用和维护液压润滑系统的过程中防止空气进入油液对系统的工作可靠性和稳定性具有重大意义。

（1）空气进入系统的途径

空气进入液压润滑系统通常有混入式和溶入式两种方式。了解空气进入系统的途径，在液压系统设计、使用和维护过程中有利于制定防止空气进入系统的具体措施，以避免或尽量减少气泡对系统的危害。

空气进入液压润滑系统与油箱工作状态有密切关系。许多系统的油箱是采用气液接触式增压油箱，这将造成空气在油液中的溶解度增大；油液箱中的液面过低，加速了油液的循环，使气泡排出困难，而且还将引起空气从外部进入油中；油箱上的吸油管的位置设计不当也有关。所以在油箱设计中要注意上述因素，并尽可能在结构上采用一些措施。

空气的进入与管路安装也关系。若泵的进油管路漏气，则大量的空气会吸入；若系统回油管口高于油箱液面时，高速喷射的回油将空气带入油中，又经液压泵带入系统；各个油管接头密封不严或橡胶油管老化等使空气进入油中。

（2）气泡对液压润滑系统的危害

混入系统的空气，以直径 0.05～0.5mm 的气泡状态悬浮于油中，对系统的油的体积弹性模数和油的黏度将产生的严重的影响，随着系统压力升高，部分混入空气将溶入油中，其余仍以气相存在。当混入的空气量增大时，油的体积弹性系数则急剧下降，油中的压力波传播速度减慢，油液的动力黏度呈线性增高。悬浮在油液中的空气与油液结成混合液，这种混合液的稳定性决定与气泡的尺寸大小，对系统将产生重大的影响。

① 泵的工作性能变坏。空气进入系统后，大大地恶化了泵和整个系统的工作条件，表现在泵性能变坏和寿命缩短。当液压泵吸入了油液与空气的混合油液，在液压泵吸油管处，由于压力下降而析出已溶的气体，在液压泵高速旋转时，将造成油液不能充满油腔的现象，这不仅降低了泵的供油量和液压泵的效率，还会引起液压冲击、泵的气蚀损坏、管道压力脉动，以至产生由于液压油的不连续流动而引起的噪声。

例如，某 ZB 34 液压泵在 5000r/min 运行时，油箱未增压和管路直径为 20mm 时，其液压系统的流量小于 28L/min，只有额定转速 4000r/min 下的额定流量的 2/3，同时出现了较大的压力脉动、振动和噪声。这就是由于液压泵吸入了油液与空气的混合油液导致油液不能充满油腔而产生工作性能变坏。

② 系统不能正常工作。在系统中没有空气混入的情况下，其油液的压缩率约为 $(5～7)×10^{-10} m^3/N$，可以认为油液是非压缩性流体，而不考虑其压缩性。一旦油中混入空气，其压缩率边会大幅度增加，油液本身所具有的高刚度则大大减少，导致执行器动作失误，自动控制失灵、工作机构产生爬行，破坏了工作稳定性，严重地危害着系统的工作可靠性，甚至还会发生机械事故及危害人身的安全。

③ 产生噪声和振动。空气浸入系统是产生噪声和振动的主要原因。当溶有空气的油流进管路或元件的特别狭窄地方时，速度急剧上升，压力急剧下降。当压力下降到低于工作温度下油液的气体分离压时，溶解于油中的气体迅速地大量分离出来，使油液中出现大量气泡。当气泡随油液流到压力较高的地方时，气泡被压缩而导致体积较小，此时在气泡内蓄积了一定的能量。当压力增高到某一数值时，气泡被压破裂，产生局部的液压冲击使系统产生振动，局部的压力可达几十兆帕，同时产生爆炸声。

④ 导致气蚀的产生。油液在低压区产生的气泡被带到高压区时会突然溃灭，气泡又重新凝聚为液体，使局部区域形成真空，周围的油液以很高的速度流向溃灭中心，会对壁面产生较大的局部冲击力，瞬间压力可高达数百甚至上千个大气压，大量的气泡溃灭时会使金属边壁反复受到剧烈冲击而造成疲劳破坏，引起固体壁面的剥蚀，对系统的危害性很大。

⑤ 加速油液的污染。油中的气泡或泡沫称为油的无形污染物，它对油的危害是相当严重的。它不但可使油液本身的刚度下降、容积效率减小、系统可靠性降低。油中气泡瞬间压缩或破火时近似于绝热压缩状态，还会使气泡温度急剧升高，引起油温升高（甚至使油液燃烧），导致油中的各种添加剂破坏，产生游离碳、酸质和胶泥状沉淀物，并造成油液发黑，加速了油质的劣化，同时还会使金属产生化学腐蚀作用。除此之外，油温升高还会油液的氧化，使油液的润滑性能下降，加速密封件的老化。

（3）防止空气混入液压润滑系统的技术措施

① 防止外部气体进入系统，使用中应经常检查油箱油量情况是否正常，避免发生吸空

现象。油箱中液面高度，其高度应保持在油标刻线上。在最低面时吸油管口和回油管口，也应保证在液面以下，同时须用隔板隔开。同时及时检查油液情况避免油液变质。

② 在维修安装中，必须排除元件及管路中空气，并应将吸油管及泵体灌满油液，保持油管的密封良好。

③ 经常检查过滤器是否堵塞，以免吸油口压力过低而造成空气分离现象。

④ 在设计系统时减少节流孔前后的压差。

⑤ 在液压缸和管道上部设置排气装置，用以放掉系统中的空气。

⑥ 大惯性的执行器在运动中因突然停止或换向时，会在进油腔形成空穴，为防止形成空穴，应设置补油回路。

⑦ 可在油箱吸油侧的底部从中间隔板至箱壁间蒙上一层 60～100 目的金属网，把排回油箱中油液气体分离出来。

⑧ 采用较大直径的吸油管，减少管道局部阻力防止泵产生空穴，同时采用大容量的吸油过滤器防止油液中混入空气。泵的吸油管与系统回油管口要尽可能的低，两者要有尽可能远的距离，并在两者之间加隔板或消泡网。

⑨ 应尽量防止系统内各处的压力低于大气压力，同时应使用良好的密封装置，失效的要及时更换，管接头及各接合面处的螺钉都应拧紧，及时清洗入口滤油器。

⑩ 必要时，检查并更换防尘圈和密封圈，如果没有采取措施及时地更换，将会导致空气泄漏。当更换密封圈和防尘圈时，应当选用制造商推荐的材料。

⑪ 当安装软管时，要保证它们被牢固地支承，振动的软管可能会造成管接头松弛，使空气进入系统，所以应定期检查软管的连接处和固定部位。压力油管泄漏是可见的，而吸油管路泄漏则是不可见的，假如由于空气存在引起泵的噪声，可以把油涂在吸油管处，一次一个接头，假如噪声消失，可以确信这个管接头产生泄漏了。

⑫ 当维修和重装元件时，一定要工作仔细，密封不合适会导致泄漏，马马虎虎的工作，带来的后果是系统不可靠的工作和费用非常高的重新修理。

⑬ 选取黏度合适的工作介质，油的黏度太高，对控制的反应有减慢的趋向，也会造成流体摩擦增加使系统的油温升高，或者造成液压泵吸空，从而增加泡沫的形成。

3.2.4　防止水分进入

在液压润滑系统中水通常以液态和气态存在，特别是气态水无孔不入，给去除、隔离水增加了很大困难。一些系统油压较高，用油量较大，长期连续工作，对油的水分含量要求特别高，控制很严格，消除油箱中的水分十分重要。可采取一些特殊措施来隔离、分离油箱中的水分。

(1) 使用充气密闭油箱隔离水分

充气密闭油箱可以隔绝油与空气中水分的接触，有效防止油的乳化。如果仅使用密闭油箱，虽然大大减少了油与水的接触面积，可以隔绝 45% 以上的水分，但油箱仍有密闭不严的部位如空气滤清器等，况且油箱内一般为负压，空气中水分在油箱内外压差的作用下仍然容易通过油箱缝隙进入油箱，油液中水分含量仍较高。因此要向油箱内充注经过处理的、压力合适的清洁、干燥（除水）、雾化的空气或氮气，使油箱内外压力平衡，甚至油箱内为正压。这样就消除了水分渗入油箱的动力，可以隔离大约 70% 的水量。在使用中要考虑气源的控制，液压站回油、泄油背压等问题。

(2) 使用特种滤清器过滤水分

滤清器的基本功能是过滤油液中的杂质，保持油液的清洁。但特种滤清器额外附加了过滤水分的功能，这种过滤器内部结构比较复杂，通过其漫长的过滤通道，利用油水密度不同的特点将油水分离，水从排水管道排出。特种滤清器放置在油箱外，在油液不停的循环中将水分连续地滤出。这种方法可以滤出约 15％的水分。

（3）使用空气干燥器

油箱内油温较低时，水以液态形式存在，温度较高时，水以气态和油雾混合存在。当油箱内外温差较大时，油箱内壁很容易凝结水珠，这是气体中部分水分析出的结果。液态水可以通过特种滤清器排出。油水混合气中气态水则通过空气干燥器排出。在高温时，空气干燥器将油箱内的高温油水混合气强制吸出，并与冷却循环水对流交换热量，温度下降后油水以液态形式排出，从而达到除水的目的。另外充气装置与干燥器配用，经过干燥的空气被强制注入油箱，这样空气有出有进形成完整的循环，保持空气的流动，保证水分的较低含量。这种方法可以滤出约 10％的水分。空气干燥器还可以消除油水混合气遇强热明火发生爆炸的隐患。

3.2.5　防治油温过高

系统中油液的温度一般希望在 30～60℃的范围内；而工程机械的油液的工作温度一般在 30～80℃的范围内较好。如果油温超过这个范围，将给液压系统带来许多不良的影响。

（1）油液过热的原因

油液过热的原因主要有：

① 由于元件内部的泄漏；

② 系统中油箱的液位太低，简单的原因是因为没有足够的油液用于带走热量；

③ 油液的黏度太高；

④ 回油背压太高；

⑤ 过滤器堵塞；

⑥ 冷却器失效。

（2）油温升高的主要影响

油温升高后的主要影响有以下几点：

① 油温升高使油的黏度降低，因而元件及系统内油的泄漏量将增多，这样就会使泵的容积效率降低。

② 油温升高使油的黏度降低，这样将使油液经过节流小孔或隙缝式阀口的流量增大，这就使原来调节好的工作速度发生变化，特别对液压随动系统，将影响工作的稳定性，降低工作精度。

③ 油温升高教度降低后相对运动表面间的润滑油膜将变薄，这样就会增加机械磨损，在油液不大干净时容易发生故障。

④ 油温升高将使机械元件产生热变形，液压阀类元件受热后膨胀，可能使配合间隙减小，因而影响阀芯的移动，增加磨损，甚至被卡住。

⑤ 油温升高将使油液的氧化加快，导致油液变质，降低油的使用寿命。油中析出的沥青等沉淀物还会堵塞元件的小孔和缝隙，影响系统正常工作。

⑥ 油温过高会使密封装置迅速老化变质，丧失密封性能。

（3）防止油温过高的措施

从使用维护的角度来看，防止油温过高应注意以下几个问题。

① 使用黏度合适的液压润滑油，使用设备制造商推荐的黏度被证明是最好的，使用黏度高的油液，特别在周围环境温度比较低的地区使用，将引起流动摩擦力的增加和过热的产生。

② 如果系统中有软管，应当将其可靠地夹紧和定位，当变更一根软管使其太靠近车辆的变速箱或者靠近发动机都将引起软管过热，因此会导致通过它的油液过热，所以应避免使用长度尺寸不够的软管并确信所安装的软管没有突然的急弯，因为这也会增加油液流动的摩擦力，造成结果是油液的温度升高。

③ 当泵、液压缸和其他元件磨损时，应及时更换，磨损的元件会造成泄漏的增加，结果会使泵在过长的时间内满流量输出，而油液通过狭窄的泄漏间隙会造成很大的压力降，满流量输出情况的时间的增加也增加了流体摩擦力产生的时间，因此，会使油液的温度增加。

④ 保持液压润滑系统外部和内部的清洁，系统外部的污染物起到一个隔绝和阻碍正常的油液冷却的作用，系统内部的污染物会引起磨损导致油液泄漏，两种情况的发生都会引起热量的产生。

⑤ 经常检查油箱的液位，油位过低会造成系统没有足够的油液带走热量。

⑥ 定期更换过滤器滤芯，避免过滤器堵塞。

⑦ 回油背压过高也是油温过高的原因之一，应检查背压增加的原因并排除。

⑧ 定时检查冷却器和定期对冷却器除垢。

3.2.6 润滑装置与系统常见故障及维修

(1) 润滑系统故障的一般原因

设备在运转过程中，常因润滑系统出现故障致使设备各个机构润滑状态不良，性能与精度下降，甚至造成设备损坏事故。

设备润滑系统发生故障的原因很多，通常可归纳为设计制造、安装调试、使用操作和保养维修不当等原因而引起的设备失效，分述如下。

① 机械设计制造方面的原因　在设计制造上容易造成润滑系统故障的原因常有：

设备润滑系统设计计算不能满足润滑条件。例如某种摇臂钻床主轴箱油池设计得较小，储油量少，润滑泵开动时油液不足循环所需，但当停机后各处回油返流至油箱后，又发生过满而溢出。一些大型机床润滑油箱散热性差，使润滑油黏度波动大，甚至高温季节发生润滑不良。齿轮加工机床润滑系统与冷却系统容易相混，使油质污染劣化。

产品更新换代时未对传统的润滑原理与落后的加油方法加以改造，如有些机床改造后重要的导轨面或动压轴承依然用手工间歇加油润滑，机床容易出现擦伤损坏。

对设备在使用过程中的维修考虑不足，一些暴露在污染环境的导轨与丝杠缺乏必要的防护装置，油箱防漏性差或回油小于出油，或加油孔开设不合理等，不仅给日后维修造成诸多不便，也易发生故障。

设备润滑状态监测与安全保护装置不完善对于简单设备定时定量加油即可达到要求，但对于连续运转的机构应设有油窗以观察来油状况。而一些大型轧钢连续生产线，当轧辊轴承供油不正常时，欠缺必要的报警信号与电气安全联锁装置。

设备制造质量不佳或安装调试得不好。零件油槽加工不准确，箱体与箱盖接触不严密，供油管道出油口偏，油封装配不好，油孔位置不正，轴承端盖回油孔倒装，油管折扁，油管接头不牢，密封圈不合规格等都将造成润滑系统的故障。

② 设备保养维修方面的原因　设备在使用过程中，保养不善或检修质量不良，是润滑系统发生故障最主要的原因。这些问题与企业设备管理体制不健全，设备润滑"五定"规范贯彻执行不认真，维修人员（含润滑工人）与设备操作者的技术素质都有密切关系。特别是一些大型现代化设备润滑系统比较复杂，要求也较严格，更容易发生故障。常见故障原因有以下几种：

不经常检查调整润滑系统工作状态。即使润滑系统完好无缺的设备，在运转一定时间之后，难免存在各种缺陷，如不及时检查修理，就会成为隐患，进而引起设备事故。

清洗保养不良。不按计划定期清洗润滑系统与加油装置，不及时更换损坏了的润滑元器件，致使润滑油中夹带磨粒，油嘴注不进油，甚至油路堵塞。一些负荷很重，往返运动频繁的滑动导轨，油垫储油槽内的油毡因长期不清洗而失效，结果使导轨咬粘、滑枕不动。一些压力油杯的弹簧坏了，钢球不能封闭孔口；利用毛细管作用，均匀滴油的毛线丢失或插入不深等，这些润滑元器件都应在日常保养中清洗或更换。

人为的故障。不经仔细考虑随意改动原有润滑系统，造成润滑不良的事故也有发生。一般拖板都设有防屑保洁毡垫，要求压贴在与之相对的导轨表面，但有些企业对之长期不洗，任其发硬失效或洗后重装时不压贴。

盲目信赖润滑系统自动监控装置。设备润滑状况监控与联锁装置常因本身发生故障或调整失误而失去监控功能，因而不发或错发信号。因此，要定期检查调整润滑监控装置，只有在确信其工作可靠的前提下，才可放心地操作设备。

以上主要是从设备故障表面现象加以分析，实际生产中，许多故障产生的原因是错综复杂的，有些故障直接原因是保养不良，但包含有润滑系统设计不合理或制造质量欠佳，或是选择润滑材料不当，或是机械零部件的材质与工艺存在的问题等因素。因此，对具体故障要作具体分析，从实际出发，找出主次原因，采取有效易行的故障排除方法。必要时对反复发生故障的原来的润滑系统加以改进，以求更臻完善。

（2）加油元件常见故障的检修

① 油环　可分式活动油环由两部分组成，轴在转动过程中，其连接处可能发生跳动，使润滑装置受损，且有松脱的危险，故应定期检查修理。油环润滑要求油箱油面有一定高度，使油环浸过其直径 1/6～1/5。当油面过低时，带进轴承的油量不足，发生润滑不良，甚至完全失效；反之，油面过高，油液受到激烈搅拌（特别是随轴旋转的固定油轮），使油箱发热，也会产生润滑故障，故应经常保持规定的油面高度。

② 油杯　三种形式压注油杯都是由弹簧顶住小钢球遮蔽加油孔，以防止尘埃落入杯中。这种油杯结构简便，且效果好，使用非常广泛，但也经常出现弹簧卡死，钢球遮蔽不严，脏物易积集孔中而堵塞，偶或钢球脱出，使油孔外露。因此，要正确使用加油工具，及时修复或更换已损坏的油杯。

③ 弹簧盖油杯　利用毛线油芯的毛细管原理，使杯中油液缓慢不断地进入摩擦表面。常见故障是油芯脏话或油芯插入油芯管中太浅，或者因油芯材料缺少而用棉纱代替，都将影响流油量。

④ 针阀式注油杯　针阀式注油杯是利用针阀锥面间隙调节滴油量大小，可根据设备运转强度调整间隙量大小，并由爪形固定针阀锥体。当设备使用日久，油中的胶质粘附锥体或脏物积聚在针阀出口，间隙逐渐变小，流油量也随之减少，甚至无油滴出，造成零件干磨损坏，故应经常清洗和调整油杯。

（3）润滑装置常见故障的检修

① 齿轮油泵常见故障及其消除方法　齿轮油泵常见故障及其消除方法见表 3-28 所示。

表 3-28　齿轮油泵常见故障及其消除方法

现象	原因分析	消除方法
噪声大，压力波动大	（1）泵体与泵盖接触面平面度不好，或者有毛刺，使旋转时有空气吸入 （2）卸荷槽位置开得不对 （3）齿轮齿形精度不高，齿面磨损或研伤 （4）滤油器被脏物堵塞或吸油管口贴近滤油器底面 （5）吸油管口露出油面，油泵吸油位置太高 （6）传动轴上骨架式回转轴唇形密封损坏或密封圈内弹簧脱落 （7）泵与连接电动机的联轴器不同轴或有松动 （8）齿轮轴各部分不同轴或轴已弯曲，轴承已损坏	（1）若泵体与泵盖平面度不好，可在平板上用金刚砂研磨，使乎面度不超过 0.005mm。若有毛刺，可用油石磨掉或加纸垫 （2）更换泵盖或修正卸荷槽 （3）调换齿轮或对齿轮进行修正 （4）清除污物，移动吸油管口位置，使其距离滤油器底面 2/3 高度处 （5）吸油管应深入油池，只许低于液面；吸油口至油泵的垂直高度不得超过 500mm （6）更换密封圈避免空气吸入 （7）调整联轴器使两者同轴度误差不超过 0.2mm；更换联轴器中已损坏或失效的零件 （8）更换齿轮轴或进行修复，更换已损坏的轴承并调整使其适度

现象	原因分析	消除方法
流量不足，压力上不去或压不出油，容积效率降低	（1）齿轮磨损使轴向间隙或径向间隙过大，内泄漏严重 （2）油黏度太大或油液温度升高使得油黏度太低 （3）液压补偿侧板失灵 （4）各连接处泄漏引起空气混入 （5）压力阀的阀芯在阀腔内移动不灵活 （6）吸油高度太大，超过油泵允许最大吸入高度 （7）吸油口和排油口接错 （8）吸油管堵塞 （9）电动机运转方向反了 （10）泵内没有灌注油（专指大流量的 XCB 型斜齿轮泵）	（1）修复零件，调整间隙，使轴向间隙保持 0.3～0.04mm （2）校正黏度，可考虑选用黏温性较好的油 （3）更换密封圈 （4）紧固各连接处螺钉，检查密封圈安放是否正确 （5）检查并调整压力阀 （6）降低吸油高度，提高吸油面或补充油液 （7）重接吸、排油口的接管 （8）检查、修理、清除堵塞 （9）检查、调换电动机接线 （10）拧开泵体顶部螺堵并向吸油室内灌油
油泵旋转不灵活	（1）装配时盖板与轴不同轴，滚针质量差，滚针折断，滚针轴承不干净；齿轮有毛刺，轴上的螺栓紧固脚太长 （2）轴向或径向间隙过小 （3）油液中污物吸入泵内	（1）根据检查出的不同情况，逐项加以处理 （2）修理有关零件并调整间隙 （3）严防污物进入油池，加强过滤，保持油液清洁
密封塞子被压出	（1）压盖堵塞了前后盖板的回油通道，造成回油不畅，压力升高 （2）骨架油封与泵的前盖配合过松 （3）泄漏通道被污物堵塞	（1）重新装配压盖，使回油通道畅通 （2）调整或更换骨架油封 （3）清除污物，清除堵塞
排油压力高，降不下来	（1）排出管路堵塞 （2）排出管路的阀门未开或开的不大 （3）油太脏引起堵塞 （4）冬天油温低，润滑油黏度大	（1）清洗、通畅管路 （2）开启关闭的阀门 （3）加强过滤和更换润滑油 （4）加热油液
泵密封部分渗漏、混入空气	（1）压盖没有压紧 （2）密封圈失效 （3）密封结合面不平、有毛刺 （4）结合面的衬垫损坏	（1）拧紧压盖螺栓 （2）更换密封圈 （3）研平结合面、磨去毛刺 （4）更换衬垫

② 回转活塞油泵常见故障及其消除方法　回转活塞油泵常见故障及其消除方法见表 3-29 所示。

表 3-29　回转活塞油泵常见故障及其消除方法

故障现象	原因分析	消除方法
油压升不高、油泵不向外送油	（1）油泵反转 （2）吸油管路堵塞	（1）调换电动机电源接线 （2）清洗并通开堵塞的吸油管路
油压增高后突然降落	调压弹簧失效	重新装配或更换弹簧
内活塞销轴断裂，油压突然降落，油泵运转声音异常	曲线槽不在销轴轴心的圆弧上，因此销轴与滑板上的曲槽反复摩擦造成磨损	卸开油泵，按图纸检查，将滑板曲槽按正确尺寸修理；更换已磨损的销轴
油压油量调整不高，调节机构正常	曲线槽圆弧不正，使轴移动受到限制，偏心距调不大	拆开油泵，按图检查各部尺寸是否相符，并将不正确部位加以整修

续表

故障现象	原因分析	消除方法
油泵经过短期运转后，电动机声音沉重，油泵转子与泵体发生摩擦	转子与泵体外壳间隙太小，转子与外壳材质不同，运转后温度升高，因膨胀系数不同而使间隙减小，甚至抱住转子无法转动	检查转子与外壳间隙并进行研磨，使间隙符合设计要求
旧式构造的泵调整连杆断裂；油压、油量突然改变，振动加剧	油压、油量调整过高，输出的润滑油间断地通过安全阀返回油箱，因此油压不稳定，引起曲柄剧烈振动，造成连杆断裂	重新更换连杆，并检查各部件有无磨损现象，然后加以处理

③ 叶片油泵常见故障及其消除方法　叶片油泵常见故障及其消除方法见表 3-30 所示。

表 3-30　叶片油泵常见故障及其消除方法

现象	原因分析	消除方法
吸不上油液	(1) 油液黏度过大，使叶片移动不灵活 (2) 油面过低，油液吸不上 (3) 叶片在转子槽内配合过紧 (4) 泵体有砂眼，进出油液互通 (5) 油泵旋转方向反了 (6) 配流盘和泵体接触不良，高低压腔互通 (7) 花键轴断裂	(1) 油温低时，适当提高油温，调配或更换黏度较小的油 (2) 把油加到油位线 (3) 叶片和转子装配时，要求每个叶片在转子槽内能灵活移动，如果配合过紧，则需要研磨叶片 (4) 修补或调换泵体 (5) 纠正泵的旋转方向，并注意叶片前倾角度要正确 (6) 修正配流盘的接触面（配流盘常因受压力而变形） (7) 更换花键轴
压力提不高，压力表指针振动很大	(1) 吸入空气 (2) 个别叶片移动不灵活 (3) 配流盘与转子、叶片间轴向间隙过大 (4) 叶片与转子装反 (5) 叶片顶部与定子内壁接触不良 (6) 配流盘内孔磨损	(1) 检查吸入口及盖板处的泄漏情况以及吸油滤油网是畅通 (2) 检查叶片、过紧的可单槽配合研磨处理 (3) 检查配流盘端面间隙及是否凸凹不平，可在板上推平，如转子端面磨损，应适当与定子厚度相配 (4) 纠正转子和叶片的方向 (5) 在专用工具上将定子内壁磨损处抛光 (6) 调整端面、或用金刚砂在平板上推研或更换配流盘
油量不足	(1) 配流盘与转子、叶片间轴向间隙过大 (2) 转子槽与叶片间隙过大 (3) 叶片与定子接触不良 (4) 叶片与定子表面间径向间隙过大	(1) 转子宽度小于定子宽度，叶片宽度小于转子宽度，配流盘过凹，后盖没有紧固，应适当调整上述配合零件间隙 (2) 根据转子槽单配叶片间隙 (3) 定子磨损一般在压油腔，可转动 180° 再装上（即将吸油腔变作压油腔） (4) 调换新的叶片。转子轴颈磨损后，单配流盘的孔径
噪声异常	(1) 叶片高度不一致 (2) 定子内圆曲线不良 (3) 转子和叶片松紧不一致，个别叶片在槽内卡死 (4) 配油盘产生困油现象 (5) 配流盘垂直度不良，叶片垂直度不良 (6) 主轴油封过紧，手摸轴及端盖有烫手现象 (7) 叶片倒角太小	(1) 同一个叶片泵的一套叶片的长度差应保持最小，最好不超过 0.01mm (2) 定子内圆曲线要在专用工具上抛光 (3) 检查转子叶片槽内的叶片是否灵活，配研个别卡死的叶片 (4) 配油盘节流开口必须保持相邻两叶片这种关系，即当一片经过节流槽时，另一片开启，按此关系修正 (5) 校正配流盘及叶片的垂直度 (6) 适当调整油封 (7) 原叶片一例倒角为 $0.5\times45°$，可增大为 $1\times45°$，其目的是在叶片运动时减小突变，减轻噪声

④ 离心泵常见故障及其消除方法　离心泵常见故障及其消除方法见表 3-31 所示。

表 3-31　离心泵的常见故障及其消除方法

现象	原因分析	消除方法
启动后轴不出油	(1) 吸入管连接处漏气 (2) 胶管磨损，有孔漏气 (3) 泵体内油液不够 (4) 过滤器沉入油液深度不够 (5) 进油口吸入高度太大	(1) 紧固吸入管连接处 (2) 更换胶管 (3) 将泵体内灌满油液 (4) 应将其全部沉入油液中 (5) 降低吸入高度，使其不超过 6m
泵的抽油量不足	(1) 过滤器阻塞 (2) 扬程太大（太高） (3) 油管上局部阻力太大 (4) 叶轮气蚀磨损或损坏 (5) 空气从密封处进入泵内 (6) 泵体内可拆卸板磨损	(1) 清理过滤器 (2) 降低扬程 (3) 消除油管扭曲现象及堵塞情况 (4) 清除叶轮上的脏物或修理更换叶轮 (5) 更换密封圈 (6) 更换可拆卸板
泵停后油液不能保持在泵内	止回阀磨损或阻塞	清除污垢、修理止回阀，并使阀板与吸入套管紧密相贴

⑤ 润滑油过滤器常见故障及其消除方法　润滑油过滤器常见故障及其消除方法见表 3-32 所示。

表 3-32　润滑油过滤器常见故障及其消除方法

现象	原因分析	消除方法
过滤精度达不到设计要求	(1) 过滤材料（介质）损坏 (2) 烧结式滤筒颗粒脱落 (3) 过滤器件装配不好，进出滤芯密封不严密 (4) 网式过滤器介质选择不当 (5) 磁性过滤器流速过快或很脏	(1) 检查修补或更换 (2) 更换滤筒 (3) 检查重装过滤器 (4) 按铜丝网孔径为 0.12mm（100 目/in），0.08mm（180 目/in）检查、更换滤网 (5) 调整流速为 0.23~0.69m/s，清除吸附在磁块的铁屑
过滤器的通过能力下降、过滤压力损失大	(1) 过滤器污脏，孔隙（线隙）堵塞 (2) 油液老化生成的胶质枯在滤孔周壁，减少通过面积 (3) 选用的油液黏度过高或气温下降。使油变黏稠 (4) 圆盘板式过滤器堵塞严重 (5) 夹持滤网的内外骨架孔没有对齐 (6) 水磁过滤器磁块碎裂	(1) 进出口压差超过规定时（一般少于 0.5MPa）应清洗或更换滤芯 (2) 用溶剂洗除胶质，无法洗除者应更换过滤器 (3) 选择适当黏度的油液，寒冷地区（季节）要加热油液 (4) 勤转动刮板，清除脏物，如仍不理想，应拆开清洗吹干 (5) 重新装配使之孔眼对齐 (6) 检查更换
吸油管粗滤器吸油不畅	装配不良	重新装配，使吸油管口距过滤器网底面保持 2/3 高度为宜

⑥ 冷却器常见故障及其消除方法　冷却器常见故障及其消除方法见表 3-33 所示。

表 3-33　冷却器常见故障及其消除方法

现象	原因分析	消除方法
进排水温差小、压差大，冷却效果不佳	(1) 气泡阻隔，热交换不好 (2) 管壁水垢厚，管孔通过截面减少，且也不利于热传递	(1) 按开动冷却器步骤重新开动，以除去铜（铝）管外壁附着的气泡 (2) 用化学-物理方法除去管壁水垢，根据水质情况定期除垢，或使用软水剂、水磁软水装置等
冷却水中带油	热交换管（板）渗漏	找出漏点焊补或粘补；管口与管板不严，可用扩孔法修理，必要时将漏管拆除（但不多于管总数 10%），然后将管口板孔堵死

⑦ 离心净油机常见故障及其消除方法　离心净油机常见故障及其消除方法见表 3-34 所示。

表 3-34　离心净油机常见故障及其消除方法

现象	原因分析	消除方法
转筒实际转速低于额定转速	(1) 摩擦联轴器的闸皮磨损，间隙过大 (2) 摩擦联轴器打滑，摩擦部位粘上油脂及赃物，接触不良 (3) 电源电压太低	(1) 更换闸皮，调整间隙 (2) 将油脂及脏物擦洗干净，调整联轴器 (3) 检查电源电压及电动机接线方法是否正确
油浑油，颜色发暗	用澄清法时，转筒内分离出的水很快充满	打开转筒进行清洗，并检查油中含水量。如果含水量过多，应改为净化法先除水
净化效果不好，分离出的水中含有大量的油	(1) 油、水混合，呈乳化状态 (2) 油温过低，使黏度太大 (3) 油中含水及杂质量超过规定 3% (4) 净渣上罩位置太低，净油流入集水室	(1) 取祥化验，根据标准更换新油（或将变质的油再生处理） (2) 提高油温至 55~65℃，以降低油的黏度；检查电加热器的电源电压及接线是否正确 (3) 先加热沉降杂质，再进行净化 (4) 重新调整转筒位置
分离法净油时，油和水一起流出	(1) 水封失效 (2) 脏油进入量过大、不均匀 (3) 选用了不合适的流量孔板	(1) 重新向转筒注入热水，形成良好水封 (2) 适当调整进油阀门，使油流速连续、均匀进入 (3) 更换较小内径的流量孔板
净油机工作时，座盘内出现水和油	(1) 转搞盖下的密封胶圈破裂或膨胀失效 (2) 转筒的压紧螺母松动	(1) 更换密封胶圈 (2) 拧紧压紧螺母
净油室内进水	转筒装置太高	调节止推轴承的高度
转筒振动异常	(1) 在转筒内壁上淤积的澄不均衡 (2) 立轴颈部轴承减振器弹簧不正常	(1) 清洗转筒 (2) 更换弹簧，并调整正确
润滑泵出口压力过低	齿轮泵的齿轮端面与端盖之间的间隙太大	调整并减少齿轮侧面与端益的间隙

⑧ 阀常见故障及其消除方法　阀常见故障及其消除方法见表 3-35 所示。

表 3-35　阀常见故障及其消除方法

阀类	现象	原因分析	消除方法
安全阀	不起安全作用	(1) 阀芯卡死 (2) 弹簧太紧 (3) 进出口反接	(1) 修至活动自如 (2) 调整弹簧压力 (3) 重装拧紧
	主油管压力低于正常压力，且噪声大	(1) 阀芯与阀体接触不良 (2) 脏物使阀芯接触不严	(1) 修理接触表面，使之光滑吻合 (2) 清洗除去外来杂物油污等
	压力突然下降	弹簧断裂	检查更换弹簧
单向阀	没油通过	进出口反接	检查重装
	油流阻力太大，有撞击噪声	弹簧太紧不灵活	调整弹簧压力
	逆向泄漏超允许量	阀芯（片）与阀口接触不良	检修接触表面，清除油污杂物
	螺纹泄漏	密封不良	垫好密封环拧紧螺堵

⑨ 气动加油（脂）泵常见故障及其消除方法　气动加油（脂）泵常见故障及其消除方法见表 3-36 所示。

表 3-36　气动加油（脂）泵常见故障及其消除方法

故障现象	原因分析	消除方法
气动加油泵的流量明显降低	（1）进油活门卡死 （2）活塞与活塞杆之间的月形槽通道被污物卡住 （3）油缸活塞行程之换向顶杆的位置不对	（1）拆开检查、清洗 （2）拆开检查、清洗 （3）检查后，重新调整换向顶杆的固定位置，以保证油缸活塞行程符合要求
气动加油泵换向不灵	（1）换向气阀被污物卡住 （2）电磁铁芯孔与分配活塞杆有摩擦阻碍 （3）空气滤清器未正常工作	（1）拆开检查、清洗 （2）拆开检查并消除摩擦阻碍，并检查电气线路完好 （3）检查，清洗空气滤清器
气动加油泵压力上不去	（1）气缸或油缸与其活塞的间隙过大 （2）送油管路或气路有泄漏	（1）更换活塞，调整间隙 （2）检查泄量，及时堵漏

⑩ 润滑油箱常见故障及其消除方法　润滑油箱常见故障及其消除方法见表 3-37 所示。

表 3-37　润滑油箱常见故障及其消除方法

现象	原因分析	消除方法
油箱故障性漏油（即非设计或制造质量造成的量油）	（1）油箱透气帽盖堵塞，运转中油箱自然温升，箱内气压大于外界 （2）油面超过油标最高刻线 （3）油箱上盖或其他盖板日久变形；使间隙增大 （4）盖板垫纸破损；原有密封胶发硬 （5）箱盖（法兰盖）与箱体之间有杂质，使接缝不严密 （6）回油管（孔）被赃物堵塞而漫出 （7）属于维修性的各种漏油原因	（1）找出透气孔不通原因改进之；有些透气孔因内外套错位而关闭 （2）加油时需按油标规定油面高度加油 （3）用配刮方法使其接触均匀密贴 （4）更换破损了的垫纸；用密封胶重新涂接触面（先将残留的旧密封胶彻底刮除） （5）每次揭开盖板（法兰盘）再盖（装）时，应除去夹杂物，除尽毛刺 （6）清理脏物，采取保洁防脏措施 （7）及时更换磨损零件与密封装置
油箱中含有水分	（1）切削液溅入或雨水漏入 （2）大气中的湿气通过透气孔"呼吸"进入箱内凝聚而成 （3）装有冷却器的油箱漏水	（1）检查箱体各孔板，加强密封，防止渗漏 （2）加强透气孔的过滤吸湿装置 （3）检查补焊漏处
油箱最高与最低油位不准	（1）油箱最高与最低油位指示信号失灵，浮子渗漏下沉 （2）油箱藏在地坑，油标难以看准	（1）检查液位控制器，修理浮子漏点 （2）在箱顶加装测油针，定期取出观看

（4）润滑系统常见故障的检修

① 油雾润滑系统常见故障及其消除方法　油雾润滑系统常见故障及其消除方法见表 3-38 所示。

表 3-38　油雾润滑系统常见故障及其消除方法

故障现象	原因分析	消除方法
油雾压力下降	（1）供气压力太低 （2）分水滤气器积水过多，管道不畅通 （3）油雾发生器堵塞 （4）油雾管道漏气	（1）检查气源压力，重新调整减压阀 （2）放水、清洗或更换滤气器 （3）卸下阀体，清洗吹扫 （4）检修

续表

故障现象	原因分析	消除方法
油雾压力升高	(1) 供气压力太高 (2) 管道有 U 形弯，或坡度过小，凝聚油堵塞管道 (3) 管道不清洁，凝缩嘴堵塞	(1) 调整空气减压阀 (2) 消除 U 形弯，加大管道坡度或装设放泄阀 (3) 检查清洗
油雾压力正常，但雾化不良，或吹纯空气，油位不下降	(1) 润滑油黏度太高 (2) 油温太低 (3) 吸油管过滤器堵塞 (4) 喷油嘴堵塞 (5) 油位太低 (6) 油量针阀开启太大 (7) 空气针阀开启太大，压缩空气直接输至管道	(1) 换油 (2) 检查油温度调节器和电加热器使其正常工作 (3) 清洗或更换 (4) 卸下喷嘴，清洗检查 (5) 补充至正常油位 (6) 调节油量针阀 (7) 调节空气针阀

② MWB 型动静压滑动轴承润滑系统常见故障及其消除方法　MWB 型动静压滑动轴承润滑系统常见故障及其消除方法见表 3-39 所示。

表 3-39　MWB 型动静压滑动轴承润滑系统常见故障及其消除方法

故障	现象	原因	消除方法
建立不起完全液体润滑状态	启动供油系统后，一般用手能轻松地转动（或移动）滑动件，若转不动或比不供油时更难转动，说明某些地方金属直接接触	(1) 油腔有漏油现象，致使滑动件被顶在支承件一边，金属直接接触 (2) 节流器堵塞使某些油腔中无压力 (3) 各个节流器的液阻相差甚大，造成某些油腔的压力相差悬殊 (4) 可变节流器弹性元件刚度太坏，造成一端出油孔被堵住 (5) 深沟球轴承的同轴度或推力轴承的垂直度太差，使轴承无足够的间隙	(1) 检查各个油腔的压力是否正常，针对漏油、无压力或压力相差悬殊的油腔采取措施 (2) 调整备油腔的节流比 (3) 保证润滑油的清洁 (4) 合理设计节流器参数 (5) 保证零件的制造精度和装配质量
油腔压力不稳定	主轴不转动时，开始油泵后备油腔的压力都逐渐下降，或某几个油腔的压力下降	(1) 滤油器逐渐被堵塞 (2) 油泵容量不够	更换润滑油，清洗滤油器及节流器
	主轴不转动时，各油腔的压力有抖动	(1) 供油系统的压力脉动太大 (2) 系统失稳	(1) 检修油泵和压力阀 (2) 调整参数，使其在稳定范围内工作
	主轴转动后，各油腔压力有周期性的变化	主轴转动时的离心作用	主轴部件进行动平衡
	主轴高速旋转时，油腔压力有不规则的波动	(1) 油腔吸入空气 (2) 动压力的影响	改变油腔形式和回油槽结构
油膜刚度不足	节流比在公差范围内，而油膜刚度太低	供油压力太低	提高供油压力，对于可变节流器，减小膜片厚度或减小弹簧刚度
节流比超出公差范围		(1) 轴承的配合间隙超出设计要求 (2) 节流器的间隙（或孔径）超出设计要求	(1) 重配主轴，适当加大或减小间隙，此时若引起油膜刚度不足，可提高供油压力 (2) 同时调整轴承配合间隙和节流器参数

续表

故　障	现　象	原　因	消除方法
主轴拉毛或抱轴		(1) 润滑油不清洁，过滤器过滤精度不够 (2) 轴承及油管内杂质未清除 (3) 节流孔堵塞 (4) 安全保护装置失灵	(1) 检修过滤器 (2) 清洗零件 (3) 清洗零件 (4) 维修安全保护装置
油腔压力升不高		(1) 油腔配合间隙太大 (2) 油路有漏油现象 (3) 油泵容量太小 (4) 润滑油黏度太低	(1) 重配主轴 (2) 消除漏油现象 (3) 选用容量较大的油泵 (4) 选用合适格度的润滑油
轴承温升太高	主轴运转 1h 左右，油池或箱体温度过高	(1) 轴承间隙太小 (2) 供油压力太高 (3) 润滑油黏度太高 (4) 油腔摩擦面积太大	(1) 加大轴承间隙 (2) 在承载能力及油膜刚度允许条件下，降低供油压力 (3) 降低润滑油黏度 (4) 减小封油面宽度
液压冲击	在系统未达负刚度时，发生剧烈振动	压力油通过节流器间隙时，流速突然增大，压力突然下降，溶于油中的空气分解而释放出来形成气泡	(1) 降低供油压力 (2) 减小节流比 (3) 增大润滑油黏度 (4) 增大薄膜厚度 (5) 改变管道长度

③ 滑动轴承失效形式、特征及原因　表 3-40 为滑动轴承失效形式、特征及原因。

表 3-40　滑动轴承失效形式、特征及原因一览表

失效形式			特征	原因
磨损失效	按磨损机理分类	磨粒磨损	轴承表面划伤、材料脱落	轴承表面与硬质颗粒发生摩擦
		黏着磨损	轴承表面局部点被撕脱，形成凹坑或凹槽	由于实际接触面上某些点接触应力过高，形成黏着点，相对滑动时黏着点被剪断
		疲劳磨损	首先产生裂纹，继而裂纹扩展，最终形成疲劳剥落。剥落坑呈大小不一的块状，有时呈疏松的点状，有时呈虫孔状	(1) 轴承表面受到交变应力作用 (2) 轴承表面工作时产生摩擦热和咬粘现象，温度升高产生热应力 (3) 铅相腐蚀和渗出形成疲劳源
		腐蚀磨损 电解质腐蚀	轴承表面产生麻点	硬面脆氧化膜在载荷作用下崩碎剥离
		有机酸腐蚀	轴承表面粗糙	内燃机燃料油不完全燃烧及润滑油被氧化
		其他腐蚀	硫化膜破碎形成磨粒磨损	润滑油中的硫化物与轴承中的银和铜等元素生成硬而脆的硫化膜
	按磨损形态分类	早期正常磨损	轴承与轴颈的接触面增大，接触面表面粗糙度减小	工作表面微凸体峰谷相互切割，产生微观磨合
		正常磨损	在规定的使用期限内，配合间隙逐渐增大，轴承承载能力逐渐减弱。当磨损过大时发生振动噪声	滑动轴承的正常磨损量逐渐积累并超过了规定极限
		伤痕	滑动轴承表面形成点状凹坑或沿轴向分布形成线状痕迹和拉槽	由于不均匀磨损，凹坑和拉槽使油膜变薄或破坏
		异常磨损	轴承表面严重损伤	安装时轴线偏斜，轴承承载不均，或刚性不足，局部磨损大
		咬粘	轴承和轴颈直接局部接触，抱死	高温、高负荷、偏载、轴承间隙过小
气蚀失效			轴承表面出现不规则的剥落，一般较轻微	润滑油中的小油蒸气气泡在压力较高区域破裂形成压力波

续表

失效形式	特征	原因
油膜涡动和油膜振荡	动压轴承发生半频涡动。转速接近等于轴承系统一阶临界转速的两倍时，发生近似等于一阶临界转速的共振	轴承油膜作用力引起的自激振动
过　热	油温或轴承温度升高	承载能力不足，供油不充分，油质劣化，涡动剧烈，超载运行

④ 由于液压油因素引起的机械故障及其消除方法　由于液压油因素引起的机械故障及其消除方法见表 3-41。

表 3-41　由于液压油因素引起的机械故障及其消除方法

性质的变化		容易产生的故障	与液压液有关的原因	应采取的措施
黏度	太低	(1) 泵产生噪声，排出量不足，产生异常磨损，甚至咬死 (2) 机器的内泄漏，液压缸、油马达等执行元件产生异常动作 (3) 压力控制阀不稳定，压力计指针振动 (4) 润滑不良，滑动面异常磨损	(1) 由于油温控制不好，油温上升 (2) 在使用标准机器的装置中，使用了黏度过低的油 (3) 高黏度指数油长时间使用后黏度下降	(1) 改进、修理冷却器系统 (2) 更换液压油牌号，或使用特殊的机器 (3) 更换液压油
	太高	(1) 由于泵吸油不良，产生烧结 (2) 由于泵吸油阻力增加，产生空穴作用 (3) 由于过渡器阻力增大，产生故障 (4) 由于管路阻力增大，压力损失(输出功率)增加 (5) 控制阀动作迟缓或动作不良	(1) 液压油黏度等级选择不当 (2) 设计时忽视了液压油的低温性能 (3) 低温时的油温控制装置不良 (4) 在标准机器中使用了黏度过高的油	(1) 改用黏度等级低的油 (2) 设计低温时的加热装置 (3) 修理油温控制系统 (4) 更换或修理机器
防锈性不良		(1) 由于滑动部分生锈，控制阀动作不良 (2) 由于发生铁锈的脱落而卡住或咬死 (3) 由于随油流动的锈粒产生动作不良或伤痕	(1) 无防锈剂的汽轮机油等防锈性差的液压油中混入水分 (2) 液压油中有超过允许范围的水混入 (3) 从开始时就已发生的锈蚀继续发展	(1) 使用防锈性良好的液压油 (2) 改进防止水混入的措施 (3) 进行冲洗，并进行防锈处理
抗乳化性不良		(1) 由于多量的水而生锈 (2) 促进液压油的异常变质(氧化，老化) (3) 由于水分而使泵、阀产生空穴作用和侵蚀	(1) 新液压油的抗乳化性不良 (2) 液压油变质后，抗乳化性变，水分离性降低	(1) 使用抗乳化性好的液压油 (2) 更换液压油
变质、老化、氧化		(1) 由于产生油泥，机器动作不良 (2) 由于油的氧化增强，金属材料受到腐蚀 (3) 由于润滑性能降低，机器受到磨损 (4) 由于防锈性、抗乳化性降低而产生故障	(1) 由于在高温下使用液压油氧化变质 (2) 由于水分、金属粒末、酸等污染物的混入促进油的变质 (3) 由于局部受热	(1) 避免在高温(60℃以上)下长时间使用 (2) 除去污染物 (3) 防止在加热器等处局部受热
发生腐蚀		(1) 锡、铝、铁的腐蚀 (2) 伴随着空穴作用的发生而产生的侵蚀 (3) 泵、过滤器、冷却器的局部腐蚀	(1) 添加剂有腐蚀剂 (2) 液压油的变质，腐蚀性物质的混入 (3) 由于水分的混入而产生空穴作用	(1) 注意添加剂的性质 (2) 防止液压油受污染和变质 (3) 防止水分的混入

续表

性质的变化	容易产生的故障	与液压液有关的原因	应采取的措施
抗泡性不良	(1) 油箱内产生大量泡沫，液压油抗泡性能变差 (2) 泵吸入气泡而产生空穴作用 (3) 液压缸、液压马达等执行元件发生爆震（敲击），发出噪声，动作不良和迟缓	(1) 抗泡剂已消耗掉 (2) 液压油性质不良	(1) 更换液压油 (2) 研究、改进液压装置（油箱）的结构
低温流动性不良	在比倾点低 10～17℃ 的温度下，液压油缺乏充分的流动性，不能使用	(1) 由于液压油的性质不适合 (2) 由于添加剂的性质不适合	选择合适的液压油
润滑性良	(1) 泵发生异常磨损，寿命缩短 (2) 机器的性能降低，寿命降低 (3) 执行元件性能降低	(1) 由于含水液压液的性质 (2) 液压油变质 (3) 黏度降低	(1) 选油时考虑润滑性 (2) 更换液压油 (3) 更换液压油
受到污染	(1) 泵发生异常磨损，甚至烧结 (2) 控制阀动作不良，产生伤痕，泄漏增加 (3) 流量调节阀的调节不良 (4) 伺服阀动作不良，特性降低 (5) 堵塞过滤器的孔眼 (6) 促进液压油变质	(1) 组装时机器、管路中原有的附着物发生脱落 (2) 在机器运转过程中从外部混入污染物 (3) 由于生锈，在机器的滑动部分产生磨损粉末 (4) 液压油的变质	(1) 组装时要把各元件和管路清洗干净，对液压系统要进行冲洗 (2) 重新检查装置的密封情况 (3) 利用有效的过滤器 (4) 换油

3.3 油液的测试分析与监测

润滑油变质及携带的外来污染物均会造成设备的故障，设备有故障时产生的颗粒及泄漏物也会落在润滑油中，因此检测润滑油的各指标及污染物的含量，即可推测设备状况和作出故障预测。

3.3.1 润滑油常规指标变化

指标变化到一定程度后，继续使用该润滑油就会影响设备的正常工作或使设备磨损加剧而发生故障，措施就是更换新油。为了保护设备，润滑油生产厂和设备生产厂都推荐一些换油指标值，提供给设备使用者或管理者作为换油的指导。反过来，可把这些值作为设备将可能发生故障的警告值，并从设备运行过程中这些值的异常变化推测设备发生故障的可能性。如某设备在运行中润滑油黏度突然快速上升，酸值也随之快速上升，数值已高于换油的警告值，就可肯定润滑油在这阶段在高温下工作而剧烈氧化，应从造成油温高的原因去跟踪，检查影响温度升高的有关部位如冷却系统等的故障。又如某柴油机油使用中黏度下降较大，其闪点也随之下降，可以肯定原因是润滑油被柴油稀释，就应去检查柴油雾化系统有何问题。内燃机润滑油在运行中几个常规指标的变化原因如表 3-42 所示。

表 3-42 润滑油在运行中几个常规指标的变化与设备故障

项目	上升的原因	下降的原因	规律
黏度	设备操作温度过高，提前点火，检查冷却系统	内燃机燃料雾化不良，气缸—活塞间隙过大	

续表

项目	上升的原因	下降的原因	规律
酸值	换油期过长，工况苛刻		一般为上升
闪点	设备温度高	内燃机雾化不良，气缸—活塞间隙过大	
残炭灰分	外来污染大，油过滤失效		一般为上升
碱值		换油期过长	一般为下降
不溶物	换油期过长，工况苛刻		一般为上升
水分	操作温度过低，漏水		一般为上升

在用润滑油测试出某一指标达到规定值时，表明此油已不胜任其工作而需更换新油，若继续使用，会影响设备的正常工作或对设备有损害，但与设备将发生故障并无直接关系，只有一定的因果关系。凭以上的几个常规指标对润滑油及设备状态监测已很足够，并不一定要动用很多复杂的仪器。例如在很多情况下设备会因进水而发生不正常磨损，我们只要从油中含水量即可得到警告，而不必从润滑油中颗粒分析得知异常磨损，再去进行油的常规分析，从含水量超标得知异常磨损的原因，才去寻找水的来源，这种因果倒置的思路大大增加了工作量，贻误了处理故障的时间。又如从润滑油的闪点和黏度大幅下降肯定润滑油被汽柴油稀释，必然表明此发动机燃烧不良及可能磨损大，应及时检查燃料供给系统。

润滑油在降解后，除了各常规理化指标发生变化外，润滑性能也随之变坏，如抗氧性、抗磨性、抗泡性、抗乳化、空气释放值等与新油比也越来越差，也预示故障的发生，因而也要定时测定。

3.3.2　光谱分析法

用光谱化学分析法测定油样中各元素的浓度已经有很多年了。光谱分析技术原用于分析化学。自从解决了油质样品的制作与分析技术问题之后，很快用于测定机器润滑油中所含各种微量元素的浓度，它以 ppm（百万分之一）为单位表示。这一技术是基于这样的一种事实，即在任何磨损过程中，要求严格的元件表面被磨蚀，从而产生了磨屑。由于液压系统要容纳油液而必须完全封闭，不可能直接观察磨损表面，而且，拆开元件进行尺寸检测也不现实。因此，对磨损颗粒浓度进行分析便为评定液压系统磨损过程的严重程度提供了一种方法。例如，在许多液压元件中，受力强的零件都用铁或钢制成，所以，通过测量铁元素的浓度就可以确定铁类零件的磨损率。

油液分析目前使用的光谱法有两种，即发射光谱和原子吸收光谱。这两种方法用在评价润滑系统磨损方面比用在液压系统方面更为广泛。发射光谱所依据的事实是：每一种元素在火焰、电弧或火花中受激发时，会发射出该元素所特有的波长。例如普通食盐撒到火里时，由于盐中的钠而发出黄色的光。如果让这种火焰中发出的黄光通过分光计，那么通过测定那种波长的光强，就可能测出钠浓度。

在用发射分光计分析用过的油样时，油和混入的磨粒装在一个杯子里。驱动转盘使杯中的油受电火花的作用。这种电火花发出的光通过分光计的入口狭缝，并在光栅作用下而色散，致使特定波长的光落在特定光电倍增管上。使用一系列这样的光电倍增管，就可以同时测定几种不同的元素。

常用的第二种光谱分析方法是以原子吸收原理为基础的。这种装置用以测量试样所吸收的电磁辐射量。分析时，把少量用过的油样放入火焰中气化，让光源通过蒸气，用光电池测定被该试样透射出来的光的量。用棱镜或光栅使光源来的光发生色散，这样，就可以在给定的时间里只让某限定频率范围的光来照射蒸气试样。测量通过蒸气后照射在光电池上的光的量，就表明已知吸收这一波长的光的元素存在。改变光源的波长范围就能测出不同元素的浓度。

（1）发射光谱技术

物质的原子是由原子核和在一定轨道上绕其旋转的核外电子组成的。当外来能量加到原子上时，核外电子便吸收能量从较低能级跃迁到高能级的轨道上。此时原子的能量状态是不稳定的。电子会自动由高能级跃迁回原始能级，同时以发射光子的形式把它所吸收的能量辐射出去。所辐射的能量与光子的频率成正比关系：$E = h\nu$，其中 h 为普朗克常数。由于不同元素原子核外电子轨道所具有的能级不同，因此受激后所放出的光辐射都具有与该元素相对应的特征波长。光谱仪就是利用这个原理，采用各种激发源将被分析物质的原子处于激发态，再经分光系统，将受激后的辐射线按频率分开，通过对特征谱线的考察和对其强度的测定，可以判断某种元素是否存在以及它的浓度。

图 3-3 是美国 Baird 公司 FAS-2C 型直读式发射光谱仪的原理。采用电弧激发，一级是石墨棒，另一级是缓慢旋转的石墨圆盘。该盘下部侵入油样中，旋转时将油带到两极之间，电弧击穿油膜激发其中微量金属元素发出特征辐射线。经过光栅分光，各元素的特征辐射照到相应的位置上，由光电倍增管接收辐射信号，再经电子线路处理信号，便可直接检出和测定油样中各元素的含量。整个分析过程在电子计算机控制下进行，最后打印输出结果。

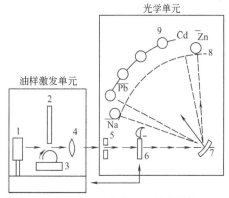

图 3-3　FAS-2C 型直读式发射光谱仪原理

1—汞灯；2—电极；3—油样；4—透镜；
5—入射狭缝；6—折射波；7—光栅；
8—出射狭缝；9—光电倍增管

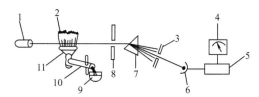

图 3-4　原子吸收光谱仪原理

1—阴极灯；2—火焰；3—出射狭缝；4—表头；5—放大器；
6—光电管；7—分光器；8—入射狭缝；9—油样；
10—喷雾器；11—燃烧器

（2）原子吸收光谱技术

其原理如图 3-4 所示。空心阴极灯所需分析元素制成，点燃时发出该种元素的特征光辐射。分析油样被燃烧器雾化并燃烧，其中各种金属微粒被原子化而处于吸收态。当空心灯光辐射穿过光焰时，就被相应的元素原子所吸收。其吸收量正比于样品中该元素浓度（$\times 10^{-6}$）。一般说，一种灯只能分析一种元素，测量另一种元素就要换灯，不过近年来已经出现了多元素灯。该种仪器的读数也是利用光电倍增管将光信号转换为电信号。

通过对特征谱线的考察和对其强度的测定，可以判断某种元素是否存在以及它的浓度。

原子吸收光谱分析法的优点是精度较高，不受周围环境干扰，应用日益广泛。现在出现了将润滑油样直接送入燃烧器的新方法，免除了油样预处理的繁琐程度，进一步缩短了分析时间。

（3）X 射线荧光光谱

X 射线荧光光谱仪的激发源是一种硬 X 射线。分析元素受激后发射出具有特征频率的软 X 射线，将它检出并测定其强度，便可得知所含元素的种类及含量。X 射线光谱仪的原理如图 3-5 所示。X 射线在伦琴管内产生，并照射到试样上。试样元素的二次发射辐射到分析晶体上，又被分析晶体衍射到一个盖格探测器，最终通过记录器及计数器输出。分析晶体的平面可以转动，以适应不同波长辐射的衍射角度。

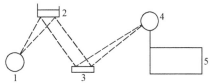

图 3-5 X 射线光谱仪原理图
1—X 射线源；2—油样；3—分析晶体；
4—盖格探测器；5—记录器及计算器

这种光谱仪灵敏度高、操作简便、可靠性高，因油样无需富集故分析速度快，更适于机器状态监测。荷兰铁路中心试验室曾将几种元素的溶液分析结果与这几种元素的悬浮液的分析结果进行比较，证明：当悬浮粒子直径小于 0.5mm 时，两者结果相同。

由于 X 射线荧光光谱仪无需制备油样的一整套设备，故可制成移动式的。如美国空军装备了移动式 X 射线荧光光谱仪，其分析部分只有 22 kg，探测 Fe、Cr、Mn、Ni 的灵敏度高于发射和吸收光谱法。

（4）润滑油红外光谱分析

从润滑油一些常规理化指标的变化能了解润滑油降解后的外在情况，而油降解的化学组成变化要通过红外光谱分析，可检测出油氧化后的醇、醛、酮、酸等含氧化合物及硝化物等官能团的量，从而得知油的降解程度。此外还可检测油中某些添加剂和污染物含量，其情况如表 3-43、图 3-6 所示。

高档汽油机油高温性能的行车试验，试验中把油温升至 150℃以强化氧化，模拟汽车在高速公路上持续行驶时润滑油的工作条件，试验后机油的黏度上升与红外光谱的氧化值和硝化值如表 3-44。从表看到，黏度上升与润滑油的氧化值一致，说明黏度上升是油高度氧化所致。

由于油温特别高，润滑油高度氧化，其红外光谱的氧化值增长快，分散性能消耗不大，因而硝化值增长慢甚至负增长。红外光谱仪是一种应用范围很广的分析仪器，专用于润滑油分析时有一套软件，如美国 PE 公司的软件。工作过程是，先分别做出参比油和要测的在用油的谱图（图 3-7、图 3-8），除去相同的吸收峰，得出差值（图 3-9），找出差值的基线（图 3-10），就可定量得到在用油中各降解产物和污染物读数（图 3-11）。

表 3-43 红外光谱对在用油的分析

品名	吸收峰位置/cm^{-1}	意义	警告值
烟炱	2000	油污染程度	＞0.7ABS/0.1mm
氧化物	1700	降解程度	＞0.02ABS/0.1mm
硝化物	1630	降解程度	＞0.02ABS/0.1mm
水	3400		0.1%
柴油	800		2.0%
汽油	750		1.0%
乙二醇	880	冷却液污染	0.1%
硫化物	1190	油的降解	＞0.02ABS/0.1mm
硫磷锌盐	960	添加剂消耗	0.02ABS/0.1mm

表 3-44　10W/30SH 油高温行车试验后油的红外光谱分析

项目	A6 号车			A19 号车		
里程/km	400℃黏度增长/%	氧化值/(A/cm)	硝化值/(A/cm)	400℃黏度增长/%	氧化值/(A/cm)	硝化值/(A/cm)
4000	14.32	5.05	4.37	10.78	4.37	3.98
8000	28.96	11.9	7.77	24.15	10.40	6.41
12000	42.35	20.10	10.10	38.02	19.90	12.60
16000	56.92	24.90	13.80	61.94	60.10	32.00
20000	80.72	39.90	25.00	123.60	71.50	28.00
24000	127.20	63.90	29.00	221.11	74.70	25.40

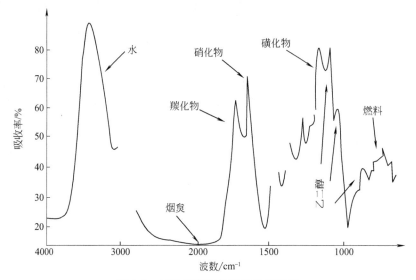

图 3-6　红外光谱中各物质的特征峰

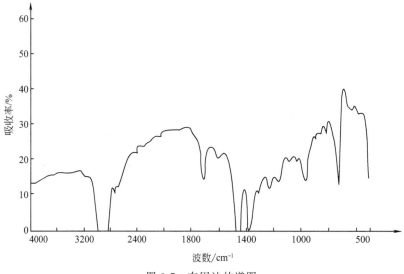

图 3-7　在用油的谱图

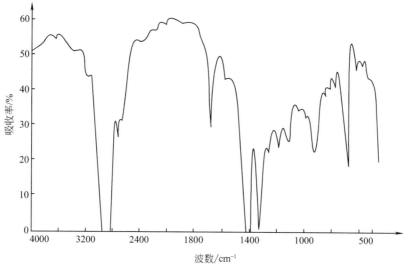

图 3-8　参比油谱图

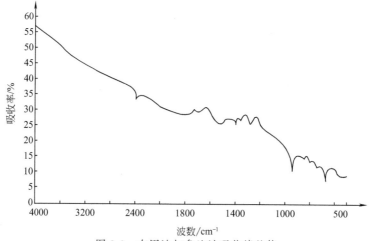

图 3-9　在用油与参比油吸收峰差值

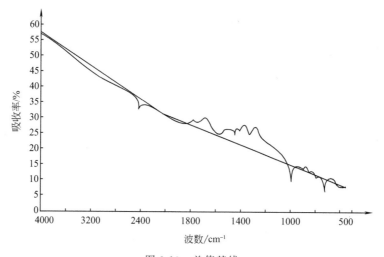

图 3-10　差值基线

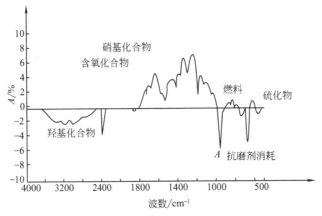

图 3-11 在用油中各物质读数

3.3.3 润滑油光谱分析技术应用于柴油机故障诊断实例

图 3-12 是某油田钻井用 12V190 型柴油机从第 1 年 8 月到第 2 年 7 月间的在用润滑油光谱分析仪监测到的 Cu、Fe、Pb 元素浓度变化曲线。

由图 3-12 可见，Cu 元素浓度自第 8 次（第 2 年 4 月）开始出现了显著的异常变化，而 Fe 和 Pb 未见异常。由于表现为 Cu 元素的单纯性异常，认为磨损不太可能产生于柴油机主轴承，而可能产生于柴油机上部的某些铜套。为了确定磨损来源于哪一个缸，在各缸缸盖上检测振动信号，得到各缸振动信号幅值，如图 3-13 所示。

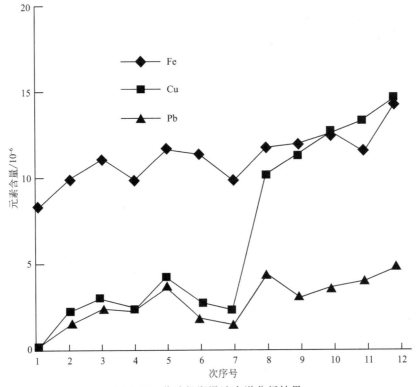

图 3-12 柴油机润滑油光谱分析结果

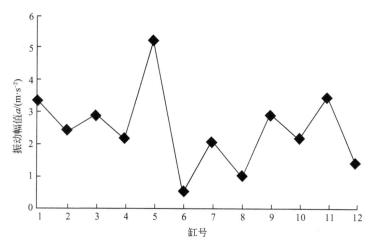

图 3-13　各缸振动幅值

由图 3-13 看出，第 5 缸振动幅值出现了异常，比其他各缸大很多。为将图 3-11 油液分析信息和图 3-12 振动信息复合，首先根据振动幅值确定各缸对严重磨损的模糊隶属度为

$$\mu_{R1} = \{0.56, 0.40, 0.48, 0.36, 0.86, 0.08, 0.34, 0.15, 0.49, 0.35, 0.58, 0.23\}$$

它是由各缸的振动幅值除以柴油机严重磨损时的平均幅值得到的。

然后依据油液分析指标，确定第 1 缸各摩擦组件（Fe、Cu、Pb）对严重磨损的模糊隶属度为

$$\mu_{R21} = \{0.26, 0.99, 0.39\}$$

它是由各元素的含量除以严重磨损时相应元素的含量得到的。

由于油液分析对各缸磨损程度的判断是等权重的，故柴油机各缸摩擦组件的模糊隶属度为

$$R_2 = \{0.26, 0.99, 0.39; 0.26, 0.99, 0.39;$$
$$0.26, 0.99, 0.39; 0.26, 0.99, 0.39;$$
$$0.26, 0.99, 0.39; 0.26, 0.99, 0.39;$$
$$0.26, 0.99, 0.39; 0.26, 0.99, 0.39;$$
$$0.26, 0.99, 0.39; 0.26, 0.99, 0.39;$$
$$0.26, 0.99, 0.39; 0.26, 0.99, 0.39\}$$

选择极大～极小公式进行复合，得到复合结果为

$$\mu_{R1 \cdot R2} = \max \min [\mu_{R1}, \mu_{R2}] = \{0.26, 0.86, 0.39\}$$

复合结果表明，第 5 缸含 Cu 元素的摩擦组件发生了严重磨损。为进一步分析，绘出该缸振动信号时域图和频域图，如图 3-14。

为便于对比，同时绘制出正常缸的振动信号，以第 4 缸为例，其时域图和频域图如图 3-15。

对比图 3-14 和图 3-15 可以看出，在时域图中，第 5 缸振动最大幅值远大于第 4 缸；在频域图中，500Hz 和 5000Hz 处的幅值第 5 缸较第 4 缸大很多。经析认为，这是由于摩擦副磨损严重，间隙增大，导致振动信号能量增加。停机检查发现，该缸活塞销出现明显的裂纹，活塞销与活塞连接处的铜套已严重磨损。及时修理后避免了一起由活塞销断裂引起的重大事故。

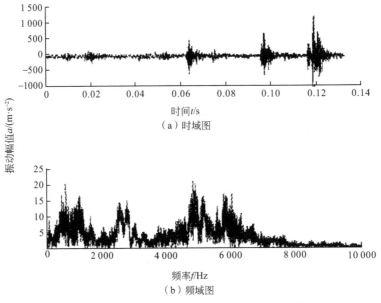

图 3-14　磨损后的第 5 缸振动信号时域图和频域图

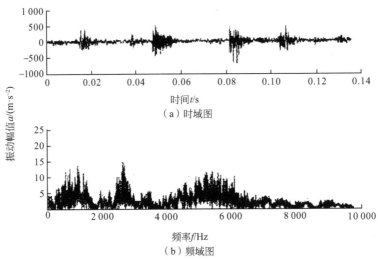

图 3-15　未磨损的第 4 缸振动信号时域图和频域图

3.3.4　铁谱分析法

　　铁谱是为了分离流动油液中的磨损颗粒并使颗粒沉积下来，以便能用光学的或扫描式的电子显微镜进行分析而发展起来的一门技术。1970 年，美国麻省理工学院的 W. Seifert 教授和福克斯伯洛公司的 V. E. Westcott 工程师合作，研究出分离油液中机械磨屑和其他颗粒的技术。1972 年发表论文首次使用铁谱技术一词。1976 年铁谱仪商品问世，很快在各工业国家推广、发展，至今已有分析式铁谱仪、直读式铁谱仪和在线式铁谱仪三大类。

　　运动部件之间的表面磨损是机器工作的普通特征。在任何确定时间内发生的磨损方式和磨损率取决于机器的材料、工作周期、运动部件的负载、工作环境以及使用的抗磨添加剂。正常工作期间，有亿万个磨损颗粒进入系统油液中，这些颗粒的尺寸范围从几个纳米至十微米以上。通常，高应力磨损的机械元件用钢制成，从这些元件掉下来的磨损颗粒都受磁场的强烈影响。但是，似乎不合逻辑的是：通常不受磁场影响的颗粒在伴随磨损的过程中却变成具有磁性吸引的东西，这些过程包括冷加工、拉伸和切割等。与磨损有关的颗粒所显示出来的这些磁性就是铁谱油液分析系统的基础。

铁谱系统由四个主要部件组成——直读（D. R）铁谱仪、载片铁谱仪（或铁谱分析仪）、铁谱读数仪以及带拍摄附件的双色显微镜。铁谱利用一个特制的磁铁体，其两极附近产生超高梯度的磁场强度使磨损颗粒在流动油液中沉淀下来。直读铁谱仪使颗粒从流动的油液中沿玻璃管轴向聚集起来。分析铁谱仪则用一个倾斜的经化学处理的载片作为基片，被吸收的颗粒可聚集于其上。小心地调节油液试样的压力，以使油样连续地慢速通过玻璃管或沿基片的长度方向通过。

（1）分析式铁谱仪（Analytical Ferro graph）

① 原理　分析式铁谱仪的原理如图 3-16 所示。取自机器的润滑油样被微量泵输送到铁谱片上，该片成一定倾斜角度放在具有高梯度强磁场的磁铁上。油样流下时，其中可磁化的磨屑在磁场作用下，按其自身尺寸由大到小依次沉积在铁谱基片上的不同位置，并沿磁力线方向排列成链状。经清洗残油和固定磨屑的工序后，制成了铁谱片（Ferro gram），如图 3-17所示。在铁谱片的入口端〈左端〉即 54mm 位置处，沉积的是大于 $5\mu m$ 的磨屑；在 40mm 处沉积 $1\sim2\mu m$ 的磨屑；在 40mm 以下位置则分布着亚微米级的磨屑。利用各种分析仪器对铁谱片上沉积的磨屑进行观测，便可得到有关磨粒形态、大小、成分和浓度的定性及定量分析结果，包括有关摩擦副状态的丰富信息。

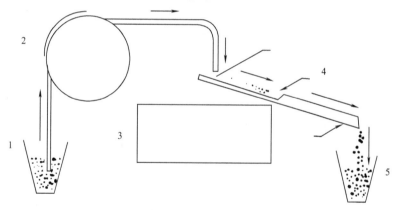

图 3-16　铁谱仪原理图
1—油样；2—微量泵；3—磁铁；4—铁谱片；5—废油

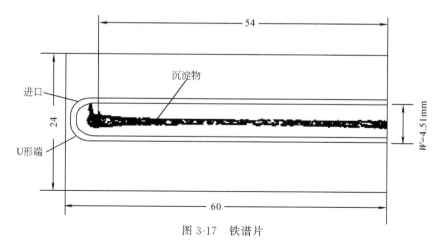

图 3-17　铁谱片

② 铁谱显微镜（Ferro scope）　　铁谱显微镜是分析式铁谱仪配套使用的专用分析仪器。它由双色显微镜和铁谱片读数器组成。在双色显微镜下可以观察铁谱片上沉积磨屑的形态，分析磨屑的成分，测量磨屑的尺寸。铁谱片读数器可以分别测出大磨屑（大于 $5\mu m$，在铁谱片上 54mm 处沉积）和小磨屑（$1\sim2~\mu m$，在 40mm 处沉积）的覆盖面积百分比 Al 和 As，由此得出油样的磨屑粒度的分布。一般选择磨损严重指数 Is 作为机械磨损状态的监测指标。定义为

$$Is = (Al+As)(At-As) = Al^2 - As^2$$

此外，也有其他判据，如 $\sum(Al+As)$，$\sum(Al-As)$ 等。因此，采用铁谱显微镜就可以完成一般的常规定量分析。

③ 扫描电子显微镜（SEM）　　由于磨屑分析的需要，各种现代化分析仪器和技术也逐渐渗透到铁谱技术领域。扫描电子显微镜是重要工具之一。由于它分辨率高，焦深长，从而弥补了铁谱显微高倍光学镜焦深短的弱点。它能更准确地观察磨屑形态、分析磨屑表面细节，还能得到立体感很强的照片。

利用与扫描电子显微镜配套的 X 射线能谱分析系统（EDAX）可以对磨屑进行成分的定性定量分析。它有三种分析方式：a. 某微区的元素组成；b. 某元素在某扫描线上的一维分布曲线；c. 某元素在某一区域的二维分布图。对磨屑成分作出准确的分析，便可判断某些产生于严重磨损的磨屑的来源，从而进行故障定位并辨别失效模式。

④ 图像分析仪（Quantimet）　　该仪器能够对铁谱片上一矩形区域内的沉积磨屑进行统计分析。它的计算机系统可以对不同粒度磨屑进行精确计数，最终拟合成威布尔分布规律并给出其各参量值。此外，它还可以自动而高速地测出磨屑长短轴比值、磨屑周长和特征参数等。由于此类仪器能提供准确而丰富的数据和信息，应用日渐广泛。

⑤ 铁谱加热法（HFA）　　铁谱片加热法是由铁谱技术发展起来的判断磨屑成分的简易实用方法。其原理是：厚度不同的氧化层其颜色不同。具体操作是把铁谱片加热至 330℃，保持 90 s，冷却后放在铁谱显微镜下进行观察。此时不同合金成分的游离金属磨粒就会呈现不同的回火色。例如，铸铁变为草黄色，低碳钢变为烧蓝色，铝屑仍为白色。采用铁谱片加热法，仅利用铁谱显微镜便可大致区分磨屑成分，免于购置大型昂贵设备，适用于要求精度不高的监测，其应用亦相当广泛。

（2）直读式铁谱仪（Direct Reading Ferrograph）

这类铁谱仪是在分析式铁谱仪的基础上研制的。其原理如图 3-18、图 3-19 所示。油样在虹吸作用下流经位于磁铁上方的磨屑沉积管。由光导纤维将两束光线引至三大磨屑（$5\mu m$ 以上）和小磨屑（$1\sim2\mu m$）沉积区域，经光敏探头接收穿过磨屑层的光信号。信号的强弱反映了沉积量的大小，经放大和模数转换后可在屏幕上显示大小磨屑沉积量的相对读数 D_1 和 D_s。

直读式铁谱仪分析速度快、重复性好，因此称之为铁谱定量分析仪，很适于机器状态监测。由它完成大量日常油样测定工作，建立基准限度，一旦发现磨损急剧发展，可用分析式铁谱仪来观察磨屑形貌、分析化学成分、辨别失效模式、探明磨损机理。因此直读式与分析式铁谱仪配合使用效果最好。

（3）在线式铁谱仪（On-line Ferro graph）

在线式铁谱仪用于在线监测，它由传感器和显示单元两部分组成。传感器接入机器润滑系统的旁路上，通过电缆将传感器产生的信号传递到远离机器的显示单元。传感器按照一定的程序周而复始地工作。它先将油中磨屑沉积在表面电容器上，沉积量的多少会使表面电容器的电容值发生变化，从而产生正比于油样内磨屑浓度的电信号。该信号经放大和模数转换后，在显示板上显示数字表示磨屑浓度测定值。该仪器分为大、小磨屑两个通道。测定后自

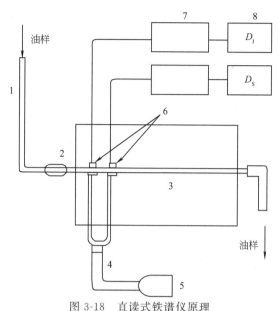

图 3-18　直读式铁谱仪原理

1—毛细管；2—沉积管；3—磁铁；4—光导纤维；5—光源；
6—光电探头；7—信号调制；8—读出装置

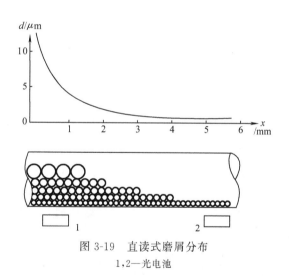

图 3-19　直读式磨屑分布

1，2—光电池

动冲洗掉沉积的磨屑进入下一测试循环。这种仪器随主机安装，不必经人工采取油样，十分适于大型设备的状态监测。

　　从铁谱系统中得到的数据是定量的，又是定性的。直读铁谱仪提供了位于沉淀管入口附近位置的（流入油液）和出口附近位置的（流出油液）颗粒密度刻度值。铁谱读数仪则用光学方法可测出覆盖在谱片各位置上沉积的磨损颗粒的密度。某个特定位置上的颗粒密度读数总是以离谱片出口端的毫米距离来给定的，如指示为 54mm 的密度读数便是取自离谱片端（即油液出口处）54mm 的那点。从双色显微镜得到的数据是定性的，因为操作者只提出凭经验和训练得来的知识就能判别和联系的东西。双色显微镜的照明特性，使操作者能够观察到颗粒形状、沉淀样式和颗粒的外观结构。因此，铁谱的测定为人们透彻地了解颗粒产生环境的化学条件提供了不可多得的手段。

3.3.5 磨损颗粒分析

设备磨损下来的金属颗粒被流动的润滑油携带出来，可从润滑油中磨粒的数量和大小推测磨损程度，从磨粒的形貌推测磨损发生的类型，从磨粒的合金成分推测发生磨损的部位。原理上，润滑油的理化分析从设备故障的原因（如油降解，进污染物，进水，进燃料）进行故障诊断，颗粒分析是从故障的后果进行故障诊断。

各种润滑油中磨损颗粒检测方法汇总如表 3-45 所示。

表 3-45　润滑油中磨损颗粒检测方法汇总

方法	方式	检测颗粒/μm	优点	缺点
原子发射光谱，等离子光谱，X 荧光光谱	离线	<5	定量，溶或不溶于油的金属或非金属均可，快速	只能测小颗粒
原子吸收光谱	离线	1～100	定量	费时间，可测元素少
铁谱	离线，在线	5～50	检出大颗粒量和形貌	限于磁性物，不表示浓度，操作麻烦
颗粒计数器	离线	1～3	费用低	限于磁性物
磨屑探测器（非指示式）	在线	100～400	连续输出	限于磁性物
磨屑探测器（指示式）	在线	100～400	可用于非磁性物	易指示错
磁塞	在线	>6	连续输出	限于大磁性物
颗粒传感器	在线	>1	连续	对粒径和流量敏感
碎片检测器	在线	>150	对碎片随时检出	对温度敏感
超声法	在线	35～75	快速低费用	限于磁性物
X 射线法	离线	1～10	便携	需液氯
X 射线法	在线	1～10	连续检测	对特定金属
放射性同位素法	在线		灵敏度高	接触放射物

从设备的典型磨损过程模式（图 3-20）和设备故障率模式（图 3-21），除了初始阶段差别大外（故障的发生除了摩擦磨损外，还有很多因素，如材料强度、安装质量、设计水平、操作失误等），后两个阶段趋势基本一致，在发生异常磨损前，应有一般磨损逐渐增加的过程，也就是在大磨粒大量产生前，小磨粒的浓度增加也预示非正常磨损即将到来，所以在磨粒分析中，以光谱法应用较多，也较有用。小磨粒及腐蚀磨损的金属化合物能均匀分布在油中，样品代表性好，其测量快速方便，在发生恶性磨损前一般有一个正常磨损增加（也就是小磨粒浓度升高）的过程，能给出一个明确的数值对故障作准确的预测。铁谱原理是搞理论研究的好工具，但由于它的先天性缺点。再加上监测时试验较麻烦，很难给出个通用数值，限制了它在故障诊断上的应用，适合做些抽查式检查及对一些怀疑现象的验证。表 3-44 是润滑油中一些金属的来源和相应的检查，表 3-45 是一些在光谱法测定中金属元素含量的警告值。

表 3-46 仅是简单的举例，实际发生的情况是多种因素相互作用造成的。表 3-47 中的范围值视某设备的金属构成而定。

某矿对大型矿井减速机用油进行监测，用了 7440h 的润滑油的光谱法元素含量如表 3-48。同时又做了铁谱、红外光谱及常规分析，然后用 GOAFDS 系统进行计算，得出"可能轴承存在异常磨损"的诊断，拆机后证实巴氏合金轴承磨损严重。从表 3-48 中铅含量大，也就会怀疑含铅大的轴瓦有大问题而立即拆机检查。

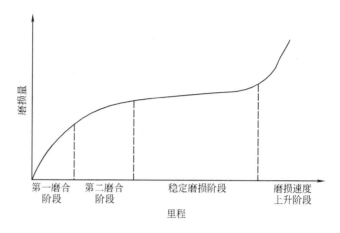

图 3-20　发动机磨损曲线

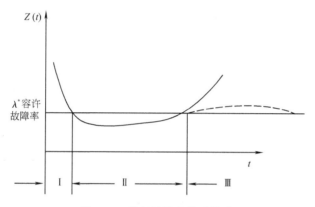

图 3-21　设备故障率典型模式

Ⅰ—早期故障阶段；Ⅱ—偶发故障阶段；Ⅲ—损耗故障阶段

表 3-46　润滑油中金属磨粒的来源和检查原因

金属	来源	检查原因
硅	外来尘砂，硅抗泡剂	环境灰尘大，进气过滤失效
铝	铝活塞，铝合金轴瓦磨损	动力损失大，噪声大
铁	各部分都可能磨损大	窜气，油耗、噪声大，动力损失
铜	轴套磨损	油压不够，噪声大
铬	镀铬环、铬合金轴颈磨损	窜气大，振动
钠	含钠添加剂的冷却水泄漏	查垫片和密封
铅	汽油稀释，含铅轴瓦磨损	动力下降，振动
钒、镍	重油污染，镍合金部件磨损	燃料系统失效
铝	铝合金部件磨损	检查相应部件
钙、钡锌、镁	添加剂消耗	换油期过长

表 3-47　光谱分析法润滑油中金属含量警告值

元素	Pb	Si	Fe	Cr	Al	Cu	Sn	Ag
含量/(μg/g)	5~14	10	100~200	30~60	15~40	5~40	5~15	5~10

表 3-48 某矿交流机组减速机润滑油样检测

元素	Fe	Cr	Pb	Al	Si	Na
含量/(µg/g)	20	<1	105	6	3	1

对宝钢蜗轮蜗杆箱的润滑油作元素含量光谱分析如表 3-49。又做了铁谱，最后推测蜗轮磨损严重，拆机后得到证实。从表 3-49 中铜和硅含量惊人的高即知铜蜗轮磨损严重和进砂子多，应立即拆检和换机油。

表 3-49 宝钢蜗轮蜗杆箱润滑油元素含量光谱分析

元素	Fe	Cu	Cr	Ni	Sn	Pb	Mn	Sb	B	Si	Al
含量/(µg/g)	42.27	366.99	1.06	1~71	2~24	2~28	40~79	1.01	1.02	86.73	5.74

从配件磨损表面状况及磨粒形态推测故障性质及原因，实际发生的磨损现象较难分辨，必须在现场作判断，才能推测故障原因，从而提出处理措施，一般从磨损的各自特征出发，抓主要矛盾推测原因。表 3-50 是在这方面可供参考的提示。若有色金属与黑色金属配件一起工作时，情况复杂得多，这就有赖于经验及从其他方面的验证。

表 3-50 几类磨损的摩擦副表面及磨粒特征及原因推测（以黑色金属为例）

类型	磨损表面形态	磨粒	发生原因推测
粘着磨损	从严重程度分划伤，拉伤，烧结。表面粗糙，有高温变色，可见金属突头或楔形流动形成	大而厚，长 5µm，厚 0.15~1µm，边缘粗糙尖锐，也有熔融金属冷却后的珠状	接触面过小而造成局部压力过大；油质差而油膜破裂；供油失效；冷却差使局部过热膨胀；金属表面强度差
磨料磨损	磨料为大而硬的颗粒造成沿运动方向有直线沟槽，小颗粒造成表面光亮	切削状如卷曲、螺旋及带状，大颗粒长 25~100µm，宽 2~5µm，小颗粒为几微米	外部硬颗粒侵入，磨损颗粒侵入，润滑油过滤效果差
疲劳磨损	表面片状剥落，有孔穴、空洞、裂痕，有倒锥形麻点坑	剥落碎片，扁平，外轮廓不规则，最大 100µm，长/厚—10/1	表面强度不足或匹配不好，压强过大，油膜强度不够
腐蚀磨损	麻坑状点蚀，有的表面变暗，有的经腐蚀使表面强度差而被磨去而光亮	红色氧化物屑，有碎片状，很多成极小悬浮油中	油降解程度高，进水，操作温度高，环境有腐蚀物，设计不合理造成表面受高速流体冲击

3.3.6 机油压力监测

机油泵为了保持润滑油在设备中不断循环，要有一定的油压，如果高于或低于规定范围，预示有故障发生的可能，应及时检查及排除。因此很多设备特别是车辆都设有低油压报警。

从故障诊断的角度，油压的变化有如表 3-51 的可能情况，应及时处理。

表 3-51 机油压力变化的可能原因

油压	过高	过低
原因	滤网或管路部分堵塞 油黏度过高或油温过低	机油泵工作不良 油路漏油 油箱油面过低 燃料稀释或油温过高运动件间隙过大 油路部分堵塞

下面是典型的关于油压故障的修理过程实例。

【例1】 一台扬子中客 495 柴油机,修理后试机时,油压表指针处于最高位置,连续冲坏 3 个滤芯,开始时认为滤芯质量有问题,换一新滤芯仍然被冲坏,这才断定是油压过高所致,为什么会出现油压过高的现象呢?

拆下限压阀螺钉,取出限压阀弹簧,但怎么也取不下柱塞阀体,估计是柱塞被卡所致。启动发动机,想借助机油压力冲出柱塞,可发动了足有 8min,柱塞体仍无动于衷,洞口也无机油渗出,将发动机提至高速,滤芯又被冲变形且渗出了机油,柱塞阀体还是没有动静。再次更换滤芯,一边用中速运转,一边用细钢棒敲击振动阀体,运转 15min 后,限压阀才有机油渗漏出来,这才将柱塞阀体取了出来。原来是修理工修发动机过程中冲洗主油道时,用高压水枪冲洗,冲洗完未擦干就装上了限压阀,阀体遇水形成铁锈层,导致限压阀体锈死在里面不能活动,过高的机油压力就是这样形成的。将限压阀除锈后装复,油压才低下来,经重新调整油压才正常,故障彻底排除。

【例2】 一台大修后不久的 4102 扬柴发动机,刚开始时机油压力正常,约半个月后,机油压力变低,中高速时为 300～400kPa。随后不久,怠速时油压为 200kPa,提高转速后,机油压力表指示油压为零。

检查机油压力表和机油压力感应塞,结果表明工作可靠,指示准确。拆下机油泵限压阀检查有没有卡滞,检查机油泵进油管路有没有堵塞,结果也没有发现问题。接着,拆下发动机机油盘,对机油泵和集滤器进行检查,分解检查机油集滤器时发现,其滤网密度过高,中间部分几乎被细小的纤维堵死,且滤网中间没有安全孔。因此,故障的原因是装上了不合格的机油集滤器造成,更换带有安全孔的集滤器滤网后,发动机机油压力正常,故障消失。原来,当发动机熄火时,滤网的中间部分抵在机油集滤器的底板上,机油只能从滤网周围进入过油管路及机油泵,发动机启动后怠速运转时,由于机油泵过油量较少,滤网周围通过的油量可以满足过油需要,所以机油压力正常,随着发动机转速提高,机油泵的吸油量增加,但由于滤网中没有设置安全孔,且滤网被细小纤维堵住,故当吸力增加时,滤网被进油口处的低压吸上而将进油口堵住,从而导致机油泵和过油管路缺油,使润滑油路中出现低压或无压现象。

有一个常见的问题是同一发动机用单级油(黏度指数较低)时油压正常,换用多级油(黏度指数较高)或较低黏度的润滑油后油压偏低,有的低于报警值而亮红灯,于是用户怀疑多级油的质量有问题,担心供油不足。这种担心是多余的,原因:一是多级油黏度指数高,在油箱中油温低于 10℃ 时其黏度也就低,黏度低油压就低;二是多级油含的黏度添加剂受到剪力时会产生"瞬间黏度损失",也使油压低。也就是多级油的低油压是由于它的流动性好,油泵无需用太高的压力即可保证油的循环,已测试过,在发动机中用 20 号油时油压虽然比 40 号油时低,但流速反而高,无需担心供油不足。我们注意到,有这种情况的往往是发动机机内摩擦副配合间隙大的老设备,解决办法一是维修设备,把间隙大的部件换掉,二是通过调压阀把压力调高,三是换用高一级黏度的润滑油。

3.3.7　润滑油消耗量的监测

设备设计水平越高,制造精度越高,其润滑油消耗量越小。许多设备特别是发动机都把机油耗作为一个指标列在规格上。设备的油耗途径如图 3-22,随着运行时间加长,运动件不断磨损使配合间隙加大,油耗就会不断增加,若有油耗异常变化,也预示将出现有关故障,这些故障可能是:

①油路漏油或密封件失效;②运动件间隙过大造成窜油;③发动机活塞环搭口排成一线;④活塞上的刮油环坏;⑤活塞上的回油孔堵塞;⑥油温过高;⑦活塞顶环岸积炭堆积。

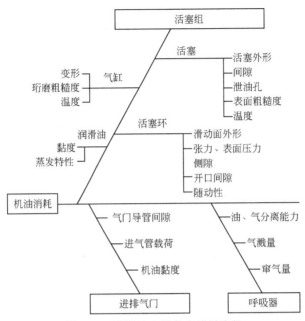

图 3-22　润滑油在设备中消耗途径

我国的平均设备管理水平不高，设备更新慢，设备状况不够好，表现之一是漏油窜油严重，而没有引起管理者足够重视。表 3-52 的数据表明，漏窜的油量（等于补加的油量）远大于换油量，如不认真对待，又是故障之源。

表 3-52　6135 型柴油机机油耗统计/kg

项目	台架		内河船		发电机组		总计	
	换油	补加	换油	补加	换油	补加	换油	补加
CD-1	70	170	65	89	17	131		
CD-2	93	179						
CC-1	100	183	87	124	26	297		
CC-2	162	163	87	89	26	114		
CA	260	195	173	139	87	384		
总计	685	890	412	441	156	926	1253	2257

表 3-52 数据是从中石化系统多个单位进行几年油料试验中取出，从表看到途中补加的油量大大高于换油量。一方面浪费油，另一方面危害环保，还使发动机的性能下降。应提高设备的制造工艺水平和加速设备的更新。

3.3.8　几种机油分析及在线监测方法

从润滑油对设备故障诊断较为全面，不但能从故障的后果（产生磨粒和漏损物）上监测，还能从故障的原因（润滑油的降解及其有害物）上监测，但缺点是需专用的试验室，不能在线监测，给诊断带来不便。为此又发展了一些快速简易便携性化验箱，可在现场监测但精确度比试验室稍低，同时还开发一些对润滑油某些指标敏感的传感器，安装在润滑油系统中，可在线监测油的变化值，下面作简单介绍。

（1）水分

① 声响法　把润滑油放在铝箔或锡纸做的小盘上，用酒精灯或打火机烧 1～2min，若飞溅或冒泡则含水量大，若有连续爆裂声则含水大于 0.03%，若一点爆裂后无声，含水小于 0.03%。

② 华特斯摩（Wates Mo）试纸　把此试纸浸入油中，遇水有蓝色斑点，按表 3-53 判断水含量。

表 3-53　华特斯摩试纸在油中斑点与水含量

斑点数/cm	1，微小	1～2	约 5 个	约 10 个
含水量/%	小于 0.5	0.5	1.0	2.0

③ 汉罗铁（Hydrokit）白色粉剂　与水接触呈紫色斑点，按表 3-54 判定水含量。

表 3-54　汉罗铁粉变紫色与油中水含量

斑点/cm	1，微小	1～2	5～10	大量	大片	全部
水/10～6	小于 20	20～40	40～60	60～200	200～500	大于 500

（2）碱值

加 2mL 油样于试管中，加 10mL 指示剂（50g/g 高锰酸钾溶于 50g/g 醋酸），每注入 0.5mL 酸性试剂（高氯酸）相当于 2.5mgKOH/g 总碱值，充分摇匀后若呈紫色，该油仍可用，绿色为临界状态，黄色表示碱值耗尽，需换油。

（3）斑点试验

斑点试验是应用已久的简单实用的判断在用润滑油状态的现场试验方法，方法是将几滴在用润滑油滴在定量滤纸中心，润滑油扩散后会成为图 3-23 图形，判别的原则是：沉积区的颜色越深，面积越大，表明润滑油中沉积物越多，降解程度越深，沉积层与扩散层间的分界线很模糊，表明润滑油仍有好的清净分散能力，若分界线很清晰，表明润滑油的分散能力已很差。外围的油环在润滑油新鲜时为透明无色，随着油氧化的加深，由浅黄至黄至棕红色。为了操作方便，按润滑油中沉积物量的多少做成几张参考图谱，沉积物从少到多分成一、二、三、四等几级，将某在用油的斑点与之比较，得出此油的降解程度。也有的把某一润滑油按运行里程或时间顺序各滴在同一张滤纸不同位置上分别扩散，其斑点比较起来非常直观（图 3-24），此方法简单易行，应用非常广泛，并向定量和半定量发展。下面是几个应用例子。

① 壳牌润滑油公司方法　把油样加热到 240℃ 5min，滴 2mL 在 Durieux Paper grade 滤纸上（每张可滴 16 个油样）让其扩散，再在烘箱中干燥（100℃，1h），把斑点图放到专用的仪器 VPH 5G 中评定和照相，仪器给出两个结果，一个是污染指数（IC），表示油中不溶物的量，表示为 0.1%、2%、3%、4%，另一个为分散性（DM），表示油的剩余分散能力，为 100（新油的分散性）到 0（无分散性）。总评分为：$DP = (100 - DM) \times IC$。

中国石化集团公司石油化工科学研究院研制出 DSP1000 型数字化分散度测定仪，专用于定量化测斑点试验中沉积层的颜色和面积，一般以油斑的相对灰度（SRG）作比较。

$$SRG（\%）= 100(Go - Gm)/Go$$

式中，Gm 为测出在用油样的斑点灰度；Go 为 0km 灰度。

图 3-25 是某行车试验中油样灰度的变化情况。

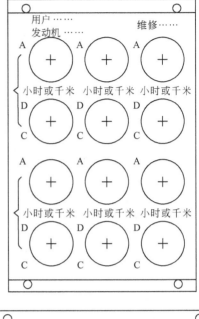

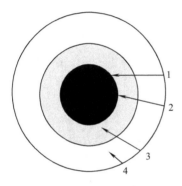

图 3-23 润滑油斑点图

1—黑晕圈；2—沉积区；3—扩散区；4—透明区

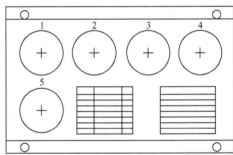

图 3-24 润滑油斑点图小装置示意图

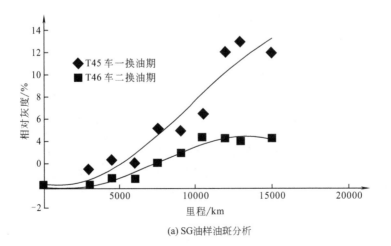

(a) SG油样油斑分析

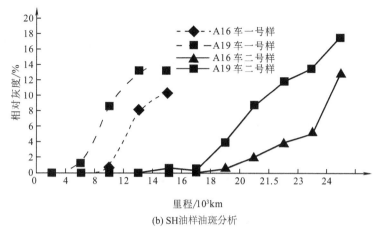

(b) SH油样油斑分析

图 3-25　行车试验中油样灰度变化

② 润滑油现场检验法　国家标准 GB 8030 润滑油现场检验法，其中的滤纸斑点试验法方法是把在用润滑油在滤纸上滴 5～6 滴，室温下静置 0.5～1h，从扩散的斑点按四级进行评定。

一级：油斑的沉积环和扩散环间没有明显界线，整个油斑颜色均匀，油环浅而明亮，油质良好。

二级：油斑的沉积环色深，扩散环较宽，二环纹间有明显的分界线，油环呈不同程度的黄色，油质已污染，应加强机油滤清，润滑油可继续使用。

三级：油斑的沉积环深黑，沉积物密集，扩散环狭窄，油环颜色变深，油质已达劣化。

四级：油斑只有中心沉积环和油环，无扩散环，沉积乌黑，沉积环稠厚而不易干燥。

（4）润滑油污染度或老化度测定仪

它是一种对润滑油的降解程度的综合评价方法，一般新油的导电性能很差，在降解及受污染后，其导电性能会发生变化。对润滑油中的添加剂、降解产物和污染物在不同电极中的电流和电压的变化做大量的比较，得出新油和不同程度老化的油在导电性能上的差异规律，从而用以测定润滑油的剩余能力和污染度，此方法简单易用直观，适用于现场检测，但由于润滑油的降解过程较复杂，其导电性能的变化仅能反映润滑油在某种情况下的降解过程，不是在任何情况下都好用，因而应用不普遍。这类仪器结构简单，价格不贵，通常为便携型，国内外均有此类商品供应。

应说明的是上述一些快速简易现场测试方法都不是标准方法，其结果的准确性低于试验室标准方法，仅供现场作判断时参考，如对数据有怀疑，应以标准方法为准。

3.3.9　传感器型在线直读油质变化仪表的应用

此类传感器一般是安装在油箱或主油道的油中，其相应的仪表在汽车驾驶室或设备操作室的仪表盘上，操作者从表的指针可看出油的指标变化，达到某值即要换油。

（1）特殊的油压力传感器

它带有温度修正功能，使其压力与油黏度变化成正比，在油黏度过大或过小时，油压表的指针即超过范围而需换油。

（2）根据油温效应

E. Sehwarty 等通过数理统计得出油温与油的老化及碱值变化等有一定的依从关系，由此根据大量的数据做成数学模型，建立了由发动机转速及油温等数据进入计算机处理得出换油的指示。此法对正常运行的车有好的指导作用，但对发动机进水等其他情况无能为力。

（3）根据油的老化和导电性的相关性

油是电的不良导体，使用中酸碱值的变化、添加剂消耗、油生成沉积物和异物侵入等都使导电性变化，从此原理出发研制了各种不同传感器，把电极装在油箱到主油道的油路中，驾驶室的仪表盘仪表显示电压变化，从变化平缓到突变表示某油性质变化大而需换油。此法原理简单但实用难度大。Hansheng Lee 等研制的晶体管构造的指状组合型双电极做成的传感器装在油箱量油尺的位置上，试验中其传感器电压如图 3-26。不同油种、工况试验效果较好。Komatiu 公司的一种由"银"、"铱"、"参考"三电极组成的传感器，认为银电极对添加剂消耗很敏感，铱电极对酸值变化敏感，传感器得到三个电压讯号如图 3-26：（铱/参考）、（银/参考）及（铱/银），这几个数据处理后即得到油的状态。

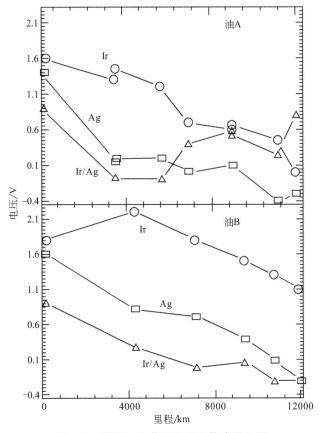

图 3-26　润滑油的使用里程和传感器电压

（4）汽轮机油颗粒污染物在线监测系统

图 3-27 所示，用电磁阀控制使有 1/3 油通过在线监测装置，这些油先后通过两个孔径为 $10\mu m$ 和 $18\mu m$ 的过滤器，测量过滤器的压差以检测过滤器被某种大小的颗粒堵塞程度，算出此种尺寸颗粒在油中浓度，再换成 ISO 04406 标准，这些数据输入计算机处理及发出警报。下面是计算例子。

孔径 $10\mu m$ 的过滤器有 5000 个孔，油流量 600mL/min，仪器压力降 p_o 为 40kPa，无堵塞时油流过滤孔的初压力 p_i 为 120kPa，流过 10s 后压力 p_f 达 240kPa，则堵塞比为：

$$(p_i-p_o)/(p_f-p_o)=0.4$$

设每个孔被一个颗粒堵塞，则 10s 中通过 100mL 油时有 $0.4\times5000=2000$ 孔被堵，则

每毫升油中大于 $10\mu\text{m}$ 的颗粒有 20 个。

NAS1683 是美国国家航空空间标准，用以评定油中颗粒污染程度，有计数法和重量法，计数法分 6～12 级，级别越高，污染越大。

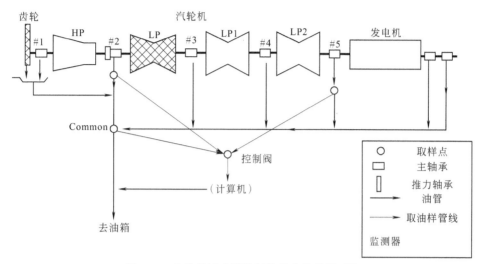

图 3-27　汽轮机油中颗粒污染物在线监测系统

3.3.10　大型工程机械液压油污染与温度在线监测实例

大型工程机械被广泛应用于工程建设领域，大型工程机械的传动系统主要以液压传动为主。

（1）液压油污染度的在线监测

工程机械液压油按传动及控制压力分为高压、中压、低压几种，液压系统的基本回路可分为动力回路、控制回路、执行回路。工程机械液压油污染度的在线监测系统，主要按液压系统油液传动路径分为回路监测系统、主要元件前置监测系统、液压泵的出油口监测系统。几种在线监测原理基本相同，主要是选择合理的监测位置、选择合理的传感器、确定对比参数、实现调控措施。图 3-28 是在线监测与处理系统原理设计图。

① 该系统采用光电传感器作为监测元件，将监测元件安装在要监测油路中，通过光电传感器所测得的信号传输给处理器，处理器将信号进行转化和分析，由显示器显示液压油污染度，当污染度达到一定值时，由报警装置进行分级报警并处理。

② 监测报警装置：监测报警装置的主要功能是根据监测数据判断工作状况，当状态异常时发出报警。监测报警装置采用单参数阀值报警和多参数融合报警两种形式。单参数阀值报警是将单个工况参数的监测数据与其正常工作状态的标准值进行比较，根据差别情况的大小进行报警；多参数融合报警，首先将几个关键工况参数的监测值与阀值差值进行统一量化，然后用信息融合的办法（这种采用神经网络）进行综合，给出系统级的状态指示状态。

③ 油污自动处理，根据在线监测到的油液污染程度，信号采集单元和中心处理单元器给出相应指令，控制电控液压阀 6 的开启，使过滤器 5 适时开启，对油液进行清洁处理。

在工程机械上采用液压油污染度在线监测，可随时监测液压油在使用过程中的品质，显示污染等级及相应的原因，当污染度达到相应的级别时，报警装置也会进行分级报警，以确保工程机械在使用中液压油性能及品质的良好性。

（2）液压油油温的自动监控

大型工程机械液压传动系统热平衡温度，一般为 60～80℃，保持该温度范围，对液压系统的正常工作和元件使用寿命起到非常重要的作用，现设计一种油温自动监控系统，确保液压传动系统在正常温度范围内工作，如图 3-29。

在液压油循环冷却散热装置前，安装 2 个自动电控油阀 A 阀、B 阀，油温传感器在线监测油温，此传感器安装在油路中，直接检测液压油的实际温度，并将温度反馈给 CPU 智能处理单元，CPU 智能处理单元将检测到的实际温度与设定温度（即理论设计温度）进行比较，再相应调整 A、B、C 阀的开度，当油温正常时，B 阀工作，A 阀关闭；当油温较高时，适当开启油 A 阀，B 阀适当关闭，设计时注意 A 阀、B 阀的开启、关闭时，流量 Q 控制平衡，防止液压系统产生背压。当系统油温高时，A 阀全开启，B 阀关闭。

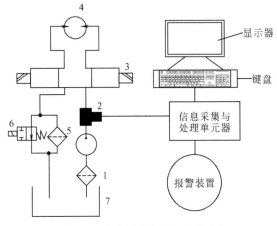

图 3-28 油液污染监测与处理系统

1,5—过滤器；2—光电传感器；
3,6—电控液压阀；4—电马达；7—油箱

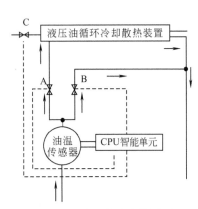

图 3-29 油温自动监控原理

A,B—电控油阀；C—冷却介质电控阀

如果油液循环全部经散热装置，油液温度还是较高时，开大 C 阀或 C 阀全开，加大冷却介质循环流量，以保证正常油液工作温度。

A 阀、B 阀、C 阀的开启程度通过 CPU 智能处理单元控制，智能单元的命令的发出，来自温度传感器监测温度高低，通过智能神经系统单元对比处理，实现动态热平衡温度——即系统正常工作温度。

（3）传感器信号处理电路

在线传感器、信号采集单元和中心处理单元。根据所选择的监测参数选择和安装传感器，在液压系统上加装接口。信号采集单元负责传感器信号的调理、采集及提出。基于图 3-28、图 3-29 工作原理可知，传感器是实现在检测和控制的首要环节，起着准确检测工况作用。传感器主要是接受被测对象的各种非电量信号，并将其转化为电信号，即传感器→运算放大电路→A/D 计算机。但此信号一般比较小，需经过放大处理，提高信噪比，抑制零漂，增强抗干扰能力，以满足数据采集板的要求。

第 4 章

典型设备润滑技术及应用

4.1 金属切削机床润滑技术及应用

金属切削机床（简称机床）是量大面广、品种繁多的设备，其结构特点、加工精度、自动化程度、工况条件及使用环境条件有很大差异，对润滑系统和使用的润滑剂有不同的要求。

4.1.1 机床润滑的特点

（1）标准化、通用化，系列化程度高

机床中的主要零部件多为典型机械零部件，标准化、通用化，系列化程度高。例如滑动轴承、滚动轴承、齿轮、蜗轮副、滚动及滑动导轨、螺旋传动副（丝杠螺母副）、离合器、液压系统、凸轮等，润滑情况各不相同。

（2）机床的使用环境条件

机床通常安装在室内环境中使用，夏季环境温度最高为 40℃，冬季气温低于 0℃ 时多采取供暖方式使环境温度高于 5～10℃。高精度机床要求恒温空调环境，一般在 20℃ 上下。但由于不少机床的精度要求和自动化程度较高，对润滑油的黏度、抗氧化性（使用寿命）和油的清洁度的要求较严格。

（3）机床的工况条件

不同类型和不同规格尺寸的机床，甚至在同一种机床上由于加工件的情况不同，工况条件有很大不同。对润滑的要求有所不同。例如高速内圆磨床的砂轮主轴轴承与重型车床的重载、低速主轴轴承对润滑方法和润滑剂的要求有很大不同。前者需要使用油雾或油汽润滑系统润滑，使用较低黏度的润滑油，而后者则需用油浴或压力循环润滑系统润滑，使用较高黏度的油品。

（4）润滑油品与润滑冷却液、橡胶密封件、油该材料等的适应性

在大多数机床上使用了润滑冷却液，在润滑油中，常常由于混入冷却液而使油品乳化及变质、机件生锈等，使橡胶密封件膨胀变形，使零件表面油漆涂层起泡、剥落。因此应考虑润滑油品与润滑冷却液、橡胶密封件、油漆材料的适应性、防止漏油等。特别是随着机床自动化程度的提高，在一些自动化和数控机床上使用了润滑/冷却通用油，既可作润滑油、也可作为润滑冷却液使用。

4.1.2 机床润滑剂的选用

由于金属切削机床的品种繁多，结构及部件情况有很大变化，很难对其主要部件润滑剂的选用提出明确意见，表4-1是根据有关标准整理的一些机床主要部件合理应用润滑剂的推荐意见。

表 4-1 机床用润滑剂选用推荐表

字母	一般应用	特殊应用	更特殊应用	组成和特性	L类(润滑剂)的符号	典型应用	备注
A	全损耗系统			精制矿油	AN32 AN68 AN220	轻负荷部件	常使用 HL 液压油
C	齿轮	闭式齿轮	连续润滑（飞溅、循环或喷射）	精制矿油，并改善其抗氧化性、抗腐蚀性(黑色金属和有色金属)和抗泡性	CKB32 CKB68 CKB100 CKB150	在轻负荷下操作的闭式齿轮（有关主轴箱轴承、走刀箱、滑架等）	CKB32 和 CKB68 也能用于机械控制离合器的溢流润滑，CKB68 可代替 AN68。对机床主轴箱常用 HL 类液压油
				精制矿油，并改善其抗氧化性、抗腐蚀性（黑色和有色金属）、抗泡性、极压性和抗磨性	CKC100 CKC150 CKC200 CKC320 CKC460	在正常或中等恒定温度和在重负荷下运转的任何类型闭式齿轮（准双曲面齿轮除外）和有关轴承	也能用于丝杠进刀螺杆和轻负荷导轨的手控和集中润滑
F	主轴、轴承和离合器		主轴、轴承和离合器	精制矿油，并由添加剂改善其抗腐蚀性和抗氧化性	FC2 FC5 FC10 FC22	滑动轴承或滚动轴承和有关离合器的压力、油浴和油雾润滑	在有离合器的系统中，由于有腐蚀的危险，所以采用无抗磨和极压剂的产品是需要的
			主轴、轴承	精制矿油，并由添加剂改善其抗腐蚀性、抗氧化性和抗磨性	FD2 FD5 FD10 FD22	滑动轴承或滚动轴承的压力、油浴和油雾润滑	也能用于要求油的黏度特别低的部件，如精密机械、液压或液压气动的机械、电磁阀、油气润滑器和静压轴承的润滑
G	导轨			精制矿油，并改善其润滑性和黏滑性	G68 G100 G150 G220	用于滑动轴承、导轨的润滑，特别适用于低速运动的导轨润滑，使导轨的"爬行"现象减少到最小	也能用于各种滑动部件，如丝杠、进刀螺杆、凸轮、棘轮和间断工作的轻负荷蜗轮的润滑
H	液压系统	液压系统		精制矿油，并改善其防锈、抗氧化性和抗泡性	HL32 HL46 HL68		
				精制矿油，并改善其防锈、抗氧化性、抗磨和抗泡性	HM15 HM32 HM46 HM68	包括重负荷元件的一般液压系统	也适用于作滑动轴承、滚动轴承和各类正常负荷的齿轮（蜗轮和准双曲面齿轮除外）的润滑，HM32 和 HM68 可分别代替 CKB32 和 CKB68
				精制矿油，并改善其防锈、抗氧化性、黏温性和抗泡性	HV22 HV32 HV46	数控机床	在某些情况下，HV 油可代替 HM 油
		液压和导轨系统		精制矿油，并改善其抗氧化、防锈、抗磨、抗泡和黏滑性	HG32 HG68	用于滑动轴承、液压导轨润滑系统合用的机械以减少导轨在低速下运动的"爬行"现象	如果油的黏度合适，也可用于单独的导轨系统，HG68 可代替 G68

续表

字母	一般应用	特殊应用	更特殊应用	组成和特性	L类(润滑剂)的符号	典型应用	备注
X	用润滑脂的场合	通用润滑脂		润滑脂,并改善其抗氧化性和抗腐蚀性	XBA 或 XEB1 XBA 或 XEB2 XBA 或 XEB3	普通滚动轴承、开式齿轮和各种需加脂的部位	

注:L类代号说明为,AN—全损耗系统用油,CKB—抗氧化、防锈工业齿轮油,CKC—中负荷工业齿轮油,FC—轴承油,FD—改善抗磨性油,FC—轴承油,G—导轨油,HL—液压油,HM—液压油(抗磨型),HV—低温液压油,HG—液压-导轨油,XBA—抗氧及防锈润滑脂,XEB—抗氧、防锈及抗磨润滑脂。

4.1.3　机床常用润滑方法

机床常用的各种润滑方式见表 4-2。

表 4-2　机床常用的润滑方法

润滑方法	润滑原理	使用场合
手工加油润滑	由人手将润滑油或润滑脂加到摩擦部位	轻载、低速或间歇工作的摩擦副。如普通机床的导轨、挂轮及滚子链(注油润滑),齿形链(刷油润滑),$dn<0.6×10^6$ 的滚动轴承及滚珠丝杠副(涂脂润滑)等
滴油润滑	润滑油靠自重(通常用针阀滴油油杯)滴入摩擦部位	数量不多,易于接近的摩擦副。如需定量供油的滚动轴承,不重要的滑动轴承(圆周速度<4~5m/s,轻载),链条,滚珠丝杠副,圆周速度<5m/s 的片式摩擦离合器等
油绳润滑	利用浸入油中的油绳、油垫的毛细管作用或利用回转轴形成的负压进行自吸润滑	中、低速齿轮,需油量不大的滑动轴承装在立轴上的中速、轻载滚动轴承等
油垫润滑		圆周速度<4m/s 的滑动轴承等
自吸润滑		圆周速度>3m/s,轴承间隙<0.01mm 的精密机床主轴滑动轴承
离心润滑	在离心力的作用下,润滑油沿着圆锥形表面连续地流向润滑点	装在立轴上的滚动轴承
油浴润滑	摩擦面的一部分或全部浸在润滑油内运转	中、低速摩擦副,如圆周速度<12~14m/s 的闭式齿轮;圆周速度<10m/s 的蜗杆、链条、滚动轴承;圆周速度<12~14m/s 的滑动轴承;圆周速度<2m/s 的片式摩擦离合器等
油环润滑		载荷平稳,转速为 100~2000r/min 的滑动轴承
飞溅润滑	使转动零件从油池中通过,将油带到或激溅到润滑部位	闭式齿轮,易于溅到油的滚动轴承,高速运转的滑、滚子链、片式摩擦离合器等
刮板润滑		低速(30r/min)滑动轴承
滚轮润滑		导轨
喷射润滑	用油泵使高压油经喷嘴喷射入润滑部位	高速旋转的滚动轴承
手动泵压油润滑	利用手动泵间歇地将润滑油送入摩擦表面,用过的润滑油一般不再回收循环使用	需油量少,加油频度低的导轨等
压力循环润滑	使用油泵将压力油送到各摩擦部位,用过的油返回油箱,经冷却、过滤后供循环使用	高速、重载或精密摩擦副的润滑,如滚动轴承、滑动轴承、滚子链和齿形链等

续表

润滑方法	润滑原理	使用场合
自动定时定量润滑	用油泵将润滑油抽起，并使其经定量阀周期地送入各润滑部位	数控机床等启动化程度较高的机床上的导轨等
油雾润滑	利用压缩空气使润滑油从喷嘴喷出，将其雾化后再送入摩擦表面，并使其在饱和状态下析出，让摩擦表面黏附上薄层油膜，起润滑作用并兼起冷却作用，可大幅度地降低摩擦副的温度	高速（$dn>1×10^6$）、轻载的中小型滚动轴承、高速回转的滚珠丝杠、齿形链、闭式齿轮、导轨等。一般用于密闭的腔室，使油雾不易跑掉

4.1.4 高速加工机床电主轴润滑技术

高速加工的效率远高于常规切削速度下的加工效率，其技术原理是：加工塑性金属材料时，当剪切滑移速度高于某一限值，会趋于一种最佳切除条件，这时的切削能耗、切削力、刀具材料的磨损、表面加工质量、材料表面温度等明显优于常规切削状态下的指标。高速加工还可以加工如塑料、铝、石墨、木材等较软的材料，并且能加工硬度高于 60HRC 的淬硬钢，随着刀具技术的发展，现在加工淬硬钢的线速度能达到 500m/min，所以高硬度材料用高速切削的方式很容易加工。

随着经济全球化带来的激烈国际市场竞争，高速加工技术和数控机床技术的发展，要求机床应具备高转速、高效率、高精度及高可靠性，以满足机械制造、电子工业、航空航天等行业对钛合金、铝合金材料零件的高速精密加工要求。同时国际不断提高环境保护的要求，采用干切削的方式来加工零件，少用或不用切削液可以达到环保的目的。机床电主轴为满足以上的要求被研发出来。它是将主轴电机和机床主轴合为一体的新技术，它与高速刀具技术、直线电机技术一起，使高速加工技术快速发展起来。当前电主轴主要用的动力源是交流高频内置电动机，所以也称"高频主轴"（High Frequency Spindle）或"直接传动主轴"（Direct Drive Spindle）。

对于高速电主轴轴承多采用干油喷射、油雾、环下及油-气润滑的方式。脂润滑形式不需要特别的设备和维护，是一次性永久润滑，用于转速值较低的电主轴。采用脂润滑形式要必须使用主轴轴承专用润滑脂，其使用寿命能达到 4000h 以上，中间不需要补充，也不需要专门设计加脂孔，采用这种润滑形式的可以简化电主轴结构，使用方便，对环境污染小，但主轴温升较高，轴承的最高允许工作转速较低。

干油喷射润滑使用于稀油和干油两种，是一种依靠压缩空气作为动力的润滑方式。由于油黏度太大，不能利用文氏管效应形成油雾状。一般靠单独的干油站或泵输送油脂。油脂与压缩空气汇合，经过喷嘴被吹散成颗粒状油雾，经过压缩空气直接喷射到需润滑部位。这种润滑力一式的优点是润滑剂能定向、定量的超越一定的空间均匀地喷射到需润滑部位。可以在恶劣的工作环境下使用，使用方便、用油节省、工作可靠。

这种润滑方式利用压缩空气把经过油雾发生器的油液雾化后和压缩空气混合，经管路输送到需润滑的部位。油雾润滑的喷口直接对准内轴承滚道和滚动体钢球，有较好的润滑效果；持续不断的提供油雾混合压缩空气，可以迅速带走电主轴轴承旋转时产生的热量，使轴承有稳定的温度；连续不断的供油，不存在油质老化的问题，保证了润滑油的质量；主轴内部的压缩空气可以形成压力环境，内部环境压力比外部的高，可以有效阻止外部杂质和尘埃的进入。油雾润滑可以持续进行，设备简单，制造成本低，维修方便，可以有效保证高速电主轴稳定的工作。但油雾润滑有供油量不能精确控制，回收困难，油耗比较高，多余的油雾混合压缩空气会排放入工作环境中造成污染环境，损害工人健康。油雾润滑由于有以上缺点，在国外专业电主轴公司已不向用户提供油雾润滑装置，它将被其他新型润滑方式逐渐替代。

环下润滑对轴承的润滑有特殊要求，轴承需要有一个带润滑油槽和油孔的内圈，轴承的外圈和内圈需设计有斜坡，且在套圈上要装配锁口，内圈与滚动体非接触区需要有均匀分布的微小润滑油孔，在内圈内孔表面还要开设润滑油槽。

当轴承高速旋转时，润滑油经过内圈的润滑油槽和均匀分布的微小油孔直接注射到轴承滚道接触区。轴承的滚动体可以是钢材料，也可是氮化硅材料制成的陶瓷球材料。

油气润滑是一种较为理想的高速电主轴的润滑方式。它根据实际润滑需要将少量的润滑油不经过雾化直接用压缩空气连续不断地利用分配阀定时、定量、均匀的输送到需润滑部位。油气在润滑过程中处于相互分离的状态，润滑油具有润滑作用，压缩空气为润滑油运动提供动力，并能冷却轴承和清洁轴承内部杂质。定时、定量的供油能够保证需润滑部位不缺润滑油，还不会因润滑油量过大产生阻力引起温升，并且将油雾污染程度降至最低。油气润滑可以有效降低轴承的温升。经过试验证明，相同转速、型号、工况条件下的主轴轴承，采用油气润滑和油雾润滑相比，轴承的外圈温度可以降低 9~16℃；在保持轴承外圈温度不变的条件下，轴承的速度因数在油气润滑条件下能提高 25% 以上。

为了保证油气润滑装置的正常工作，国外一些电主轴公司还规定润滑用油要达到 ISO 4406 的 13/10 级清洁度标准。油气润滑装置一般由专业的电主轴公司设计制造。用户选购电主轴公司的产品后，根据实际情况的需要，可选定含某种特别添加剂的油，设定不同的定时、定量值，最后由电主轴公司成套供应给用户。因此，高速加工机床电主轴的润滑使用油气润滑是最佳的选择。

4.1.5　机床高速主轴油雾润滑技术应用实例

用在高速主轴单元上的轴承主要有角接触球轴承、磁悬浮轴承、水基动静压轴承、空气动静压轴承等。主轴轴承常见的润滑方式有脂润滑、油雾润滑、油气润滑、喷射润滑及环下润滑等。油雾润滑是一种新型的稀油集中润滑方式，已成功地应用于滚动轴承、滑动轴承、齿轮、链轮、涡轮、导轨等各种摩擦副。随着轴承技术、润滑技术的发展，主轴的转速在逐渐提高。当轴承的速度因值在 $0.8×10^6$~$1.8×10^6$ mm·r/min 内时宜采用油雾润滑。由于油雾润滑连续供给压缩空气，使外界的灰尘、杂质难于进入，连续流过的压缩空气使轴承得到冷却的同时也没有多余的润滑油产生摩擦热，因而降低了轴承的温度，提高了轴承的寿命。与传统的压力润滑相比，油雾润滑仅使轴承摩擦表面黏附上薄层油膜便能获得较充分的润滑。因此，油耗十分低，不需要大的油箱，进、回油泵，过滤器，冷却装置以及很多的输油通道、管路，也不需要减速器带动油泵，因此，油雾润滑应该是高速机床中主轴的最适宜润滑方式。

（1）油雾润滑的原理

油雾润滑技术是一种能连续有效地将油雾化为小颗粒的集中供油方式，它是将适量加压后的润滑油雾输送到轴承表面形成润滑油膜，以提高润滑效果并延长机械寿命。目前的油雾润滑系统多采用压缩空气能量雾化润滑油，并使它们转变成微米级的微小粒子，这种油雾微粒在系统中形成一种稳定的悬浮物，能较长距离地通过管道输送到要求润滑的部位。油雾润滑是一种较先进的微量润滑方式，已成功地用于滚动轴承、滑动轴承、齿轮、蜗轮、链轮等各种摩擦副。其工作原理如图 4-1 所示。压缩空气通过进气口进入阀体 1 后，沿喷嘴 3 的进气孔进入喷嘴内腔，并从文氏管 4 喷出进入雾化室 5，这时，真空室 2 内产生负压，并使润滑油经过滤器 8、喷油管 7 上升到真空室 2，然后滴入文氏管 4 中，油滴被气流喷碎成不均匀的油粒,再从喷雾罩 6 的排雾孔进入贮油器 9 的上部,大的油粒在重力作用下落回到贮油器 9 下部的油中,只有小于 $3\mu m$ 的微粒留在气体中形成油雾,随压缩空气经管道输送到润滑点。

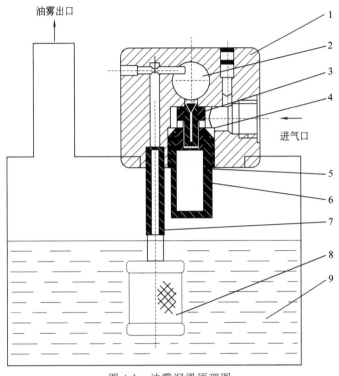

图 4-1 油雾润滑原理图

1—阀体;2—真空室;3—喷嘴;4—文氏管;5—雾化室;6—喷雾罩;7—喷油管;8—过滤器;9—贮油器

(2) 高速机床主轴油雾润滑的关键问题

① 输送油雾的压缩空气必须洁净干燥 当机床空气压缩机工作时,润滑油的挥发部分呈雾状混入压缩空气中,并受热气化,之后随压缩空气一起被输送出去。在空气压缩机吸入空气的同时,灰尘也混杂在空气中被吸了进去,如果不对输出的压缩空气作必要的干燥和净化处理,混入压缩空气中的水分和杂质将随同油雾一起输入到高速主轴中,从而会影响高速主轴的润滑效果和使用寿命。高速主轴进行油雾润滑时,轴承运动表面的油膜厚度一般为 $0.6\sim1\mu m$,因此,应该清除压缩空气中粒径大于 $0.6\mu m$ 的固态杂质,避免其进入高速主轴后破坏轴承表面的油膜;同时压缩空气中的水分进入高速主轴后,会产生高速主轴腐蚀、密封件变质等不利影响,因此也必须清除。根据上述要求及目前国内气源干燥、净化处理的生产状况,在高速机床主轴采用油雾润滑时,最好对气源进行如图4-2所示的干燥和净化处理。

② 油雾器输出的油雾必须微小,油雾在管道中应以干雾的形式输送 油雾器是高速主轴油雾润滑中最主要的元件,它应能以少量的压缩空气产生大量的微小油雾。同时,根据油雾的润滑特性可知,油雾器输出的空气流速较低时,才能避免油雾在输送管道中无用的碰撞和搅拌,使油雾以干雾的形式输送到高速主轴。当干雾被送入高速旋转的主轴轴承时,立即变成湿雾,黏附在轴承上,起到良好的润滑作用,并能降低轴承的温升。当高速主轴的油雾润滑选用微雾式油雾器时,其润滑效果比普通油雾器好。设计采用的油雾润滑系统如图 4-3所示。

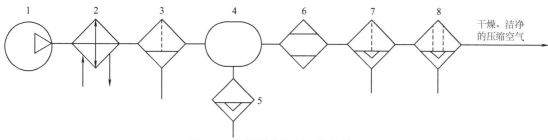

图 4-2　气源干燥处理工艺流程图

1—空气压缩机；2—后冷却器；3—油水分离器；4—贮气罐；5—自动排水器；
6—冷冻式干燥机；7—分水滤气器；8—油雾分离器

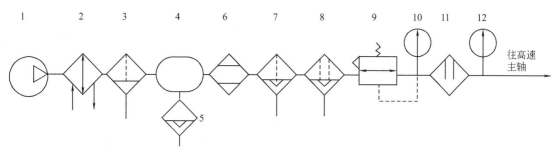

图 4-3　油雾润滑系统图

1—空气压缩机；2—后冷却器；3—油水分离器；4—贮气罐；5—自动排水器；6—冷冻式干燥机；
7—分水滤气器；8—油雾分离器；9—减压阀；10—压力表；11—机械油雾器；12—压力表

③ 油雾浓度的影响　油雾润滑是一种集中润滑技术，除了要求雾化后的油雾有较强的可传输性外，油雾发生装置还必须提供足量的润滑油，即具备足够的油雾浓度。雾化后的油雾浓度取决于进入雾化腔内的润滑油的流量。如图4-4所示，单位时间内的进油量为

$$\dot{m} = \rho A_0 \overline{v_2} \qquad (4\text{-}1)$$

式中，$\dot{m}$ 为润滑油质量流量；ρ 为润滑油密度；A_0 为进油管出口有效面积；$\overline{v_2}$ 为进油管出口平均流速。

依据流体力学相关知识可得进油管出口平均流速

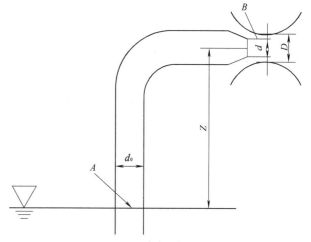

图 4-4　油雾浓度简化图

$$\frac{p_A}{\rho g} + \frac{v_A^2}{2g} = \frac{p_B}{\rho g} + \frac{v^2}{2g} + Z + \left[2 + 0.5\left(1 - \frac{d^2}{d_0^2}\right)\right]\frac{v_A^2}{2g} + \frac{75}{Re} \times \frac{l}{d_0} \times \frac{v_A^2}{2g} \qquad (4\text{-}2)$$

式中

$$v_A = \left(\frac{d}{d_0}\right)^2 v \qquad (4\text{-}3)$$

$$Re = \frac{\rho d_0 v_A}{\mu} \qquad (4\text{-}4)$$

将式（4-2）～（4-4）都代入式（4-1）可得

$$\dot{m}=\frac{\pi d^2}{8C_1 d_0^4}\left\{\left[(75\mu l d^2)^2-8g\rho^2 d_0^8 C_1 Z+8\rho d_0^8 C_1(p_{A\cdot B})\right]^{1/2}-75\mu l d^2\right\} \tag{4-5}$$

式中

$$C_1=1+\frac{3d^4}{2d_0^4}-\frac{d^6}{d_0^8} \tag{4-6}$$

由以上可知，油雾的浓度除了与进油系统的结构有关外，与油液的黏度、密度、压力 p_A 和 p_B 都有关系。

4.1.6 数控机床智能润滑控制应用实例

一种基于温度传感系统（Temperature Sensing System，TSS）的智能润滑控制方法，主要针对 FANUC 系统的数控机床，利用信号采集、梯形图设计与宏参数等开发手段，最终实现了控制方法指令化。由操作人员即可根据加工条件选择四种工作模式的任一种进行设定，使得该功能操作简单实用。

4.1.6.1 润滑控制功能

润滑控制模式将根据数控编程指令参数的设定，首先向可编程控制器发出指令信号，然后由可编程控制器控制润滑系统的运行方式，最终实现数控加工的可调式润滑。四种润滑模式设计如表 4-3 所示。

智能模式中基本模式可以通过参数进行选择设定，通过对轴承座和丝杠螺母座的温度（T_a）监控来控制润滑时间。当监控对象温度超过警戒值（T_m）后，智能模式启动；当监控对象温度比警戒值低 T_n 时，进入其他模式。特殊情况润滑油温度大于等于（$T_m \sim T_n$）时，系统报警提示请给润滑油降温。

表 4-3 润滑控制模式描述

序号	模式	功能描述	模式代码	二进制信号（♯1♯0）
1	常规模式	机床原润滑模式（保留设备原工作模式）	0	00
2	测试模式	全过程不间断润滑模式	1	01
3	节油模式	轴运动即开启润滑，轴停止即停止润滑	2	10
4	智能模式	把 1 或 3 模式作为基本模式，根据轴温度监控值自动进行不间断润滑	3	11

4.1.6.2 信号采集与窗口功能应用

润滑控制信号的逻辑关系主要通过梯形图编制来实现。各润滑模式的运行条件通过译码电路来区分，运行条件的设定如图 4-5 所示；输入信号 X，输出信号 Y，中间继电器 R 等主要信号设定如表 4-4 所示。

图 4-5 中的 G54.0 和 G54.1 对应系统宏变量♯1000 和♯1001（见表 4-3 所示），选取中间继电器 R420 的低四位作为模式状态信号。下面根据各模式要求，分别进行梯形图编制与分析说明。

表 4-4 输入/输出（I/O）信号设置表

序号	信号名	释义
1	X8.7	复位
2	X5.0	手动润滑
3	X5.2	轴承座超温信号

续表

序号	信号名	释义
4	X5.3	螺母座超温信号
5	X5.6	润滑泵短路或过载
6	X5.7	润滑油不足
7	A2.0	润滑报警（♯2000）
8	A2.1	润滑油温高报警（♯2001）
9	Y5.1	润滑泵启动
10	Y5.7	润滑报警灯
11	Y5.6	润滑油温报警灯
12	R425.1	5s 间隔润滑
13	R425.3	保持第一次 20s 后润滑
14	R425.5	开机第一次润滑 20s
15	R425.6	节油润滑条件
16	R425.7	智能润滑条件

（1）间隔润滑模式分析

该模式引用 VMC600 加工中心典型设计进行流程说明，不作更改。流程分析如图 4-6 所示。

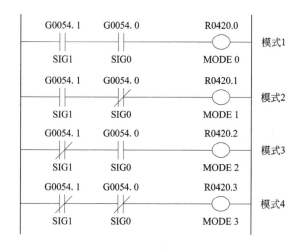

图 4-5 各模式运行条件设定图

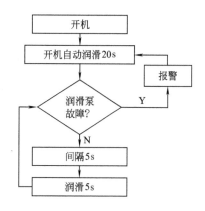

图 4-6 间隔润滑流程图

（2）润滑泵启动条件

润滑泵启动信号 Y5.1 前为四种润滑模式的条件设定，其中 R425.6 为节油模式条件，R425.7 为智能模式条件。信号 Y5.7 为润滑油液面低报警。A2.0/2.1 为报警信息寄存器，分别为润滑泵短路过载报警和测量介质温度报警（♯2000：＊＊＊温高）。见图 4-7 所示。

（3）节油润滑模式

本模式采用各轴运动信号为条件，轴运动则润滑，轴停止则润滑也停止。模式对应条件控制信号 R425.6，润滑泵选通信号为 R420.2。采用各轴分别控制润滑，X 轴控制梯形图（R100.0 为 X 正向运动状态信号，R102.0 为 X 负向运动状态信号）如图 4-8 所示。

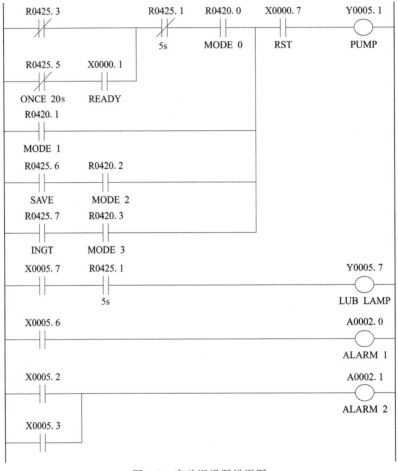

图 4-7　启动润滑泵梯形图

图 4-8　X 轴节油润滑模式梯形图

（4）智能调节润滑模式

数控机床加工时机械执行部件最需要润滑的部件为各轴的轴承和滚珠丝杠的螺母座。如果不能取得有效润滑，这些部件会因为润滑条件变差，而温度逐步升高，最终损坏。可以选用温度传感器（例如金属表面测量型 STT-S 系列，或防水防震型 STT-R 系列温度传感器），利用测量温度与预设温度进行比较，判断被测部件和润滑油是否温度超标，然后按要求进行选择性润滑。同时也通过此方法判断机床工作状况，超温过于频繁，表示工作条件变差，需给予保护。

① 温度信号的读取：读信号主程序可读取串口电信号。

② 温度信号的比较：把测量温度数据（T_a）存入 R430 寄存器中，与 R400 寄存器中预设温度值（T_m）通过比较指令 COMP（SUB15）指令进行数据比对。

若测量温度超过预设温度（$T_a \geq T_m$），则输出信号 R425.7 选通（如图 4-9 所示）。采用相同方式，可以设计降温关断的梯形图，不同之处在于预设降温差值（T_n）。在使用中，通过寄存器中预设 T_m 和 T_n 可以手动控制职能模式的启动温度。

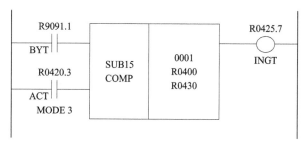

图 4-9　信号比较输出梯形图

4.1.6.3　宏功能的应用

通过以上梯形图可以获取 G54.0 和 G54.1 润滑模式的特征信号；然后通过可编程控制器中 F54 与 G54 信号（如表 4-5 所示）把判断结果送至宏变量♯1000 与♯1001 中待用；最后为了能使该信号能被数控机床操作指令控制，可以选取一个未被定义的 M 代码，作为断点定位指令代码。

表 4-5　G54 与宏变量对应表

宏变量号	功能	对应 PMC 信号
♯1000	把位信号从 PMC 送到宏程序	G54.0
♯1001		G54.1

例如 M18 定义指令格式为 M18 E＿；在参数 6071 中设定值为 18；指令 M18 中 E 参数按发那科系统格式设定如下：自变量Ⅰ地址为 E，宏变量为♯8，自变量Ⅱ地址为 J2。下面对以上数据进行运算整理：

以上程序在系统运行 M18 指令时自动执行。操作方法如下：若要选用该润滑模式，操作者仅需在 MDI 模式或 MEM 模式下输入 M18 E＊＊（其中＊＊可以选择 1、2、3 或 4，四种模式的任一种），即可。其中 M18 为润滑模式指令，其在运行时调用 09001 程序运行，E 为模式设定参数。

4.1.6.4　润滑油压力检测分析

在以上智能润滑模式下，室温 21.4℃，设定温度（T_m）30℃，降温差值（T_n）

3℃，获取的温度（T_a）和贝奇尔 VERSA Ⅲ 型电动润滑泵油压（P）数据如图 4-10 所示。

在该模式下，图形表明油压稳定、轴承及螺母座温度在润滑中得到有效控制。可见，该功能达到预期效果。

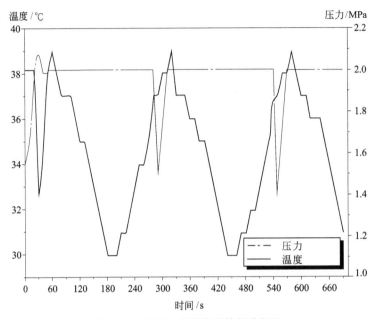

图 4-10　油压与温度检测数据分析图

4.2 内燃机润滑技术及应用

4.2.1 内燃机的工作特点

内燃机与其他各种机械相比，其运动零件的摩擦面有许多特殊性，特别是随着内燃机向高速度、高强度、大功率和防止废气污染等方面不断发展，这种特殊性就变得更为突出。根据内燃机的工作状况，其工作特点归纳为：

（1）温度高，温差大

内燃机除了产生摩擦热以外，还要受到燃料燃烧产生热的影响，因而当内燃机工作一段时间后，各摩擦面的温度都比较高，如活塞顶、气缸壁及气缸盖，在 250～300℃ 之间，活塞裙部大约在 110～150℃ 之间。主轴承、曲轴箱油温为 85～95℃。另外，内燃机大多在室外使用，冬季不工作时，其零部件的温度与环境温度接近。当冷机启动和运转开始时，各摩擦面极易发生干摩擦和半干摩擦。

（2）运动速度快

内燃机曲轴转速多为 1500～4800r/min，活塞平均速度高达 8～14m/s，摩擦面上形成润滑油膜十分困难。用喷溅或击溅方法进入活塞与气缸壁之间的润滑油，还会被未气化燃烧的液体燃料稀释和带入燃烧室而烧掉。因此，在活塞与气缸壁之间，经常处于边界润滑状态。热膨胀和热变形会影响各运动零件正常的配合间隙，严重时会导致发生摩擦面黏着和烧结等故障。

（3）载荷重

现代内燃机的热效率高，质量小，功率大，因而运动零件单位摩擦面的载荷很大。例如连杆的轴承负荷为 7.0～24.5MPa，主轴承的负荷为 5.0～12.0MPa。有一些摩擦零件，如凸轮和气门挺杆等，还断续地处于极压润滑状态，连杆的轴承要承受冲击负荷。

（4）易受到环境因素的影响

内燃机在进气冲程中吸入的尘埃，燃料燃烧生成的废气和固态物，以及润滑油在高温和低温下氧化生成的积炭、漆膜和油泥等沉积物，都会对各摩擦面起加速磨损和增大腐蚀的作用，缩短摩擦零件的使用寿命。

4.2.2　内燃机油的基本性能

内燃机的种类、机型和使用条件不同，故对内燃机油的性能要求也不同。因此，不同品种的内燃机油，在质量上是有差别的，不同质量等级的油，也有不同的性能要求。但是，不论是什么品种的内燃机油，都应该具备以下基本性能。

（1）良好的黏温特性，适当的黏度

在内燃机的工作特点中提到，其工作温度非常宽广，如在非严寒地区都要在 $-20\sim250℃$（甚至以上）的宽温度范围内工作。这就要求内燃机油不仅应有适当的黏度，而且还要有良好的黏温特性。如果黏度太低，则发动机的运动部件得不到良好的润滑。据有关资料介绍，不含黏度指数改进剂的内燃机油，100℃运动黏度低于 $6mm^2/s$ 时，连杆轴承和曲轴轴承的磨损会明显增加；含黏度指数改进剂的内燃机油，100℃运动黏度低于 $4.5mm^2/s$ 时，轴承的磨损也较严重。但是，如果油的黏度过高和黏温特性不好，也会使发动机低温下启动困难，发生干摩擦，而且也增大发动机磨损。根据流体动压润滑理论计算和实验证明，内燃机使用的润滑油，其100℃运动黏度以 $10mm^2/s$ 左右为宜，黏度指数应在 90 以上。

多级内燃机油，由于基础油的黏度低，并加入黏度指数改进剂提高其黏温性能，保证油品能够在更宽的温度范围内正常工作，并使发动机在低温下容易启动，是最理想的节能型内燃机油。

（2）较强的抗氧化能力，较好的稳定性

油品的氧化速度与温度、氧浓度以及金属的催化作用都有密切关系。内燃机油的工作温度比其他很多品种的润滑油都高，油在润滑系统中高速循环和在油箱中被剧烈地搅拌，显著增加了与空气接触的面积和氧的浓度，加之受机械零件的金属如铁、铜和铝等的催化作用，使油的氧化速度加快。同时，磨损的磨粒以及从气缸泄漏出来的气体中的固态物和尘埃等，也会起促进油加速氧化的作用。氧化的结果，生成腐蚀金属的酸性物质以及由于黏度增大，油泥和漆膜大量生成而使油失去应有的润滑作用。

另外，充填在活塞环部分的气体，大部分是空气。活塞头部的温度在 200℃ 以上，这个温度又是油被氧化的危险温度。活塞与气缸壁之间是呈薄层状态。这些因素都会促使油发生剧烈的热氧化反应生成漆状胶膜，这种漆膜是热的不良导体，不仅会使活塞和气缸壁过热，发动机功率下降，而且能使活塞环黏结在活塞环槽内，轻者使活塞环失去弹力，严重时使活塞环烧毁。当活塞环失去密封性能后，不仅使内燃机油窜入燃烧室烧掉，增加耗油量和气缸积炭，而且由于未气化燃烧的燃料窜入曲轴箱，既降低发动机的功率，增大燃料消耗，又使内燃机油受到稀释，降低润滑油性能。

提高内燃机油抗氧化能力和热稳定性，采取选用抗氧性好的基础油并加入一定数量的抗氧抗磨添加剂。

（3）有良好的清净分散性

燃料在内燃机中燃烧生成的炭粒和烟尘，内燃机油氧化生成的积炭和油泥，很容易集结变大或沉积在活塞、活塞环槽、气缸壁和二冲程发动机的排气口，使发动机磨损增大、散热不良、活塞环粘结、换气不良、排气不畅、油耗上升和功率下降。油泥的沉积，还会堵塞润滑系统，使供油不足，造成润滑不良。因此，要求内燃机油不仅应该具有良好的高温清净作用，能将摩擦零件上的沉积物清洗下来，保持摩擦面的清洁，而且要具备良好的低温分散性，能阻止颗粒物的积聚和沉积，以便在通过机油滤清器时将它们除掉。

（4）有良好的润滑性、抗磨损性

内燃机轴承的负荷重，气缸壁上油膜的保持性很差，这就要求内燃机具有良好的油性，以减少摩擦磨损和防止烧结。凸轮-挺杆系统间歇地处于边界润滑状态，润滑条件苛刻，很容易造成擦伤磨损，连杆轴承也长期承受冲击负荷。因此，要求内燃机油应具有一定的抗磨性能。

（5）有较好的抗腐蚀性和中和酸性物质的能力

现代内燃机的强化程度较高，载荷很重，主轴轴承和曲轴轴承必须使用机械强度较高的耐磨合金，如铜铅、镉银、锡青铜或铅青铜等合金，但这些合金的抗腐蚀性能都很差。为了保证轴承不因腐蚀作用而损坏，这就要求内燃机油要有较强的抗腐蚀能力。

另外，内燃机油在使用过程中，由于自身氧化生成酸性物质，特别是小汽车和公共汽车，经常处于时开时停，内燃机油更容易氧化产生酸性物质和低温油泥。其次是燃料燃烧后产生的腐蚀性物质混入油中，特别是使用硫含量高的柴油时，会生成二氧化硫、三氧化硫，并遇水生成腐蚀性很强的硫酸。因此，要求内燃机油要有中和酸性物质的能力。

4.2.3 内燃机油的分类

4.2.3.1 黏度分级

黏度是内燃机油的重要物理性能，也是一个划分牌号的物理量。黏度分级就是以一定温度下的黏度范围来划定内燃机油的牌号。

我国的内燃机油黏度分级，原引用前苏联的标准，以100℃时的运动黏度来划分牌号的。牌号的数值大致表明该油在100℃时的运动黏度。如汽油机油分为6、10和15三个牌号，柴油机油分为8、11、14、16和20五个牌号。

为了向国际标准靠拢，我国采用国际上通用的SAE（美国汽车工程师学会）黏度分级法。表4-6列出了我国参照SAE J300所制订的我国内燃机油黏度分类国家标准GB/T 14906—94。表中有两组黏度级，一组后附字母W，一组未附。前者规定的流变性质有最高低温黏度、最高边界泵送温度和100℃最低黏度；后者只规定100℃黏度范围。

表4-6中11个黏度级号的油，就是通常所称的单级油。在数字后面加有字母W的一组表示冬用（W是英文Winter冬的缩写），不带W的一组表示夏用或非寒区使用。可以看出，单级油的使用有明显的地区范围和季节的限制。

为了克服单级油的这一缺点，最大限度地节约能源，SAE设计了一种适用于较宽的地区范围和不受季节限制的多级油。根据SAE J300标准，用带尾缀和不带尾缀的两个级号组成，还可组成多个多级内燃机油的级号，例如0W/30、5W/30、10W/30、10W/40、15W/40、20W/50等。它们的低温黏度和边界泵送温度符合W级的要求，而100℃黏度则在非W级油的范围内。多级油能同时满足多个黏度等级的要求，如10W/30不仅能满足10W级的要求，在寒区或冬季使用，也能满足30级的要求，在非寒区夏季使用。另外还能满足从10W至30其他等级的要求。

表 4-6　我国参照 SAE J300 制订的内燃机油黏度分级（GB/T 14906—94）

SAE 黏度级号	最高低温黏度①（CCS）		最高边界泵送温度②（60000mPa·s 时）/℃	100℃运动黏度③/（mm²/s）	
	/mPa·s	温度/℃		最小	最大
0W	3250	−30	−35	3.8	
5W	3500	−25	−30	3.8	
10W	3500	−20	−25	4.1	
15W	3500	−15	−20	5.6	
24W	4500	−10	−15	5.6	
25W	6000	−5	−10	9.3	
20				5.6	小于 9.3
30				9.3	小于 12.5
40				12.5	小于 16.3
50				16.3	小于 21.9
60				21.9	小于 26.1

① GB/T 6538 方法测定。
② 对于 0W、20W 和 25W 油采用 SH/T 0562 方法测定。
③ 采用 GB/T 265 方法测定。

　　多级油是一种节能型润滑油。目前，内燃机总热效率大约为 40%，其他为热损失。其中有 10%左右是损失于克服内燃机油、齿轮油、刹车油等的摩擦阻力。在保证流体润滑的条件下，合理地降低润滑油黏度，是减少油品内摩擦的一个有效手段。多级油比单级油具有较好的黏温特性（见图 4-11），可使油品既能在高温下有足够的黏度以保证润滑，又能在低温下使油品黏度不至于太高以保证油品有好的低温启动和泵送性，从而达到节能目的。如图 4-12 为多级油与单级油相对燃料消耗对比曲线。有试验表明，使用 SAB10W/30 的油比使用 SAE 30 油节约燃油 5%～10%。目前美国有 90%以上的汽油机油、60%以上的柴油机油是多级油。

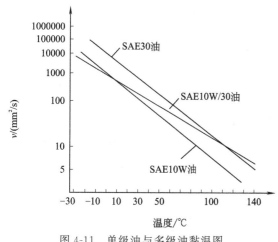

图 4-11　单级油与多级油黏温图

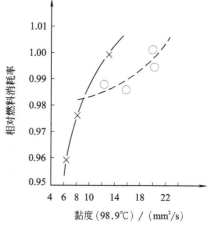

图 4-12　单级油与多级油相对燃料消耗对比
○—多级油；×—单级油

4.2.3.2　质量分级

（1）概况

　　内燃机油的质量分级与其他系列产品的性能分级或型号分类一样，一个系列产品要有规格牌号，还要有型号或性能等级。内燃机油质量分类就是内燃机油的性能等级分类。国际上普遍采用的内燃机油质量等级分类方法有：美国 API（美国石油学会）、美军规格、欧洲 CCMC（欧洲共同体市场汽车制造商联合会）等。我国的国家标准 GB/T 28772—2012 见表

4-7、表 4-8。

(2) 汽油机油

我国参照 API 分类制订的国家标准 GB/T 28772—2012，把汽油机油分为 SE、SF、SG、SH (GF-1)、SJ (GF-2)、SL (GF-3)、SM (GF-4)、SN (GF-5) 等级别（表 4-7）。

表 4-7　我国的汽油机油质量分类（GB/T 28772—2012）

应用范围	品种代号	特性和使用场合
汽油机油	SE	用于轿车和某些货车的汽油机以及要求使用 API SE、SD① 级油的汽油机。此种油品的抗氧化性能及控制汽油机高温沉积物、锈蚀和腐蚀的性能优于 SD① 或 SC①
	SF	用于轿车和某些货车的汽油机以及要求使用 API SF、SE 级油的汽油机。此种油品的抗氧化和抗磨损性能优于 SE，同时还具有控制汽油机沉积、锈蚀和腐蚀的性能，并可代替 SE
	SG	用于轿车、货车和轻型卡车的汽油机以及要求使用 API SG 级油的汽油机。SG 质量还包括 CC 或 CD 的使用性能。此种油品改进了 SF 级油控制发动机沉积物、磨损和油的氧化性能，同时还具有抗锈蚀和腐蚀的性能，并可代替 SF、SF/CD、SE 或 SE/CC
	SH、GF-1	用于轿车、货车和轻型卡车的汽油机以及要求使用 API SH 级油的汽油机。此种油品在控制发动机沉积物、油的氧化、磨损、锈蚀和腐蚀等方面的性能优于 SG，并可代替 SG GF-1 与 SH 相比，增加了对燃料经济性的要求
	SJ、GF-2	用于轿车、运动型多用途汽车、货车和轻型卡车的汽油机以及要求使用 API SJ 级油的汽油机。此种油品在挥发性、过滤性、高温泡沫性和高温沉积物控制等方面的性能优于 SH。可代替 SH，并可在 SH 以前的 "S" 系列等级中使用 GF-2 与 SJ 相比，增加了对燃料经济性的要求，GF-2 可代替 GF-1
	SL、GF-3	用于轿车、运动型多用途汽车、货车和轻型卡车的汽油机以及要求使用 API SL 级油的汽油机。此种油品在挥发性、过滤性、高温泡沫性和高温沉积物控制等方面的性能优于 SJ。可代替 SJ，并可在 SJ 以前的 "S" 系列等级中使用 GF-3 与 SL 相比，增加了对燃料经济性的要求，GF-3 可代替 GF-2
	SM、GF-4	用于轿车、运动型多用途汽车、货车和轻型卡车的汽油机以及要求使用 API SM 级油的汽油机。此种油品在高温氧化和清净性能、高温磨损性能以及高温沉积物控制等方面的性能优于 SL。可代替 SL，并可在 SL 以前的 "S" 系列等级中使用 GF-4 与 SM 相比，增加了对燃料经济性的要求，GF-4 可代替 GF-3
	SN、GF-5	用于轿车、运动型多用途汽车、货车和轻型卡车的汽油机以及要求使用 API SN 级油的汽油机。此种油品在高温氧化和清净性能、低温油泥以及高温沉积物控制等方面的性能优于 SM。可代替 SM，并可在 SM 以前的 "S" 系列等级中使用 对于资源节约型 SN 油品，除具有上述性能外，强调燃料经济性、对排放系统和涡轮增压器的保护以及与含乙醇最高达 85% 的燃料的兼容性能 GF-5 与资源节约型 SN 相比，性能基本一致，GF-5 可代替 GF-4

① SD、SC 已经废止。

(3) 柴油机油

我国参照 API 分类制订的国家标准 GB/T 28772—2012，把柴油机油分为 CC、CD、CF、CF-2、CF-4、CG-4、CH-4、CI-4、CJ-4 等级别（见表 4-8）。

表 4-8　我国的柴油机油质量分类（GB/T 28772—2012）

应用范围	品种代号	特性和使用场合
柴油机油	CC	用于中负荷及重负荷下运行的自然吸气、涡轮增压和机械增压式柴油机以及一些重负荷汽油机。对于柴油机具有控制高温沉积物和轴瓦腐蚀的性能，对于汽油机具有控制锈蚀，腐蚀和高温沉积物的性能
	CD	用于需要高效控制磨损及沉积物或使用包括高硫燃料自然吸气、涡轮增压和机械增压式柴油机以及要求使用 API CD 级油的柴油机。具有控制轴瓦腐蚀和高温沉积物的性能，并可代替 CC
	CF	用于非道路间接喷射式柴油发动机和其他柴油发动机，也可用于需有效控制活塞沉积物、磨损和含铜轴瓦腐蚀的自然吸气、涡轮增压和机械增压式柴油机。能够使用硫的质量分数大于 0.5％的高硫柴油燃料，并可代替 CD
	CF-2	用于需高效控制气缸、环表面胶合和沉积物的二冲程柴油发动机，并可代替 CD-Ⅱ[①②]
	CF-4	用于高速、四冲程柴油发动机以及要求使用 API CF-4 级油的柴油机，特别适用于高速公路行驶的重负荷卡车。此种油品在机油消耗和活塞沉积物控制等方面的性能优于 CE[①]，并可代替 CE[①]、CD 和 CC
	CG-4	用于可在高速公路和非道路使用的高速、四冲程柴油发动机。能够使用硫的质量分数小于 0.05％～0.5％的柴油燃料。此路油品可有效控制高温活塞沉积物、磨损、腐蚀、泡沫、氧化和烟炱的累积，并可代替 CF-4、CE[①]、CD 和 CC
	CH-4	用于高速、四冲程柴油发动机。能够使用硫的质量分数不大于 0.5％的柴油燃料。即使在不利的应用场合，此种油品可凭借其在磨损控制、高温稳定性和烟炱控制方面的特性有效地保持发动机的耐久性；对于非铁金属的腐蚀、氧化和不溶物的增稠、泡沫性以及由于剪切所造成的黏度损失可提供最佳的保护。其性能优于 CG-4，并可代替 CG-4、CF-4、CE[①]、CD 和 CC
	CI-4	用于高速、四冲程柴油发动机。能够使用硫的质量分数不大于 0.5％的柴油燃料。此种油品在装有废气再循环装置的系统里使用可保持发动机的耐久性。对于腐蚀性和与烟炱有关的磨损倾向、活塞沉积物以及由于烟炱累积所引起的粘温性变差、氧化增稠、机油消耗、泡沫性、密封材料的适应性降低和由于剪切所造成的黏度损失可提供最佳的保护。其性能优于 CH-4，并可代替 CH-4、CG-4、CF-4、CE[①]、CD 和 CC
	CJ-4	用于高速、四冲程柴油发动机。能够使用硫的质量分数不大于 0.05％的柴油燃料。对于使用废气后处理系统的发动机，如使用硫的质量分数大于 0.0015％的燃料，可能会影响废气后处理系统的耐久性和/或机油的换油期。此种油品在装有微粒过滤器和其他后处理系统里使用可特别有效地保持排放控制系统的耐久性。对于催化剂中毒的控制、微粒过滤器的堵塞、发动机磨损、活塞沉积物、高低温稳定性、烟炱处理特性、氧化增稠、泡沫性和由于剪切所造成的黏度损失可提供最佳的保护。其性能优于 CI-4，并可代替 CI-4、CH-4、CG-4、CF-4、CE[①]、CD 和 CC
农用柴油机油	—	用于以单缸柴油机为动力的三轮汽车（原三轮农用运输车）、手扶变型运输机、小型拖拉机，还可用于其他以单缸柴油机为动力的小型农机具，如抽水机、发电机等。具有一定的抗氧、抗磨性能和清净分散性能

① CD-Ⅱ 和 CE 已经废止。

（4）船用柴油机油

　　船用柴油机油包括船用气缸油、中速筒状活塞柴油机油、船用曲轴箱油和多用船用柴油机油（船舶副机用油）。由于船用主机功率大，增压度高和燃用劣质燃料及远洋海运等特殊情况，要求这类柴油机油具有足够的碱值，较好的抗水性、抗氧化性、清净分散性、抗泡沫性、润滑性、抗磨性和扩散性（即沿大缸径套进油孔向四周扩散的性能）等。这类油品的配方和车用油的配方有明显的差别。把我国船用润滑油分 4 个质量等级如下：

　　ZA 级船用柴油机油，用于船用低速十字头柴油机气缸的润滑，具有较好的清净分散性，抗磨性和较高的碱性，以便中和燃料燃烧所生成的酸性物质。

　　ZB 级船用柴油机油，用于燃用重质含硫燃料的中速筒状柴油机，性能相当于 APICD 级。

ZC 级船用柴油机油，用于船舶副机柴油机的润滑，用于中速筒状活塞柴油机燃用馏分柴油时的润滑，也可用于船舶及其他机械如传动装置，增压器和蒸汽轮机等的润滑，性能相当于 AH CC 级油。

ZD 级船用柴油机油，用于船用主机循环系统润滑，也可以用于船舶的其他机械，如传动装置、增压器和蒸汽轮机润滑。

（5）二冲程汽油机油

我国参照美国分类法把二冲程汽油机油分类为 ERA、ERB、ERC、ERD 四个档次（表 4-9）。

表 4-9　我国二冲程汽油机油分类方案

代号	特性和使用场合
ERA	用于缓和条件下工作的小型风冷二冲程汽油机。具有防止发动机高温堵塞和活塞磨损的性能，另外还能满足发动机其他一般性能要求
ERB	用于缓和至中等条件下工作的小型风冷二冲程汽油机。具有防止发动机活塞磨损和燃烧室沉积物引起提前点火的性能，另外还能满足发动机其他一般性能要求
ERC	用于苛刻条件下工作的小型至中型的风冷二冲程汽油机，具有防止高温活塞环粘结和由燃烧室沉积引起提前点火的性能，另外还能满足发动机其他一般性能要求
ERD	用于苛刻条件下工作的中型至大型水冷二冲程发动机。具有防止由燃烧室沉积物引起提前点火、活塞环粘结、活塞磨损和腐蚀性能，另外还能满足发动机其他一般性能要求

4.2.4　内燃机油的选用

（1）黏度牌号的选用

黏度牌号选择的最主要依据是气温，对固定式发动机则是工作环境温度。气温高时选黏度较大的机油，北方寒冷季节选用有 "W" 的油，牌号小的有更好的低温流动性。也就是有更好的低温启动性及泵送性能。其选用大致原则见表 4-10。

表 4-10　我国各地区寒冷季节选用适宜的黏度牌号

黏度牌号	5W	10W	15W	20W	30
适用气温/℃	低于 -20	-20～0	-15～5	-10～0	大于 10
我国地区	东北北部	东北、北疆	华北、西北	华中、华东	华南

工作温度或环境温度越高则需选用较高黏度的油。如我国南部夏天一般需选用 40 号以上的油。黏度的选用还要考虑到内燃机的机况，新设备各方面的配合间隙小，可选用较小的黏度，旧设备有一定程度的磨损，配合间隙大，需较黏的油以得到好的密封，其黏度比它在新时高一档为好。

为了能使设备在较宽的条件下得到良好的润滑，避免在不同季节及环境下频繁变换牌号而造成管理上的麻烦，提倡使用多级油。由于它的黏温性能比单级油好得多，在寒冷天气下流动性能好，有好的启动性，而在高温下也有足够的黏度，因而使用的温度范围宽，选择适当的多级油，可做到冬夏通用，不需随季节变换而换牌号。因而多级油使用越来越广泛，先进国家的汽油机油几乎绝大多数为多级油，柴油机油也占一半以上。虽然多级油价格高于、相应的单级油，但其优点除了通用性以外，在节能、减摩等方面都较单级油好，使用户得到好的效益。

（2）质量牌号的选择

润滑油的质量与保证发动机效率的发挥，减少故障，延长工作寿命等有极大关系。但在实际工作中由于缺乏润滑知识，人们往往把一切故障归结为机械问题，掩盖了润滑的作用。

一般说来，与润滑有关的问题可分为两类：一类是由于润滑为主要原因而发生的问题，如由于润滑油清净分散性太差而造成粘环，导致停车或拉缸；由于油泥太多堵塞油滤清器及油道而使供油中断，造成烧瓦等。这些问题只要改用质量好的润滑油即可保证发动机正常运转。另一类是通过改进润滑油有助于改进机械问题，如发动机性能下降，保养期短等。在这类问题中，润滑油起辅助作用，若采用好的润滑油可使发动机性能及保养期等比原来有所改善。所以既要重视润滑油在改善机械问题上的作用，又不要太神化，以为好的润滑油可解决机械上解决不了的很多难题。表 4-11 为内燃机与润滑油有关的故障。欧洲曾专门调查了欧洲内燃机由于润滑问题造成的故障的比例，如图 4-13（a）。从图看出，最大的问题为磨损，约占 50%；其次为沉积物，占 33%。日本机械振兴协会统计润滑问题在各种故障中的比例如图 4-13（b）所示。结果表明，在 14 种原因所产生的 645 次故障中，因润滑不良发生的故障达 166 次，占 25.7%；因润滑方法不当发生的故障达 92 次，占 14.3%，共 40.0%。

表 4-11　内燃机与润滑油有关的故障

故障类型		与油有关的原因
发动机停止转动	卡环拉缸	粘环，油膜破坏，活塞沉积物多使活塞过热；由于泡沫多或油高度氧化而造成黏度增大，导致供油中断；油泥多，堵塞油路，使供油中断
	烧瓦	机油被燃料稀释使油黏度太小，油过滤失效而使碎物进入轴瓦，油高度氧化或酸值太大，腐蚀轴损失合金，各种原因使供油失效
发动机性能下降	功率下降	粘环或油黏度下降使密封性能下降，油抗磨性差使配合间隙大，油黏度太大造成阻力大；提前点火。二冲程机沉积物多堵塞进排气口，使进排气不畅，沉积物多使进排气阀关闭不严
其他	提前点火 冷启动困难 热启动困难 保养期短 换油期短 机油耗大 油压不正常	燃烧室积炭多 油低温黏度过大 油高温黏度过低 油的抗磨损性能差 油的全面质量差 粘环、油孔堵塞，基础油组分轻 油黏度太高或太低、漏油

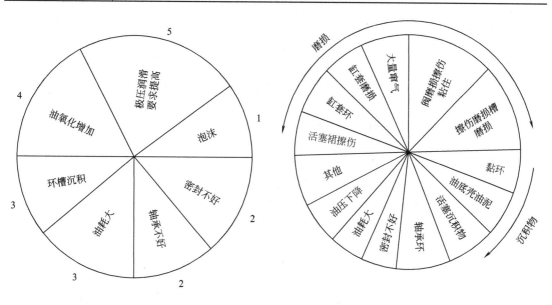

（a）　　　　　　　　　　　　　　　（b）

图 4-13　发动机润滑问题调查结果示意图

因此，要保证发动机正常运转、发挥好的功率、延长保养期，选用质量好的内燃机油至关重要。

（3）使用中的管理

内燃机油在使用中要进行科学管理，以延缓变质速度，使发动机保持良好润滑。管理方法如下：

① 尽量避免水、杂物等混入，控制油温不能过高。

② 定期清理或更换空气、机油及燃油滤清器，及时除去油中的固体杂物。

③ 定时采油样分析，记录油的变质及发动机的状况。

④ 定期加油，以加到满刻度为好，加过量反而有害。

4.2.5 多缸内燃机润滑系统故障及原因分析

多缸内燃机润滑系统出现故障，机油不能到达润滑部位。对有些运动空间来说（诸如活塞、活塞环与内缸壁，曲轴轴承、连杆轴承与其轴颈，气门杆与气门导管之间），本来间隙就很小，因此很容易导致零件膨胀造成"烧瓦"、"卡死"等故障，缩短零件乃至整个内燃机的寿命，降低内燃机的动力性和经济性。

4.2.5.1 机油压力异常

（1）机油压力偏低的原因分析和解决措施

① 加注的机油量不足或其黏度太小。机油量可通过油标尺测量，合适的油量是当内燃机停止运转一段时间后，使油面高度位于标尺的上下刻痕之间略为偏上的部位。机油黏度太小的原因可能有 2 种：一是所加机油自身黏度小；二是气缸内窜气，燃烧产物（含有水分）或未完全燃烧的燃料漏入曲轴箱将机油稀释。因此。可针对具体情况更换机油或消除窜气故障。

② 油道泄漏、机油油管接头松动或破裂。机油粗滤器密封垫损坏或旁通阀密封不严。机油泵的主、被动齿轮端面与泵盖间隙过大。以及泵轴松动，曲轴主轴承、连杆轴承或凸轮轴承间隙过大，都会使油道发生泄漏，导致油压偏低。对于外部泄漏较容易检查出来，视情节予以拧紧或更换；而内部泄漏不易直接观察出来，最有效的办法是充气法，即放完机油。用压缩空气向主油道中充气，若故障系曲轴主轴承、连杆轴承或凸轮轴承磨损严重所致，则应更换不同修理级别的轴瓦。一般不主张采用刮瓦的方法来调整轴承与轴颈的配合间隙，因为在刮瓦过程中会刮去轴瓦表面一层很薄的耐磨镀层。

③ 机油压力表或传感器失效。若机油压力偏低系压力表或传感器失效，则应更换，因为这 2 种电器均不可拆。

④ 机油泵限压阀调整不当。调整弹簧过软或折断，大量机油经限压阀直接流回曲轴箱，可视具体情况更换弹簧或调整限压阀。值得注意的是，当机油压力偏低时，不能一味调整限压阀试图提高油压。实践中发现，安装在限压阀中的弹簧一般都有合适的弹力，油压低通常是由其他原因引起的。如果故障系轴承磨损严重泄漏造成，即使换用再大刚度的弹簧也无能为力，因为在这种情况下，未调整前，限压阀本来就处于关闭状态。

⑤ 机油集滤器被油泥堵塞。机油泵吸入油量太少，导致油压偏低。此时应清洗集滤器，并视情况更换机油。

（2）机油压力过高的原因分析和解决措施

① 机油黏度太大。如果长期不更换机油，机油中杂质增多，使机油黏度增大，则其流动性差，循环速度慢。机油泵输出油量大于回曲轴箱的油量。机油在油道中比容增大，压力升高。更换时应注意将原机油放完，然后用煤油（或汽油）清洗滤清器、集滤器，再加入机油，使内燃机在热机状态下运转 30～60min 后放完旧油，再加入新机油，以防 2 种不同型号

机油混用而产生沉淀物。

② 油道堵塞。机油滤清器滤芯堵塞且旁通阀开启困难，气缸体油道堵塞也会使油压偏高。此时可先检查机油滤清器滤芯是否堵塞、旁通阀弹簧是否过硬，使用干净的煤油（汽油）清洗滤芯，同时检查调整旁通阀。若仍不能清除故障，则为气缸体油道堵塞。

③ 机油压力表或传感器失效若机油压力偏低，系压力表或传感器失效，则应更换。

4.2.5.2　机油消耗过多的原因分析和解决措施

（1）活塞环磨损或对口

活塞环因磨损过度、弹性不足或安装不当而对口，导致密封不良而使缸壁内大量机油窜入燃烧室，增大了机油的消耗。此时应视烧机油的严重程度进行镗缸修理，更换新的活塞环，并正确安装活塞环开口方向和活塞环倒角。

（2）气门导管磨损过甚气门杆与气门导管配合间隙过大

对进气门来说，若此间隙过大，在每个进气行程中，机油都会被"吸"进燃烧室。对排气门来说，通过这个途径损耗的机油比从进气门导管损耗的更多，因为排气门导管上无油封。经检测，发现气门杆与导管的配合间隙过大，应及时更换气门导管。

（3）曲轴前后油封气门室盖衬垫等破损老化

破损、老化后的油封、衬垫密封不严，致使机油泄漏，应检查这些部位并更新。

（4）机油变质

机油变质指机油发生氧化，各种添加剂消耗殆尽和机油变成一种乳状黑色物质油泥。机油的变质是不可避免的，这是由它的工作环境所决定的。

① 油泥形成的原因。油泥的形成是水和机油混合的结果。水通过 2 个途径进入曲轴箱：一是作为燃烧产物窜入；一是潮湿空气通过曲轴箱通风系统进入。水进入曲轴箱后，和机油被曲轴搅动，将它们搅成稠黑的油泥。

② 油泥的防止。如果内燃机长时间高速运转，其机体温度就很高，聚集在曲轴箱中的水分会很快蒸发，然后由曲轴箱强制通风系统排除大部分水蒸气，减少油泥的形成。若条件有限，如城市里的公共汽车，就应及时定期更换机油。

4.2.5.3　减少润滑系统故障的途径

（1）注重日常保养

包括经常检查机油标尺，确定曲轴箱内油面高度是否合适；行驶途中注意检查机油压力表，压力出现异常应立即停机检查，避免发生更大的故障。

（2）注意观察排气颜色

以判断内燃机是否烧机油，留意外部是否有渗漏现象。

（3）合理使用机油

根据内燃机型号及季节选用相应型号的机油。

（4）定期保养

包括更换机油、清洗或更换滤芯，且必须在更换机油前清洗滤芯。

4.2.6　内燃机气缸套磨损因素及预防措施

内燃机工作过程中，由于混合气体燃烧膨胀产生压力、活塞的惯性运动使活塞对气缸壁产生侧压力，活塞往复运动时对气缸产生的摩擦力，柴油燃烧后所产生的固体微粒，摩擦下来的金属粉末以及随空气带到气缸内的灰尘，柴油、机油中含有硫化物等对气缸套有腐蚀作用，都会使气缸套产生磨损。这些原因造成了内燃机的正常磨损。

而当安装、使用及维修不当时会造成活塞环与气缸壁之间的间隙过早变大。内燃机功率下降、启动困难，油耗增加，有时甚至引起严重的拉缸和烧瓦，这些属于气缸套的异常磨损。

4.2.6.1 气缸套磨损的原因分析

内燃机气缸套是在高温、高压、交变载荷和腐蚀的情况下工作的，因内燃机固有构造造成气缸套的正常磨损，因安装使用、维修保养不当造成气缸套的异常磨损。

（1）正常磨损因素

① 空气和燃料混合气体燃烧后产生的水蒸气和酸性氧化物生成矿物酸，和燃烧后产生的有机酸共同对气缸壁产生腐蚀作用，造成气缸套腐蚀磨损。

② 缸套磨损产生的脱落物、机油中的杂质、空气中的尘埃进入气缸内造成气缸壁磨料磨损，因活塞在气缸套中部的运动速度最大，所以气缸套中部产生的磨料磨损也最严重。

③ 气缸套上部靠近燃烧室部分温度较高，润滑油被新进的空气冲刷并被燃料油稀释，造成气缸套上部的润滑条件差；气缸套上部承受活塞环的正压力较大，润滑油膜难以形成和难以保持，因此磨损严重。

（2）异常磨损因素

① 发动机长时间处于高负荷状态下运转。发动机温度一直处在 95℃ 以上，润滑油变稀。气缸套与活塞环在高温润滑不良的条件下相对滑动，形成局部高温，发生熔融磨损，严重时甚至会引起"拉缸"。

② 空气滤清器损坏或缺少保养，未能过滤掉空气中的尘埃微粒造成气缸套壁磨损。实践证明，如果缺少空气滤清器的保护气缸的磨损将增加 7 倍左右。

③ 因机油滤清器损坏或缺少保养造成机油过滤效果差，润滑油中的杂质和内燃机自身的磨屑等，进入到气缸壁造成磨料磨损。

④ 发动机长时间怠速运转造成温度低，机油黏度大流动性不好，供油系统供油不够，使气缸活塞环摩擦副得不到足够的润滑油。另外，发动机在起动瞬间气缸的润滑条件因停车后气缸壁上的润滑油沿缸壁下流而变差，气缸的磨损在发动机启动时加重。发动机机体温度过低，润滑效果差，工作时产生积碳多。加速了气缸的早期磨损。

⑤ 低温启动频繁。当柴油中的含硫量过高时，容易生成腐蚀性气体，造成腐蚀磨损，这种磨损多发生在气缸的上、中部，要比正常磨损大 1～2 倍。并且冷却液温度过低，会使最大磨损部位发生下移，气缸周围温度不均衡。使气缸表面的磨损不一样而造成气缸内圆圆度误差加大，冷却液温度高的方向磨损大。

⑥ 润滑不良。不定期更换润滑油，所用的润滑油牌号不符合要求或润滑油太脏，变质，润滑油中有水等原因。使活塞环与气缸之间润滑条件恶化。其磨损量比正常值大 3～4 倍。

⑦ 新的或大修后的发动机没有经过严格的磨合试运转就投入作业，造成气缸等零件的早期异常磨损。

⑧ 因气缸套安装时产生的安装误差使气缸套中心和曲轴轴线不垂直造成气缸套异常磨损。

⑨ 在修理过程中因铰刀的倾斜而造成连杆铜套孔偏斜，使活塞倾斜到气缸套的某一边造成气缸套异常磨损。

⑩ 若不及时校正连杆因飞车事故或其他原因产生的弯曲变形、若不及时校正曲轴因发动机烧瓦或者其他原因造成的冲击变形，都会使气缸套快速磨损。

4.2.6.2 气缸套异常磨损可预防的措施

① 新的或者大修后的发动机必须经过严格的试运转后才能投入使用。发动机初次启动时时应先空转几圈，发动机启动后要怠速运转逐渐升温，油温度升到 40℃ 左右时再起步；先挂低速挡，待到油温升到正常，方可以使发动机转为正常工作。

② 发动机最适合的工作温度是在 80～90℃，气缸和活塞环在低于 80℃ 温度环境下易产生酸性腐蚀；而在高于 90℃ 的温度下因机油稀释润滑效果也很差，所以发动机在高温或者

低温的工作环境下气缸容易磨损。

③ 严格按标准和技术规范实施作业，提高发动机维修质量。换气缸套的时候对选用的气缸套要严格按技术要求进行检验。在安装气缸套的时候要保证气缸中线与主轴线垂直。因弹力太小的活塞环容易造成燃气窜入气缸吹落气缸壁上的机油而增大气缸壁的磨损；弹力太大的活塞环会对气缸壁上的润滑油破坏而加大气缸磨损或者对气缸壁直接造成磨损，所以更换的活塞环要选取弹力适中的。

④ 对"三滤"（空气滤清器、燃油滤清器、机油滤清器）做到定期检查和保养使它们在良好的状态下工作，防止机械杂质由燃油、空气、机油通道进入气缸，减轻发动机气缸套的磨损。在有风沙等工作环境较差的条件下应该缩短保养周期。

⑤ 根据季节和发动机的性能选取润滑油的黏度值，购买和使用品质有保障的润滑油。换油的同时也应清洁机油滤清器。已经损坏了的机油滤清器要及时更换。经常检查润滑油。保持机体内有足够的润滑油、保证润滑油的品质可靠。

⑥ 禁止使发动机处于长期急速运转状态。因为发动机在长期急速运转时。经喷油嘴喷出的燃油雾化不良，使燃油与空气混合不均匀，因燃烧不完全而产生积炭，加剧了气缸磨损。

⑦ 禁止发动机长时间超负荷运转。

⑧ 严禁轰油门。轰油门不仅会引起连杆、曲轴变形，甚至会造成曲轴折断，而且燃油燃烧也不充分。

一般情况下，粘着磨损和腐蚀磨损是气缸套的主要损坏形式，正常磨损和异常磨损都存在着这两种磨损形式。造成气缸早期过度磨损的主要原因是维修保养和使用不当，只有了解。掌握了气缸套的正常磨损因素和早期异常磨损的因素及可预防措施。才能在发动机使用过程中，做到科学规范的使用和维修保养。才能不断提高发动机的使用寿命和使用经济性。

4.2.7　活塞环的抗磨与固体润滑技术应用

内燃机活塞环在气缸中高速往复运动，承受燃烧爆发压力和高温燃气作用，机械负荷和热负荷严重，润滑条件差，主要失效形式为磨损。有效减摩对于延缓失效、提高效率有着十分重要的意义。

（1）活塞环磨损机理

活塞头部切有几道环槽用以安装活塞环。活塞环包括气环和油环，气环保证活塞与气缸壁密封并将活塞头部的热量传递给气缸，兼刮油、布油辅助作用；油环将气缸壁上多余的机油刮回油底壳，在气缸壁上均匀布油，兼密封作用。活塞环在高温、高压、高速和润滑恶劣条件下工作，不仅与环槽侧面上下撞击，还与缸壁高速滑动摩擦，压向气缸壁的总压力高达 $26 \sim 29 MPa$，由于径向胀缩而与环槽侧面产生摩擦，第一、二道活塞环常处于半干摩擦状态产生较大摩擦热。

活塞环的功用和工作条件要求环材料具有良好的耐热性、导热性、耐磨性、韧性和足够的强度及弹性。活塞环是内燃机中寿命最短的零件之一。磨损失效主要涉及早期异常磨损、黏着、磨料和腐蚀磨损，而黏着磨损与早期异常磨损是强化发动机活塞环较常出现的失效形式。但这些磨损现象不是单独出现，而是同时存在并且相互影响。

（2）固体润滑涂层应用

降低摩擦磨损并提高燃机效率的主要措施包括耐温油润滑、固体润滑和自润滑耐磨材料应用。国外有关科研部门对此展开了积极的研究。

瑞士在活塞环气缸壁的工作表面在金属基体中沉积六方氮化硼、氟化钙或氟化钡，在发动机安装或磨合阶段可靠地防止对活塞环和气缸的损坏，气缸工作表面采用等离子喷涂含有

FeO 和 Fe_3O_4 固体润滑剂的涂层。

美国分别研究了渗氮不锈钢和镀铬不锈钢活塞环热喷涂 CrN 物理气相沉积类金刚石碳（DLC）经受 E85 乙醇燃料（85％ 乙醇和 15％ 无铅汽油）的性能，DLC 膜可以获得 0.10 的摩擦因数，对气缸内壁磨损最低。与硅酸钠粘结二硫化钼膜相比，在高碳钢表面增加退火的前处理工艺，可使磨损量减少 19％ 以上。

日本在活塞环含有二硫化钼磷化层基础上研发出磷化晶粒间隙同时嵌入固体润滑剂。近期的研究方向结合了活塞环侧面上分散有固体润滑剂的高分子材料。如聚酰胺酰亚胺—二氧化硅复合的耐热性材料构成的涂膜，防止在活塞环沟槽和活塞环之间产生的铝胶粘。

德国采用聚酰胺酰亚胺和聚醚醚酮粘接硬质材料、固体润滑剂或金属，能够短时间经受高温。事实上，二硫化钼在 $425 \sim 480℃$ 时开始缓慢氧化生成 MoO_3，即便如此，由于在表面形成稳定膜，其氧化速率也较慢，在氧化比例低于 30％ 时二硫化钼仍然具有润滑特性。与氟化石墨相比，二硫化钨和硫化铅能显著降低活塞环的磨损。

（3）高分子固体润滑机理

高分子涂层对于活塞环的润滑作用决定于以下几个方面：

① 表面微观多孔状或橘皮状结构可储藏润滑油，与固体润滑剂产生减摩协同效应。

② 易于塑性变形，与气缸壁适配，增大真实接触面积，缓解应力集中。

③ 隔离活塞环和气缸壁表面，减小摩擦阻尼并在对磨金属表面形成转移膜。

④ 良好的防腐性能和吸震功能，减缓腐蚀磨损和冲击磨损。

因此特种耐温树脂的固体润滑涂层应用于活塞环表面可以缩短磨合期、延长使用寿命，同时可以用于其修复。

4.3 空气压缩机润滑技术及应用

4.3.1 压缩机的润滑及对润滑油的要求

压缩机润滑的基本任务在于借助相对摩擦表面之间形成的液体层，来减少它们的磨损，降低摩擦表面的功率消耗，同时还起到冷却运动机构的摩擦表面，以及密封压缩气体的工作容积的作用。

不同结构形式的压缩机由于工作条件、润滑特点以及压缩介质性质的不同，因此对润滑油的质量与使用性能的要求也就不同。

大多数的容积型压缩机，由于润滑油直接接触压缩介质，易受压缩气体性质的影响，容易产生在其他工业机械中所没有的因润滑引起的故障。因此对容积型压缩机润滑油的选择应该十分慎重。

4.3.1.1 往复式压缩机的润滑特点

往复式压缩机的润滑系统，可分为与压缩气体直接接触部分的内部润滑和与压缩气体不相接触部分的外部润滑两种。内部润滑系统主要指气缸内部的润滑、密封与防锈、防腐；外部润滑系统即是运动部件的润滑与冷却。通常在大容量压缩机、高压压缩机和有十字头式压缩机中，内部润滑系统和外部润滑系统是独立的，分别采用适合各自需要的内部油和外部油。而在小型无十字头式压缩机中，运动部件的润滑系统兼作对气缸内部的润滑，其内外部油是通用的。

（1）气缸内部的润滑

往复式压缩机气缸内部润滑具有如下的功能：

减少气缸、活塞环、活塞杆及填料等摩擦表面的磨损。

压缩气体的密封（在活塞环和气缸壁之间）。

各部件的防锈、防腐蚀。

内部润滑油在完成上述使命后，与压缩气体一起被排出，同时润滑排气阀，通过后冷却器，一部分经分离后排出，未被分离的油进入储气罐和罐前的管路。因此，往复式压缩机的内部润滑属全损失式润滑，润滑油在压缩机中的移动路线如图 4-14 所示。

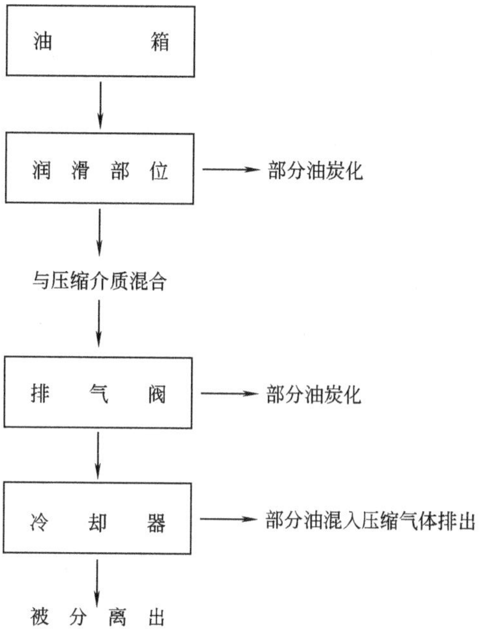

目前，气缸内部润滑大致有如下三种方式：

飞溅润滑。大多数用于无十字头式的小型通用压缩机。

吸油润滑。这是一种在压缩机进气中吸入少量润滑油的润滑方法，常用于无法采用飞溅润滑的无十字头式压缩机。

压力注油润滑。此方式的最大优点是能以最少的油量达到各摩擦表面的最均匀而合理的润滑，被广泛应用于有十字头式压缩机和其他大容量、高压压缩机。

```
┌──────────────────┐
│      油    箱      │
└────────┬─────────┘
         │
         ▼
┌──────────────────┐
│    润 滑 部 位     │ ──→ 部分油炭化
└────────┬─────────┘
         │
  与压缩介质混合
         │
         ▼
┌──────────────────┐
│    排  气  阀      │ ──→ 部分油炭化
└────────┬─────────┘
         │
         ▼
┌──────────────────┐
│    冷  却  器      │ ──→ 部分油混入压缩气体排出
└────────┬─────────┘
         │
         ▼
   被  分  离  出
```

图 4-14　润滑油在压缩机中的移动路线

（2）外部润滑（即运动机构的润滑）

往复式压缩机运动机构的润滑目的，除了减少运动部件各轴承及十字头导轨等摩擦表面的磨损与摩擦功率消耗外，还把到冷却摩擦表面及带走摩擦下来的金属磨屑作用。

往复式压缩机运动机构润滑的主要方式是压力强制润滑，其特点是油量充足，润滑充分，并能有效地带走摩擦表面的热量与金属磨屑，因此在各种压缩机上广泛采用。而在微型压缩机和一部分小型压缩机中，还常常采用飞溅的润滑方式。

（3）往复式压缩机油的使用条件

往复式压缩机，就其对润滑油恶劣影响的程度来说，内部润滑系统严重得多，内部润滑油由于直接接触压缩气体，易受气体性质的影响和高温高压的作用。使用条件就比较苛刻。因此，应该根据气缸内部工作条件和润滑特点来决定润滑油应具有的性能。其使用条件是：

高温、高压缩比（温度可达 220℃以上），冷却条件差，容易氧化，形成积炭。

高氧分压（指空气压缩机），油品与气氛的接触比在大气中多，更易被氧化。

冷凝水和铜等金属在高温下的催化作用，会使油品更迅速地氧化，在气缸及排气系统中形成积炭。

油品在气缸内部润滑完毕后被排出，不再回收、循环回气缸内使用。

（4）往复式压缩机油基本性能要求

适宜的黏度。其要求是随其润滑部位的不同而异，对内部、外部润滑系统独立的，应采用不同黏度的油。对内外部油兼用的通用压缩机，应以润滑条件差的内部用油为来选择，黏度一般是考虑气缸与活塞环之间的润滑与密封要求，根据压缩压力、活塞速度、载荷及工作温度确定的。往复式压缩机外部润滑系统用润滑油黏度的选择，主要是考虑维持轴承液体润滑的形成。一般可采用黏度等级为 32～100 的汽轮机油或液压油。

良好的热氧化安定性。在高温下不易生成积炭。

积炭倾向小生成的积炭松软易脱落。通常深度精制的油比浅度精制的油、低黏度油比高黏度油、窄馏分油比宽馏分油的积炭倾向小；环烷基油生成的积炭比石蜡基油松软。

良好的防锈防腐蚀性。由于空气中含有水分，空气进入压缩机受压缩后凝缩出的水气会对气缸、排气管及排气阀等造成锈蚀，因此要求压缩机油有良好的防锈防腐性。

好的油水分离性。

4.3.1.2 回转式压缩机的润滑特点

（1）润滑特点

回转式压缩机应用最广泛的是螺杆式和滑片式，按其采用的润滑方式又可分为三种润滑类型：

干式压缩机。指气腔内不给油，压缩机油不接触压缩介质，仅润滑轴承、同步齿轮和传动机构。其润滑条件相当于往复式压缩机的外部润滑系统或速度型压缩机，选油也相同。

滴油式压缩机（亦称非油冷式压缩机）。这是一种采用滴油润滑、双层壁水套冷却的滑片式压缩机，多数采用两级压缩，排气量较大，作为固定式使用。它有卸荷环式和无卸荷环式之分，采用一个油量可调节的注油器，通过管路将油注滴在气缸、气缸端盖及轴承座上的各个润滑点，以此润滑轴承、转子轴端密封表面及气缸、滑片、转子槽等摩擦表面，然后随压缩气体排出机外。其润滑条件与往复式压缩机内部润滑的压力注油方式相仿，选油也相同。

油冷式（或称油浸式）压缩机。这是目前螺杆式和滑片式压缩机中最广泛采用的润滑方式。润滑油被直接喷入气缸压缩室内，把润滑、密封、冷却等作用，然后随压缩气体排出压缩室外经油气分离，润滑油得以回收、循环使用。油冷回转式压缩机与往复式压缩机的内部润滑或滴油回转式、滑片式压缩机相比具有两个明显的特点，即供油量大（排气量的0.24%～1.1%），以保证最佳的冷却和有效的密封；润滑油可以回收和循环使用。

（2）回转式压缩机油的使用条件

润滑油在油冷回转式压缩机中的工作条件是极其严苛的。

油成为雾状并与热的压缩空气充分混合，与氧化的接触面积大大增加，受热强度大，这是油品最易氧化的恶劣条件。

润滑油以高的循环速度，反复地被加热、冷却，且不断地受到冷却器中铜、铁等金属的催化，易氧化变质。

混入冷凝液造成润滑油严重乳化。

易受吸入空气中颗粒状杂质，悬浮状粉尘和腐蚀性气体的影响。这些杂质常常成为强烈的氧化催化剂，加速油的老化变质。

（3）回转式压缩机油的基本性能要求

良好的氧化安定性。否则，油品氧化，黏度增加就会减少油的喷入量，使油和压缩机的温度升高，导致漆膜和积炭生成，造成滑片运动迟钝，压缩机失效。由于回转式压缩机油循环使用，其老化变质、形成积炭的倾向甚至大于一次性使用的往复式压缩机油。

合适的黏度，以确保有效的冷却、密封和良好的润滑。为了得到最有利的冷却，在满足密封要求的前提下，尽量采用低黏度的润滑油。其黏度范围通常为 $5\sim15\,mm^2/s$（100℃）。

良好的水分离性（即抗乳化性）。一级回转式压缩机通常排气温度较高，使空气中的水分呈蒸汽状态随气流带出机外。但在两级压缩机中，有时会因温度过低凝结大量水分，促使润滑油乳化，其结果不仅造成油气分离不清，油耗量增大，而且造成磨损和腐蚀加剧。因此，对两级压缩机的润滑应该选用水分离性好的压缩机油，而不应该选用易与水形成乳化的油品（如使用内燃机油代用）。

防锈蚀性好。

挥发性小与抗泡沫性好。为了使压缩机油从压缩空气中得到很好的分离与回收，必须选择一种比较不易挥发的油，通常石蜡基油比环烷基油具有低的挥发性而应优先选用。此外，回转式压缩机油还应具有良好的抗泡沫性，否则，会使大量的油泡沫灌进油分离器，使分油元件浸油严重，导致阻力增大，造成压缩机内部严重过载，并且会使油耗剧增。

4.3.1.3 速度型压缩机的润滑特点

速度型压缩机的润滑油与气腔隔绝，润滑部位是轴承、联轴器、调速机构和轴封。

其中高速旋转的滑动轴承的润滑是其主体，故可以采用蒸汽轮机轴承润滑所建立的技术理论。

速度型压缩机油的使用条件及质量要求与蒸汽轮机油基本相同，主要要求油品具有适当的黏度、良好的黏温性能、氧化安定性、防锈性、抗乳化性以及抗泡沫性等。

目前，运转中的速度型压缩机除特殊情况下，一般均使用防锈汽轮机油。

4.3.2 压缩机油的选用

合理选择压缩机油对延长设备的使用寿命，提高设备运转的可靠性、防止事故的发生等方均有直接影响，故对此必须十分慎重。

压缩机油的质量选择主要是黏度选择。黏度的选择与压缩机的类型、功率、给油方法和工作条件（主要是出口温度和压力）有关，要求油的黏度对润滑部位能形成油膜，同时起到润滑、减摩、密封、冷却、防腐蚀等作用。表 4-12 是各类型压缩机使用的润滑油（包括内部油、外部油和内外部共用油）黏度选择方法之一。

选择压缩机油的基本原则有两个：

按压缩机的不同结构类型来选择压缩机油以适应其性能要求与工作条件，参考表 4-13。

按不同压缩介质来选择压缩机油以使压缩介质不受影响，参考表 4-14。

表 4-12 压缩机油黏度选择参考表

压缩机形式			排气压力/0.1MPa	压缩级数	润滑部位	润滑方式	ISO 黏度等级
容积型	往复式	移动式	10 以下	1～2	气缸	强制、飞溅	46、68
					轴承	循环、飞溅	46、68
			10 以上	2～3	气缸	强制、飞溅	68、100
					轴承	循环、飞溅	46、68
		固定式	50～200	3～5	气缸	强制	68、100、150
					轴承	强制、循环	46、68
			2100～1000	5～7	气缸	强制	100、150
					轴承	强制、循环	46、68
			>1000	多级	气缸	强制	100、150
					轴承	强制、循环	46、68
	回转式	滑片式	水冷式 <3	1	气缸滑片侧盖轴承	压力注油	100、150
			7	2			
			油冷式 7～8	1	气缸	循环	32、46、68
			7～8	2			
		螺杆式	干式 3.5	1	轴承、同步齿轮传动机构	循环	32、46、68
			6～7	2			
			12～26	3～4			
			油冷式 3.5～7	1	气缸	循环	32、46、68
			7	2			
		转子式			齿轮	油浴、飞溅	46、68、100
					气缸、轴承	循环	46、68、100
速度型			离心式 7～9		轴承（有时含齿轮）	循环（或油环）	32、46、68
			轴流式 —				

表 4-13 不同类型的空气压缩机选油参考表

压缩机类型	油品类型
无油润滑压缩机：往复式和回转式	DAA 压缩机油或汽轮机油或液压油
油润滑压缩机 　(1) 空冷往复式压缩机油（轴输入功率＜20kW） 　(2) 空冷往复式压缩机（轴输入功率＞20kW） 　(3) 水冷往复式压缩机及滴油润滑回转式压缩机 　(4) 油冷回转式压缩机	按压缩机载荷轻重选用 DAA 或 DAB 或 DAC 压缩机油；轻、中载荷亦可选用单级 CC、CD 发动机油① 按压缩机载荷 轻、中载荷用 DAA、DAB 压缩机油，或汽轮机油、液压油；亦可选用单级 CC、CD 发动机油① 重载荷用 DAC 压缩机油 轻载荷用 DAA 油或汽轮机油或液压油中载荷用 DAB 油，可用单级 CC、CD 发动机油① 轻载荷用 DAG 油或汽轮机油或液压油 中载荷用 DAH 油 重载荷用 DAJ 油

① 不可选用多级发动机油。

表 4-14 不同压缩介质压缩机选用润滑油参考表

介质类别	对润滑油的要求	气缸内用润滑油
空气	因有氧，对油的抗氧化性要求高，油的闪点应比最高排气温度高 40℃	见表 4-12、表 4-13
氢、氮	无特殊的影响，可用压缩空气时用的油	压缩机油
氩、氖、氦	此类气体稀有贵重，经常要求气体中绝对无水、不含油。应用膜式压缩机	
氧	使矿物油剧烈氧化而爆炸。不可用矿物油	多采用无油润滑
氯（氯化氢）	因在一定条件下与烃起作用生成氯化氢	用浓硫酸或无油润滑（石墨）
硫化氢 二氧化碳 一氧化碳	润滑系统要求干燥。因水分溶解气体后生成酸，会破坏润滑油性能	防锈汽轮机油或压缩机油或单级 CC、CD 发动机油（往复式）
氧化碳氯 二氧化硫	能与油互溶，会降低油黏度。系统保持干燥，防止生成腐蚀性酸	防锈汽轮机油或压缩机油或单级 CC、CD 发动机油（往复式）
氨	如有水分会与油的酸性氧化物生成沉淀，还会与酸性防锈剂生成不溶性皂	抗氨汽轮机油
天然气	湿而含油	干气用压缩机油，湿气用复合压缩机油
石油气	会产生冷凝液，稀释润滑油	压缩机油
乙烯	在高压合成乙烯的压缩机中，为避免油进入产品，影响性能，不用矿物油	采用白油或液体石蜡
丙烷	易与油混合而稀释，纯度高的用无油润滑	乙醇肥皂润滑剂，防锈抗氧汽轮机油
焦炉气 水煤气	这些气体对润滑油没有特殊破坏作用，但比较脏，含硫较多时会有破坏作用	压缩机油或单级 CC、CD 发动机油（往复式）
煤气	杂质较多，易弄脏润滑油	多用过滤用的压缩机油

4.3.3 压缩机润滑管理维护

合理地使用压缩机油不仅是保证压缩机安全正常运转的重要条件，而且是节约能源的重要途径。

（1）正确控制给油量

供给压缩机的润滑油量，应在保证润滑和冷却的前提下尽量减少。给油量过多，会增加气缸内积炭，使气阀关闭不严，压缩效率下降，甚至引起爆炸，并浪费润滑油；给油量过少，则润滑和冷却效果不好，引起压缩机过热，增大机械磨损。因此，必须根据压缩机的压力、排气量和速度以及润滑方式和油的黏度等条件来正确控制给油量。关于最佳给油量，有不少的经验数据和计算公式，尚无统一的说法，一般认为：①遍及气缸全面，无块状油膜。②不从气缸底部外流。达到这种状况的给油量即为最佳给油量。

往复活塞式压缩机的气缸内部和传动机构是分别润滑时，气缸的给油量可根据压缩机的类型和运转条件不同直接用注油器调节，给油量原则上按气缸和活塞的滑动面积确定（如表4-15），但即使滑动面积相同，如压力增加，给油量亦要增加。

滴油式回转压缩机的给油量按功率大小确定，如表4-16。

对新安装或新更换活塞环的压缩机，则必须以 2～3 倍的最低给油量进行磨合运转。

（2）合理确定换油指标

压缩机的换油期，随着压缩机的构造形式、压缩介质、操作条件、润滑方式和润滑油质量的不同而异。通常，可以根据油品在使用过程中质量性能的变化情况确定换油。

往复式压缩机的内部油是全损式润滑，冷却器回收用过的油不再循环使用。

外部油及内外部共用油的换油指标可参考表 4-17。

油冷式回转空气压缩机油的换油标准可参考表 4-18。

表 4-15 往复活塞式压缩机气缸润滑参考给油量

气缸直径/cm	活塞行程容积/m³	滑动表面积/(m²/min)	给油量/(mL/h)	给油滴数/min
15 以下	1 以下	45 以下	3	2/3
15～20	1～2	45～70	2	1
20～25	2～4	70～100	6	4/3
25～30	4～6	100～140	10	1～2
30～35	6～10	140～185	18	2～3
35～45	10～17	185～240	23	3～4
45～60	17～30	240～340	33	4～5
60～75	30～50	340～450	40	5～6
75～90	50～75	450～560	50	6～8
90～105	75～105	560～700	75	8～10
105～120	105～150	700～840	100	0～12

表 4-16 滴油式回转压缩机的参考给油量

压缩机的功率/kW	55 以下	55～75	75～150	150～300
给油量/(mL/h)	15～25	27～30	20～25	14～20

表 4-17 压缩机油换油参考指标

类型	润滑部位		换油质量指标				附注
			黏度	酸值/ (mgKOH/g)	残炭/%	正庚烷不溶物/%	
往复式	高压用	内部用 (气缸)					不反复使用、排出可作轴承润滑用
		外部用 (轴承)	1.5倍	2.0	1.0	0.5	
	低压用	气缸轴承共用	1.5倍	2.0	1.0	0.5	
回转式	气缸轴承共用		1.5倍	0.5		0.2	主要使用汽轮机油和回转压缩机油
离心式	轴承用		1.5倍	0.5		0.2	主要使用汽轮机油

表 4-18 油冷式回转空气压缩机油换油参考指标

项目	指标	项目	指标
闪点/℃	下降 8	黏度变化/%	+/-15～20
杂质（在油浴最低部取样）/%	0.1	酸值变化/ (mgKOH/g)	0.2

（3）压缩机因润滑油选用不当或质量不好而引起的事故

炭的附着、着火、爆炸等。

疏水器动作不良，滑阀启动不灵导致凝缩液排放问题。

气缸、活塞环的磨损、烧结。

其中，最危险的是排气管的着火、爆炸。

（4）生成积炭的原因

排气温度高。

选油不当，例如，黏度过大，质量不好等。

给油量过大。

被压缩的气体不安全。

油中混入了杂质或水（加速了油在高温下的老化）。

管线结垢、锈蚀等。

其中，最常见的是给油量过大。

4.3.4 空气压缩机润滑故障及对策-方法与实例

（1）运行中空压机的油管压力逐渐降低

【例1】一个机械加工厂的空气压缩站内的一台运行中的空气压缩机在一个运行班次突发油压变低，在故障发生后，随着空压机的运行，油压继续逐渐降低。在维修过程中，保持该空压机继续运行状态，查看油泵，运行正常；润滑油质量为正常合格；停车，检查油压表，正常；查看润滑油油温，在正常范围。最后把故障点缩小到润滑的管路系统；检查、确认润滑回路的油管有一处连接垫片松动。更换该垫片并拧紧管路连接螺钉，试车，空压机恢复正常运行。

【例2】同一台空压机，在【例1】故障后月余出现同样的故障现象，检修同【例1】，没有解决问题。现场维修人员以"疑难设备故障"报厂部机动处维修。对该空压机局部解体检查，发现轴瓦磨损严重，出现了过大的间隙。更换磨损的轴瓦，试车，故障排除。

【例2】故障现象虽然与【例1】相同，但在故障维修总结时发现，【例2】故障不同于

【例 1】的特点是：油压降低的渐进过程随着轴瓦的间隙过大开始，渐进过程更长；"轴瓦磨损"导致的润滑油压力的降低与"油路连接不牢固而渗漏油"导致的润滑油压力的降低相比，前者更慢一些。

【例 3】某装配制造厂空压站的一台活塞式空压机出现同【例 1】的故障，反复按照【例 1】和【例 2】的方法检修，故障均不能排除，油路连接牢固、轴瓦没有过量的磨损。组织技术人员会诊发现，该空压机的油路的冷却水压力不足（因该空压站前期从该空压机冷却水管路新增一用水管路造成），致使运行中出现润滑油过热、黏度降低，从而导致空压机的油路系统压力降低。改造该冷却系统，恢复使用专用的冷却回路保证冷却水压力和水量，加强油路冷却；同时对油路系统补充润滑油。试车，故障排除。

维修要点：①轴瓦磨损会造成空压机油压逐渐降低，并且降低进程缓慢；②油管连接松动会造成突发的空压机油压逐渐降低，压力进程较轴瓦磨损所致为快；③空压机在运行中要加强润滑油的冷却，润滑油黏度降低会造成空压机油路系统油压逐渐下降。

（2）运行中空压机的润滑油温度异常升高

【例 4】往复空气压缩机的油温检测表显示压缩机润滑油温度过高，检查油量正常、冷却系统正常、油路无渗漏现象。取润滑油油样，确认润滑油过脏。对压缩机的油路系统进行清洗，并更换新的润滑油，故障排除。

【例 5】同样型号的空气压缩机，故障现象与【例 4】相同、为空压机运行过程中润滑油过热。采用与【例 4】相同的处理方法，故障依旧。对故障空压机进行解体、修理，确认曲轴连杆机构的一连接处出现过大的连接间隙，修复该故障点；重装机、试车、故障排除。

维修要点：润滑油油量不足或者冷却不好、油路系统阻塞，也会出现【例 4】和【例 5】的故障现象。但油量不足容易及时发现、冷却不好会伴随压力逐渐下降、管路阻塞的主要表现则为压力突然下降。容易与此类故障区分。①润滑油的油量和品质要每班点检；②油温过高是空压机的故障表象，曲轴连杆机构故障是空气压缩机单纯性油温过高故障的一个主要诱因。

（3）空气压缩机启动后无油压指示

【例 6】某矿井用活塞空气压缩机，在运行周期的上一个班次运行正常；本班次空压机启动后油压表无指示。检查润滑油油量、油质正常，排除润滑管路系统故障。试车、发现油循环正常。确认为油压表失灵。更换油压表，故障排除。

【例 7】故障现象同【例 6】。同样试车、发现油路无油循环。油泵空转状态。查油路，发现止回阀失灵。更换止回阀，故障排除。

维修要点：如果因油泵供电回路或者泵体本身故障造成油泵不工作，故障现象类似。但从查看泵体工作或者测量泵体供电电流即可确认。①要注意区分油泵本体和油泵供电电源引起的泵油故障；②止回阀应当每班点检，随空气压缩机大修周期更换；③油压表也应当每班点检，每 3 个月送仪表检定。

（4）空气压缩机运行中油管内压力突然减低或消失

【例 8】一运行中的空压机出现油管压力小于 0.1MPa，首先检查泵体和油路故障。用钳形电流表测齿轮油泵的供电回路电流，发现电流过大。确认为泵体或油路故障。先查油路，发现过滤网阻塞。清洗过滤网，故障排除。

【例 9】故障现象同【例 8】，同样处理故障依旧。将齿轮油泵输出端拆开，试油泵，测量油泵供电电流，同样过大。检修油泵。发现，齿轮油泵管路阻塞。疏通管路，故障排除。

【例 10】故障现象同【例 8】。排除油泵油路故障，发现油路安全阀失灵，更换安全阀，故障排除。

维修要点：油压表损坏、油管破裂的故障现象与此类故障现象相同。①利用油泵供电电流的检测和油压表、油管路的目测，可以判定油压失压故障。②安全阀要每班点检，随空压机大修周期更换。

(5) 空气压缩机无法加载

【例11】某个冬季，中原地区一家工厂内一运行中的螺杆压缩机出现启动后不能加载故障。检查油路系统、清洗油过滤器，检查上载电磁阀，均无故障。取油样检查分析正常。试运行空压机，故障依旧。重新对该空压机进行排查，并组织人员会诊，发现空压工房内没有暖气设备，运行中的润滑油黏度过高，采取运行前对压缩机油槽加热 24 h，蒸发部分溶解在润滑油内的制冷剂，保证润滑需要。试车，故障排除。本例中之所以油样分析正常，是因为分析油样是在实验室室内进行的，实验室室内温度与空压机工作现场环境温度不一致。

维修要点：空压机运行环境温度过低会导致润滑油黏度高引起空压机无法加载。①空压机润滑油油样的检测应注意设备实际运行的环境温度；②在室温过低时，空压机润滑系统应采取加热措施。

(6) 空气压缩机无法卸载

【例12】某个冬季，【例9】中的螺杆压缩机运行中出现不能卸载故障。对卸载电磁阀、卸载活塞环、排气端盖、上载活塞盘、机组控制系统进行检查，均排除故障诱因。组织设备故障分析会讨论，发现润滑油油位过低。补充添加同型号规格润滑油至游标达到上油位，故障排除。

【例13】某个冬季，【例9】中的螺杆压缩机启动后不能卸载故障重现。检查润滑油油位正常。对卸载电磁阀、卸载活塞环、排气端盖、上载活塞盘、机组控制系统进行检查；发现排气端盖衬垫破损严重。更新该衬垫，故障排除。故障原因在于排气端盖衬垫破损导致气态冷媒进入油压缸中，致使空压机无法卸载。

维修要点：①空压机润滑系统油量不足会导致空压机无法卸载；在北方冬季该故障较多见，应及时补油。②应在每个小修周期检修包含排气端盖衬垫在内的所有密封件；应每半年更换排气端盖衬垫一次。

4.3.5　螺杆压缩机润滑油路分析及维护实例

喷油式螺杆压缩机是容积式气体压缩机，由相互啮合的转子（即螺杆）、机壳及适当配置在两端的进排气口组成压缩气体的工作腔，通过减小工作容积来提高气体压力。压缩机工作时，润滑油循环使用起着润滑、密封、冷却和降低噪声的作用。在螺杆压缩机机组中安装有油分离器、油冷却器、油过滤器和油泵及各类阀门等设备，以便润滑油能够循环利用。

4.3.5.1　螺杆压缩机系统

(1) 概况

某公司溶剂脱蜡车间安装有 5 台美国约克公司生产的制冷压缩机，设备型号 RWBⅡ-676E，电机转速 2950r/min。机组结构如图 4-15 所示，设备运行参数为：入口温度 17℃；出口温度 80℃；分离器温度 82℃；油温 58℃；润滑油压力 820 kPa；滑阀开度 100%；过滤器压差 0；节流压力 0.5MPa；出口压力 909kPa；油位 1/3；容积比 5；经济器入口温度 -0.1℃；经济器出口温度 18℃。

介质通过入口过滤器进入压缩机，气体在阴阳螺杆的作用下被压缩，压力增大，温度升高。氨被压缩后吸收润滑油的热来降低温度。从压缩机出来后，带有润滑油的氨气进入油气分离器，润滑油被除去。从分离器排出的油经过油泵、油冷却器（管壳式换热器）、油过滤器和各种管路阀门后再次进入压缩机入口。而离开油气分离器的气体进入风冷系统进行冷却，然后进入套管系统。

(2) 油气分离器

某公司溶剂脱蜡车间使用的油分离器如图 4-14 所示，为立式罐结构，高温高压的油气

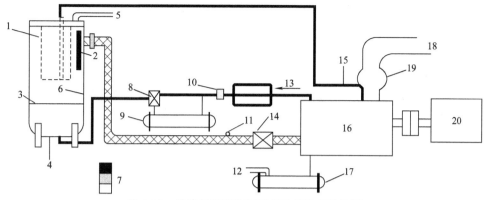

图 4-15　某溶剂脱蜡车间螺杆压缩机组结构图

1—分离器芯；2—折流板；3—看窗；4—油气分离器；5—压缩氨气进入系统；6—油气分离器；7—润滑油/氨气；
8—恒温阀；9—油冷却器；10—油路阀门；11—压力表；12—自系统来的氨气；13—油过滤器；14—单向阀；
15—油注入口；16—螺杆压缩机；17—经济器；18—自系统来的氨气；19—入口；20—电机

混合物进入分离器后，撞在挡板上，润滑油顺着挡板进入分离器下部，密度小的剩余油气混合物继续向上进入分离器顶部的分离器芯，滤芯使润滑油留在分离器芯上，进而向下聚集，通过分离器下部的看窗可观察润滑油的油位高低，通过分离器的润滑油含气量能够降低到0.2‰。在分离器底部安装有回油管路，润滑油在油泵作用下进入油冷却器。

（3）油冷却器

溶剂脱蜡车间使用的油冷却器为卧式水冷管壳式换热器，这种换热器通过调整冷却水量控制冷却达到的温度，可有效降低出口润滑油温度，冷却器前面管路上安装有控制油温的恒温控制阀，防止油冷却器出来的油温度过高，过高温度的润滑油将使轴承温度和压缩机出口温度增高，导致系统停车，因此控制温度显得尤为重要。

（4）油过滤器

溶剂脱蜡车间的螺杆压缩机系统的油过滤器（又名篮式过滤器）安装在管道上能除去流体中的较大固体杂质，使机器设备能正常工作和运转，达到稳定工艺过程，保障安全生产的作用。其过滤精度为 $10\sim15\mu m$，且能承受油路上的工作压力和冲击压力，压力降小于0.35MPa。压缩机各润滑点如图 4-16 所示。

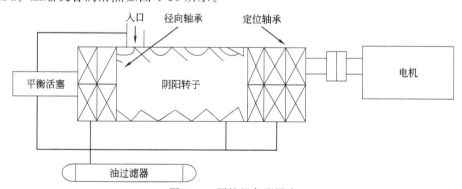

图 4-16　压缩机各润滑点

（5）经济器

经济器在溶剂脱蜡车间螺杆压缩机系统中起到补气和闪蒸制冷的作用。来自冷凝器的高压液态氨在进入经济器后，分为两部分，一部分通过节流来吸收另一部分的热量，以膨胀的方式进一步冷却去降低另一部分的温度，其中一部分稳定下来的过冷液体通过电磁阀直接进套管结晶器系统制冷，而另一部分未冷却的氨通过经济器与压缩机的连通线，重新进入压缩机继续压缩进入循环。它巧妙通过膨胀制冷的方式来稳定液态制冷介质，以提高系统容量和效率。

（6）其他部件

为保证系统中介质压力和温度，螺杆压缩系统中安装有单向阀、泄压阀、温度控制阀和其他电磁阀，还有油泵、喷油嘴等保证润滑油运行压力的结构；此外还有压缩机出口安装温度传感器、压力表、入口过滤器等结构，这些部件和前面几种主要设备组成螺杆压缩机系统。

4.3.5.2 日常维护和故障处理

（1）日常巡检

日常巡检维护对于及时发现和处理故障，保证设备平稳长周期运行至关重要，检维修的巡检维护主要包括以下内容。

① 进入螺杆压缩机泵房时要事先感觉是否有刺激性的氨气味道，若氨气味道大，要及时撤离泵房，防止窒息。

② 检查有无管道、机械密封、阀门和接头等处是否有泄漏（机械密封泄漏不大于5滴/min），做好巡检记录，泄漏严重要向设备操作人员反应进行处理。

③ 检查压缩机各处的温度和振动，重点是前后轴承的振动和温度是否超标，其中轴承振动不大于 2.8mm/s，润滑油进口温度不高于 65℃，压缩机排出口压力不高于 110℃。

④ 检查各部件有无杂音，检查分离器油位高低和油泵等运行情况。

（2）常见故障及处理

螺杆压缩机组运行中出现的常见情况及处理如表 4-19 所列。

表 4-19 螺杆压缩机常见故障及处理

故障现象	故障原因	处理方法
开车时不能启动	机体内充满油或转子部件摩擦	盘车排除油或检修
机组振动大	吸入介质或润滑油过量，滑阀不能定位且振动	停机盘车排出润滑油，检查活塞是否泄漏
机体温度高	转子和壳体摩擦发热，吸气温度过高	停机检查，降低吸气温度
排气温度或油温过高	压缩比过大，油冷却效果不够	降低压缩比或降低负荷，清除污垢，降低水温，增加水量
排气压力低	气量调节的压力控制器上限调的过低	提高压力控制器上限
轴承温度过高	配油器油量分配不合理，油变质，进入异物等	调整配油器各阀门，解体检查

（3）维护经验

现代监测技术的使用使设备维护人员能够利用计算机软件判断压缩机的设备故障，增加了故障的预判断能力。根据使用 VM-2004 监测软件对溶剂脱蜡车间螺杆压缩机监测总结经验如下。

① 监测部位的选择日常监测时要对主、副转子前后的垂直、水平和轴向（主转子驱动端除外）3 个方向进行测量，以保证对每个故障部位全面了解。

② 振动数据类型的选择对螺杆压缩机的监测除了正常的振动值监测外，还要对轴承速度和加速度的频谱进行监测提取。

③ 注重其他设备运行参数要想全面掌握设备运行状态，需要对设备运行的其他参数做到了解，如联轴器结构、转子共振频率、轴承温度、噪声、电机振动、地基情、油温和油压等。

④ 常见的故障频谱特征通常情况下螺杆压缩机能够正常运行，而频谱中也经常出现类似于离心泵的叶轮通过频率，它表示承载的压力和脉动，叶轮通过频率等于转子啮合次数乘

以基频，24 单元螺杆压缩机转子在一次压缩中啮合 4 次，转子基频 49.17Hz（转速 2950 r/min），则 4×48.17＝196.7Hz 为频谱中的常见高幅值对应频率。如图 4-17 所示，频谱中出现 199Hz，除此之外，还出现保持架 18Hz 的谐波频率，预示轴承可能存在问题，应该在以后的监测和巡检中加以重视。而叶片通过频率或谐波频率都与转子或支承结构的自振频率不重合，因此不会产生过大振动，监测中只留意其变化即可。

监测中要长期坚持对比设备前后的频谱变化特征，每次故障检修时，打开设备内部或轴承故障部位等进行观察，进而和判断的故障进行对比分析，才能进一步提高判断水平，保证设备长期平稳运行。

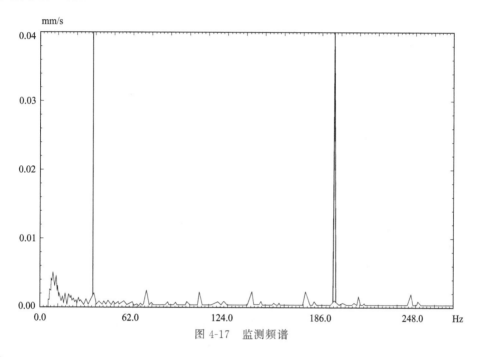

图 4-17　监测频谱

4.4 冷冻机润滑技术及应用

利用低沸点液体（制冷剂）蒸发时吸收热量的原理，以获得低温（低于环境温度）的机械就是冷冻机，或称制冷机。

4.4.1　冷冻机的类型及润滑方式

冷冻机中，吸收式、蒸气喷射式和半导体式制冷设备没有机械运动部件，不需润滑。因此，冷冻机油，专指（压缩式中的）往复式、回转式和离心式冷冻机用的润滑油。

压缩式冷冻机是一个闭合的循环制冷系统，它由蒸发器、制冷压缩机、冷凝器和节流阀等几大部分组成。其基本原理就是利用液相制冷剂气化时吸收周围介质热量的特性使温度降低，然后通过制冷压缩机压缩，将气相制冷剂复原到液相再重新气化。如此重复循环，达到控制低温的目的。压缩式冷冻机实质上就是用于循环制冷系统中的压缩机，只是它压缩的气体不同，工作状况有异而已。它的类型、结构和润滑方式与压缩机是基本相同的。

4.4.1.1　往复式（活塞式）冷冻机

往复式冷冻机是目前各种冷冻机中应用最广泛的。尤其在中小制冷量范围内具有许多优点：①使用制冷量范围宽，可达 10～2100MJ/h，最大的制冷量已达 10GJ/h。②使用温度范围广。③制冷效率高，单位能耗较低。④装置系统比较简单，加工容易，造价低。⑤可以采用氨、氟利昂等各种制冷剂。

（1）往复式冷冻机的分类

按密封程度可将往复式制冷压缩机分为开启式、半封闭式和全封闭式三种。开启式——压缩机的曲轴通过轴封装置伸出机体外面与电动机连接，多用于较大制冷量的冷冻机；半封闭式——压缩机的电机外壳和机体铸成一体，压缩机和电动机的主轴也被制成一体，不需要轴封装置，多用于中小制冷量的氟利昂冷冻机；全封闭式——压缩机和电动机的主轴制成一体，并放置在一个焊死的密封机壳内，用于各种冰箱、空调等较小制冷量的制冷压缩机。

全封闭式和半封闭式冷冻机因为压缩机与电动机一起封闭在一个机壳内，冷冻机油必然经常和电动机相接触，因此，对冷冻机油还提出了电气性能上的要求。

按冷却的方式可将往复式冷冻机分为空气冷却式、水冷却式和进气冷却式。

（2）往复式制冷压缩机的润滑方式

往复式制冷压缩机需要用油润滑的部位，一是活塞与气缸之间；二是曲轴连杆机构。根据机型的大小和结构的不同，其润滑方式主要有飞溅润滑和压力润滑两种。少数大型卧式带十字头的氨制冷机，其活塞与气缸采用注油器润滑，曲轴连杆机构采用压力润滑。

4.4.1.2 回转式（螺杆式）冷冻机

回转式冷冻机是一种新型的回转式制冷压缩机，其制冷量介于往复式与离心式之间，制冷范围为 $0.1\sim18.0GJ/h$，通常都在 $1.5GJ/h$ 以上。其基本构造是在机壳内有一对互相平行置放的阴、阳转子，当转子转动时，转子上的齿槽容积随转子的旋转不断发生由大到小的变化，从而对制冷剂蒸汽进行吸入、压缩和排出三个连续过程，从而达到制冷的目的。

与往复式制冷压缩机相比，回转式制冷压缩机没有往复式压缩机所具有的气阀、活塞、活塞环、缸套等易损部件，因此具有寿命长，运行平稳可靠，排气温度低，单级压缩比大，结构紧凑，体积小，质量小等优点。其缺点是转子加工精度要求高，加工困难，在制冷过程中要喷入大量润滑油，因而需要配备油泵、油冷却器、油回收器等较多的辅助设备，同时噪声较高、电耗量也较大。回转式冷冻机可用 NH_3、R-12、R-22 等制冷剂。

回转式制冷压缩机均为油冷式润滑，压缩机在动行中要通过喷油孔不断向转子壳体内喷入冷冻机油，从而起到润滑、冷却、密封和降低噪声等作用。

4.4.1.3 离心式冷冻机

离心式冷冻机具有制冷量大，质量小，平衡性好，与活塞式冷冻机相比无易损件，运转可靠，操作维护简便，振动小等优点。尤其适应大制冷量的要求，制冷范围通常为 $1\sim100GJ/h$。

离心式冷冻机的工作原理是利用高速旋转的叶轮使连续流动的气态制冷剂获得高速度，再通过扩压过程将速度能转变为压力能，从而达到提高制冷剂蒸汽压力的目的。故这种冷冻机的速度很高，制冷量大。但由于它的每一级叶轮产生的压缩比比较小，而排出的气体容积又比较大，因而较适宜采用相对分子质量较大、气化压力与冷凝压力的比值较小和单位容积制冷量较低的氟利昂作制冷剂。

离心式制冷压缩机的润滑部位是轴承及齿轮箱，润滑油不与制冷剂接触，因此，通常可用汽轮机油润滑。为了避免制冷剂泄漏，在机壳轴承内侧还装有高压机械密封油系统。因此，在离心式冷冻机中，润滑油不仅要润滑传动机构的摩擦部件，而且要润滑机械密封，并作密封介质。

4.4.2 冷冻机油的性能要求

（1）冷冻机油的主要作用

① 润滑。减少机械摩擦和磨损。

② 降低温度。冷冻机油在制冷压缩机中不断循环，因此也不断携走制冷压缩机工作过程中产生的大量热量，使机械保持较低的温度，从而提高制冷机的机械效率和使用可靠性。

③ 密封。冷冻机油还用于各轴封及气缸和活塞间起密封作用，提高轴封和活塞环的密封性能，防止制冷剂泄漏。

④ 用作能量调节机构的动力。有些制冷机中利用冷冻机油的油压作为能量调节机构的动力，对制冷机的制冷量进行自动或手动调节。

（2）冷冻机油的工作条件

① 冷冻机油处于制冷压缩机排气阀的较高温（可高达150℃）以及在膨胀阀、蒸发器等部位的低温（可低至－40℃以下）这样两种极端的温度条件工作。有别于总在高温下工作的其他用途的压缩机。

② 压力较低，一般为中、低压。

③ 与制冷剂在制冷压缩系统内直接接触，并有少量冷冻机油被携入制冷剂管线内参与冷冻循环。

④ 冷冻机油在制冷压缩机内循环使用，有别于其他用途的往复式压缩机油（在气缸内部）的全损式润滑。尤其是半封闭式或全封闭式制冷压缩机，要求长期不换油。

⑤ 在全封闭式制冷压缩机中，冷冻机油与电机的线圈及密封件等材料密切接触。

（3）冷冻机油的性能要求

由于冷冻机油特殊的工作条件，因此，要求它能同时满足制冷循环系统内的压缩机、冷凝器、膨胀阀和蒸发器等的不同要求，见表4-20。

表 4-20　制冷循环系统对冷冻机油的性能要求

循环部位	性能要求
压缩机	（1）与制冷剂共存时具有优良的化学安定性 （2）有良好的润滑性 （3）有良好的与制冷剂的相溶性 （4）对绝缘材料和密封材料具有优良的适应性 （5）有良好的抗泡性
冷凝器	有优良的与制冷剂的相溶性
膨胀阀	（1）无蜡状物絮凝分离 （2）不含水
蒸发器	（1）有优良的低温流动性 （2）无蜡状物絮凝分离 （3）不含水 （4）有优良的与制冷剂的相溶性

具体要求如下。

① 适宜的黏度及良好的黏温特性　适宜的冷冻机油黏度是确保制冷压缩机润滑及密封良好的重要因素。此外，由于冷冻机油在制冷循环系统中的使用温度范围很宽，因此要求冷冻机油的黏度随温度的变化要小（即要有良好的黏温特性），以保证冷冻机油在各种不同温度下都具有良好的润滑性和流动性。

② 良好的低温性能　由于各种制冷剂与冷冻机油在冷冻机的低温区的互溶性不同，因而就会因为冷冻机所用溶剂的不同而对冷冻机油低温性能的要求有不同的侧重点。

低的倾点（凝点）。对于使用与油难互溶的氨及R502、R503的制冷系统，如果冷冻机油的凝点过高，当其随制冷剂进入制冷系统后，就会在蒸发器盘管等低温部位滞留或凝固，严重时甚至会堵塞管道使设备不能正常工作。因此，冷冻机油要有较低的凝点、良好的低温流动性。

良好的相溶性。在制冷系统内，冷冻机油与制冷剂的溶解对于压缩机的润滑是至为关键的。若果两者不溶解，冷冻机油会滞留在系统内造成冷冻效果不良；或因冷冻机油在系统内的分布不均匀，导致局部油量不足而引起润滑故障。新型制冷剂 HFC134a 就是因为其不含氯，且与传统的矿物油型冷冻机油不相溶而要求研制专门的、昂贵的合成冷冻机油。

低的絮凝点。对于使用 R11、R12 等氟里昂制冷剂的制冷系统，虽然冷冻机油与这类制冷剂是完全溶解的，在低温下也不会发生油-剂分离现象，但是，由于冷冻机油中的蜡在此类制冷剂中的溶解性差，常在温度尚未到达冷冻机油的凝点之前就从油-剂的均一溶液中以絮状物的形式凝结出来，造成毛细管和膨胀阀堵塞，使制冷剂的循环中断，制冷失效。因此，用于此类制冷剂系统中的冷冻机油的蜡含量必须很低，以保证冷冻机油具有较低的絮凝点。

理想的冷冻机油应该兼备上述三种特性，以适应各种类型的制冷剂，但实际上许多冷冻机油是无法满足这一要求的（见表 4-21），因此在选择冷冻机油时，必须先了解冷冻机所用的制冷剂种类。

表 4-21　冷冻机油的类型及其低温特性

性能 ＼ 油品类型	石蜡基油（脱蜡）	石蜡基油（深冷脱蜡）	低精制环烷基油	高精制环烷基油	烷基苯（硬性）
V40℃/(mm²/s)	31.6	33.4	29.3	32.8	33.0
黏度指数	106	102	－10	59	－44
倾点/℃	－15	－30	－37.5	－37.5	－42.5
絮凝点/℃	＞－30	－50	－60	－40	＜－75
临界溶解温度（20%油）/℃	30	＞30	－12	18	＜－60

③ 良好的热化学安定性　避免冷冻机油与制冷剂（氟里昂、氯甲烷、氨等）发生化学反应，生成腐蚀性的酸、或酸的胺盐、油泥等杂质，从而导致堵塞制冷系统、影响制冷效率、腐蚀设备、破坏绝缘材料致使电机烧坏等故障。

④ 良好的热和氧化稳定性　避免冷冻机油在压缩过程的高温作用下产生油泥、积炭等氧化物，影响制冷效果。对于半封闭和全封闭的冷冻机，主要要求油品有良好的热稳定性，长时间不换油。

此外，还要求冷冻机油具有较高的闪点和较小的挥发性。因为闪点低、挥发量大，在冷冻机油随制冷剂的循环量就大，在高温阀片处挥发、变黏而生成积炭的可能性就增加。因此，一般要求冷冻机油的馏分要窄，闪点要比制冷压缩机的最高排气温度高 20～30℃。

⑤ 不含水和杂质　水在蒸发器结冰，会影响结热效率，与制冷剂接触，会加速制冷剂分解并腐蚀设备。

⑥ 其他　例如，好的电绝缘性（在全封闭式冷冻机中使用），好的抗泡性，对橡胶、漆包线溶解、不膨胀等。

4.4.3　冷冻机油的选择

冷冻机油的选择是否合适，直接影响到制冷设备的运行、机械寿命、制冷效率、动力及冷冻机油的消耗。

要正确选择冷冻机油，要考虑的因素很多。一般选择冷冻机油时主要考虑的因素应是冷冻机油和制冷剂的种类、黏度和凝点（或倾点）；次要考虑的因素是冷冻机油的热和氧化稳定性、闪点、电气性能等，如图 4-18 所示。

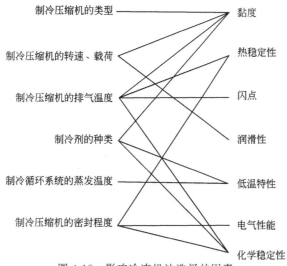
图 4-18　影响冷冻机油选择的因素

影响因素有以下几个方面：

① 制冷剂的种类。根据制冷剂与冷冻机油相互溶解的程度、有无化学反应等情况来选择。如以氟利昂为制冷剂的冷冻机不能选用含蜡或加有降凝剂的油，因氟利昂与降凝剂有化学反应；以二氧化硫作制冷的冷冻机不能使用芳烃含量较高的油品。一般氟利昂制冷机用冷冻机油的黏度应高于氨制冷机，因为氟利昂与油有一定的互溶性，从而使油品黏度下降。

② 气缸的排气温度和压力。排气温度高、压力大，则应选择高黏度、高闪点的冷冻机油。

③ 制冷温度（蒸发温度）。制冷温度低，要求冷冻机的凝点或倾点也低。如果制冷温度要求很低，则应选用具有良好性能、凝点很低的合成冷冻机油。

④ 密封程度。对于半封闭和全封闭式的冷冻机，则要求选用具有良好热安定性和电气绝缘性的冷冻机油。

冷冻机油黏度及品种的选择可以参考表 4-22、表 4-23、表 4-24。

表 4-22　各种制冷压缩机用冷冻机油的黏度选择

制冷压缩机类型		制冷剂	蒸发温度/℃	适用黏度（40℃）/（mm²/s）
活塞式	开式	氨 R12 R22	-35 以上 -35 以下 -40 以上 -40 以下	46～68 22～46 56 32
	封闭式	R12 R22	-40 以下 -40 以下	10～32 22～68
	斜板式	R12	冷气、空调	56～100
	螺杆式	氨 R12 E22	-50 以下 -50 以下 -50 以下	56 100 56
	转子式	R12 R22	一般空调	32～68 32～100
离心式		R11 其他氟里昂氮甲烷	一般空调	32（汽轮机油） 56（汽轮机油） 56（汽轮机油）

表 4-23 冷冻机油品种及黏度选择参考表

冷冻机油		制冷压缩机的工况					用途
质量等级	黏度等级	功率	排气温度/℃	排气压力/MPa	制冷剂	密封程度	
DRA/A	32	小型低速	小于 125	1.6	NH_3、CO_2	开启式	冷却、冷冻、空调、大型冷库、冷藏车等
	46	大、中型	小于 145	3.0			
	68	大型高速多缸	大于 145	3.0			
DRA/B	32	中、小型			氟里昂	半封闭开启式	
	46	大中型					
DEB/A	32	小型			氟里昂	全封闭	冰箱、冷柜、空调器、冷藏车、冷水机、车用空调等
	32	小型					
DRB/B	56	中、小型活塞式、转子式					

表 4-24 制冷剂对冷冻机油的选择

制冷剂冷冻机油	R11	R12	R13	R22	R123	HFC134a	R500	R502	R600a
第一选择	MO	MO 或 AB	MO 或 AB	MO 或 AB	MO 或 AB	PAG 或 POE	MO 或 AB	MO 或 AB	MO
第二选择		PAG 或 POE	PAG 或 POE	PAG 或 POE			PAG 或 POE	PAG 或 POE	

注：MO—矿物冷冻机油；AB—烷基苯冷冻机油；PAG—聚乙二醇（醚）冷冻机油；POE—聚酯冷冻机油。

4.4.4 合成冷冻机油

4.4.4.1 冷冻机油的发展趋势

冷冻机油的发展与制冷剂密不可分，由于环境法规的限制，导致了新兴制冷剂不断涌现，推动了合成冷冻机油的发展。

（1）氢氟烃（HFCs）制冷剂冷冻机油

HFCs 制冷剂冷冻机油大致分为合成酯和聚醚两类，这两类基础油各有所长，并通过添加剂配方弥补各自不足。一般 HFCs 制冷剂主要用于冰箱、家用空调以及汽车空调系统。最初由于矿物油和烷基苯与 HFCs 制冷剂的相溶性差而选择聚醚。但由于电冰箱采用全封闭式压缩机，要求冷冻机油具有较高的电绝缘性。聚醚由于电绝缘性与其他冷冻机油相比处于劣势，用于全封闭型压缩机具有挑战性，冷冻机油厂家转而对酯类油进行研究。为了提高酯类油的水解安定性，采用了改进基础油结构和补加添加剂来抑制酯类油酸值上升，达到抗水解的目的。在冰箱往复式压缩机可靠性试验中证实，酯类油具有很好的可靠性。从节能的角度出发，近期压缩机厂商倾向于使用更低黏度的冷冻机油，今后将向尽量少使用添加剂的方向发展。

R134a 制冷剂汽车空调所使用的冷冻机油为聚醚，这主要是汽车空调要求冷冻机油与R134a 具有合适的相溶性、对压缩机滑动部分具有较好的润滑性、耐水解性和材料适应性。考虑到汽车空调配管中使用橡胶软管混入水分难以避免。而合成酯冷冻机油存在水解问题，所以最终选择了在润滑性和耐水解性方面都更优异的聚醚冷冻机油。研究发现，对聚醚末端改性具有更好的化学安定性和抗吸水性效果，由此开发出比普通聚醚相溶性更好，更能有效抑制金属腐蚀的改性聚醚冷冻机油。该类基础油已成为汽车空调用冷冻机油的主流。

R134a 由于具有温室效应，淘汰已难以避免。替代制冷剂 HFO-1234yf 尽管与 R134a 的性质接近，但配套的润滑油需解决两个重要问题。即与 HFO-1234yf 良好的相溶性和化学稳定性。目前改性聚醚有望满足上述两个方面的要求。

目前，家用空调器使用的 HFCs 制冷剂主要为 R410a，所对应使用的冷冻机油为合成酯和聚乙烯醚。不使用聚醚的原因同样是因为家用空调压缩机为全封闭型。要求冷冻机油有良好的电绝缘性。而聚醚在这方面明显不足。使用合成酯时，为防止水解需要在制冷循环管路上安装干燥器。从成本和可靠性方面考虑，厂家对不用干燥器的方案进行了研究，无干燥器而又能保障长期可靠性应用成为研究课题之一。

此外，作为 HFCs 混合制冷剂的 R32。臭氧层破坏系数（ODP）为 0，GWP 低，不破坏臭氧层。由于其具有可燃性，所以一直避免单独使用。而与 R407e 或 11410a 混合使用。R32 制冷剂冷冻机油的特性要求与 R410a 制冷剂冷冻机油的特性要求基本相同。但目前 R410a 制冷剂冷冻机油尚不能满足与 R32 的相溶性要求。聚乙烯醚、合成酯与 R32 的相溶性及与 R410a 的相溶性相比较差。必须加以改进。由于排气温度比 R410a 高 10℃左右，所以需要注意冷冻机油的热安定性。同时，由于聚乙烯醚与 R32 的相溶性可以调整。所以现在正在考虑将聚乙烯醚作为 R32 的冷冻机油。

（2）二氧化碳制冷剂冷冻机油

二氧化碳是早在 200 多年前就开始使用的制冷剂。由于没有危险性，所以多用于船舶冷冻库。二氧化碳临界温度低，为 31.1℃，临界压力为 7.38 MPa，其优点是臭氧层破坏系数（ODP）为 0，地球暖化系数（GWP）为 1，无毒性，不燃烧，价格便宜，不需要回收，可降低机器的压力比，适用于目前所使用的制冷系统等。根据二氧化碳的特性，欧洲已从 1994 年开始着手研究二氧化碳制冷剂用于汽车空调。随后美国和日本等国也对其展开了研究和开发。2002 年末，二氧化碳汽车空调已在燃料电池车上安装使用。另一方面，二氧化碳制冷剂在热泵领域中开始推广应用，2001 年已实现商品化。二氧化碳热泵与电热泵、气热泵相比，能耗大幅度降低，仅是电热泵的 1/3；与气热泵相比，能耗降低 30%左右，目前已作为普通家用电器在市场上销售。

二氧化碳热泵热水器最大的优势是节能。日本二氧化碳热泵热水器在 2001 年投放市场，2003 年二氧化碳热泵热水器产销量为 8 万套，2005 年超过 20 万套，2010 年总量 520 万套，市场发展十分迅速。

二氧化碳制冷剂热泵用压缩机为全封闭型，要求电绝缘性好。虽然聚醚电绝缘性差。但二氧化碳本身电绝缘性好。电阻率测定结果表明，相对于 R410a，二氧化碳与聚醚的电绝缘性好。另外，由于二氧化碳制冷剂热泵装置都处于高温下，所以要求冷冻机油具有高温环境下的安定性和润滑性，二氧化碳汽车空调也是如此。而在冷冻机油的润滑性方面，试验发现，汽车空调与热泵相比较。制冷剂用量较大，冷冻机油与二氧化碳混合液黏度降低，所以要求冷冻机油具有在高浓度二氧化碳条件下的润滑性。润滑性磨损试验结果显示，合成酯在二氧化碳压力增大时磨损有增加的趋势，而聚醚未发现这种趋势，使用效果好。提高二氧化碳制冷剂冷冻机油润滑性的关键问题是二氧化碳溶解量。研究发现，选择适当化学结构的合成酯可以控制二氧化碳溶解量。聚醚不用改变基本结构，而是通过提高聚合度，增大黏度来满足润滑要求。采用二氧化碳旋转压缩机对聚醚进行耐久性试验。在高压 13.5 MPa，低压 4.5 MPa 的条件下工作 2000 h，试验结果显示，所有滑动部位磨损状况均良好。

目前跨临界二氧化碳制冷系统中常选用聚醚、聚乙烯醚、酯类油、烷基苯、聚 α-烯烃等合成润滑油，与二氧化碳的互溶性测试结果表明，酯类油与二氧化碳的互溶性最好，聚乙烯醚次之。聚醚和聚 α-烯烃与二氧化碳部分互溶，而烷基苯油与二氧化碳则几乎不互溶。通过对几种合成润滑油主要性能比较分析可以看出。聚醚润滑油稳定性好，黏温性能优越。在超临界条件下能够提供良好的润滑，使用寿命较长。

在二氧化碳制冷剂冷冻机油的化学安定性方面，由于二氧化碳吸收水分后会生成无机酸，加速冷冻机油氧化，所以对冷冻机油的化学安定性要求更加苛刻。试验结果显示，在水分少的情况下，合成酯和聚醚均未发现酸值增大。当所含水分达到 1 mg/g 时，合成酯酸值开始增大。在该条件下添加热安定剂具有抑制酸值增大的效果。与合成酯相比，聚醚酸值增加少，适合作为二氧化碳冷冻机油。

（3）烃类制冷剂冷冻机油

近年来，烃类制冷剂广泛用于家用电冰箱。欧洲从 1992 年开始采用异丁烷作为冰箱制冷剂。德国有 90% 以上的冰箱采用异丁烷，我国也采用异丁烷作为替代 R12 的制冷剂用于家用冰箱，并且已成为主流。随着异丁烷在欧洲逐步推广，国内异丁烷在冰箱中应用也越来越广泛。异丁烷与 R12 类似，一般采用环烷基冷冻机油进行润滑。异丁烷不含氯元素。冷冻机油配方设计上仍然需要特别考虑润滑问题。

烃类制冷剂与矿物油分子结构为同一类型，所以相溶性好，溶解度高，可使用矿物油。用烃类制冷剂的电冰箱一般为往复式压缩机，以节能为目的。

冷冻机油有低黏度化的趋势。矿物油冷冻机油通常是将石蜡基矿物油通过异构化脱蜡，降低倾点，或采用加氢环烷基油作基础油。低倾点的石蜡基矿物油黏度指数为 80 左右。环烷烃基矿物油黏度指数为 20 左右。添加剂有抗氧剂和磷系抗磨剂。Falex V 型块试验机烧结负荷试验显示，这两种冷冻机油抗负荷性能大致相同。从节能观点出发，压缩机厂商倾向通过降低黏度来降低摩擦损失，需要开发可抑制磨损且具有低摩擦特性的冷冻机油。

（4）氨制冷剂冷冻机油

氨制冷剂一直以来被用于工业冷冻机组和空调设备等大型装置。要求重视低温流动性。所以一直使用低温流动性好的烷基苯和聚 α-烯烃。采用与氨具有相溶性的聚醚作为冷冻机油可解决蒸发器内冷冻机油滞留问题和低温时黏度增加而产生的回流问题。随着机器小型化，聚醚冷冻机油由于极性强。和氨一样对橡胶密封件等有机材料产生影响，需要对各种有机材料进行适当选择。以提高实际应用的可靠性。

（5）氢氟氯烃（HCFCs）制冷剂冷冻机油

HCFCs 制冷剂的典型代表是 R22 制冷剂。R22 属于过渡型制冷剂，已处于被淘汰的边缘。配套用油一般为环烷基矿物油。但最近有向合成油转化的趋势。采用合成酯可以提高制冷系统的可靠性；聚醚也是不错的选择。

4.4.4.2　冷冻机油标准发展趋势

国外合成冷冻机油产品较多，各大国际公司均有相应的产品。由于目前尚处于产品竞争阶段，很少见有产品标准的完整体现，从国外公司产品介绍中只能了解到有限的数据。国外冷冻机油国家标准较多。如英国标准 BS 2626。德国标准 DIN 51503 和日本标准 JIS K2211 等。

1987 年 ISO 发布了 6743-3A 规范。用于规范空气压缩机油和真空泵油。1988 年 ISO 发布了 6743-3B 规范，用于规范气体压缩机油和冷冻机油。2003 年 ISO 发布了 6743-3 规范，整合了前述两个标准，用于规范空气压缩机油、真空泵油、气体压缩机油和冷冻机油。

国际标准化组织在 ISO 6743/3B 分类标准中，根据冷冻机油的组成特性、蒸发器操作温度和制冷剂类型，把冷冻机油分为 DRA，DRB，DRC 和 DRD 四种。前三种为深度精制的矿物油或合成烃油，分别用于蒸发器操作温度高于 −40℃（DRA），低于 −40℃（DRB）和高于 0℃（DRC）的制冷压缩机；DRD 为非烃合成油，适用于所有蒸发温度的开启式压缩机。我国等效采用 ISO 6743/3B—1988 制定了冷冻机油的分类标准 GB/T 7631.9—1997。

随着 ISO 标准的发展，ISO 6743-3—2003 中增加了与制冷剂二氧化碳互溶及与制冷剂氨互溶的冷冻机油，取消了与烃类制冷剂须不互溶，并能迅速分离的冷冻机油。取而代之的是与烃类制冷剂互溶的冷冻机油。并根据制冷剂与冷冻机油的相溶性，将冷冻机油分为 DRA~DRG 七个品种，对应的卤代烷制冷剂细分为 HFCs，CFCs 和 HCFCs 三种。

目前国外冷冻机油标准中，德国标准对冷冻机油分类与 ISO 标准分类基本一致。未来中国冷冻机油标准的发展也将逐步与 ISO 标准接轨。以更好地融入世界经济体系。

4.4.5　冷冻机润滑管理维护

4.4.5.1　冷冻机润滑管理

冷冻机能否正常运转，如何延长机械设备的寿命，提高设备的生产能力，降低动力消耗，把润滑油的消耗量减少到最低水平等，除了与冷冻机油的质量有关外，与冷冻机油的使用和管理也是分不开的。

（1）适当控制给油量

冷冻机的润滑一般采用油泵（强制）循环润滑和飞溅式润滑两种方式。冷冻机油的损失主要有两个方面：①从气缸进入制冷剂中被带走的部分；②润滑传动机构的损失和用于密封部分的损失。为了保持冷冻机正常工作所需要的油量，就必须适当补充不能回收的冷冻机油损失量。有关冷冻机油的消耗定额，已经有许多经验方式，这里介绍一种根据冷冻机制冷量来决定冷冻机油消耗定额的方法以供参考，见表 4-25。

表 4-25　根据制冷压缩机制冷量计算冷冻机油消耗量

制冷能力/ (MJ/h)	气缸润滑油耗量/（g/h）		传动机构消耗量/ (g/h)
	氨，二氧化碳	氟利昂	
<400	10~20	20~30	15~20
400~2000	20~30	30~50	20~30
2000~4000	30~50	50~70	30~50
4000~8000	50~80	70~100	50~80
>8000	80 以上	100 以上	80 以上

（2）在使用过程中加强对冷冻机油的质量监测

冷冻机油变质的主要因素：①氧化变质，其特征是油品颜色变深，黏度增大，酸值升高，甚至产生沉积物。②混入水和机械杂质，使蒸发系统产生冰塞现象（氨制冷机），或降低制冷能力，导致设备腐蚀，产生乳化现象，加速油品质量恶化等。因此，在使用中要尽可能地降低储存温度，密封好容器，防止混油和混入水和杂质。

通常可以通过对冷冻机油进行采样分析来检测油品的变质情况。分析项目为黏度（40℃）、酸值、腐蚀、颜色、水分、闪点等。如果分析项目中有一项变化较大，就需要更换新油。表 4-26 给出了国内外一些换油标准。

表 4-26　冷冻机油更换标准

项目	指标		
	国内例 1	国外例 1	国外例 2
水分	0.03% 以下	75×10^{-6} 以下	100×10^{-6} 以下
水溶性酸或碱	有		
腐蚀	对铜、钢有腐蚀	对铜、钢有腐蚀	
色度		增加两个等级	
黏度变化/%		+/−20 以下	+/−（15~20）
正戊烷不溶物/%（质）			0.19 以下
总酸值/（mgKOH/g）			0.5 以下

4.4.5.2 冷冻机润滑系统的故障及维护

冷冻机润滑系统正常工作的主要标志是：

① 油压表指针稳定，指示压力对活塞或冷冻机应比吸气压力高 0.05～0.3MPa，对螺杆式冷冻机应比冷凝压力高 0.2～0.3MPa。

② 曲轴箱中的油温应保持在 10～65℃之间，最适宜的工作温度为 35～55℃。

③ 曲轴箱中的油面应足够，并应长期稳定。

④ 滤油器的滤芯不应堵塞，对带压差发讯的精细滤油器应具有堵塞的发讯指示。

润滑系统最常见的故障是：油泵无压、调压失灵及压力表指针剧烈摆动。其主要原因如下。

① 曲轴箱中油温过低，冷冻润滑油的黏度过大，泵进口滤油器滤网过密，滤芯被堵塞，以及油面太低，油泵吸油困难，造成吸空现象。

② 油泵长期工作，泵的磨损严重，内漏过大，容积效率明显降低。

③ 调压阀芯被卡死在开启位置或调压阀的弹簧失效。

④ 系统严重外漏。

冷冻机润滑部位的故障不属润滑系统自身的问题，但也会终将导致系统的故障。如气缸处活塞环结构选用、加工装配不当可造成大量跑油现象，以及轴封处异常渗漏将使曲轴箱中油面明显下降，进而导致油泵的吸空现象；再如连杆大小头轴瓦及前后主轴承装配间隙太小，润滑油太脏以及长期使用润滑油变质等都将加大运动部件的摩擦和磨损，或同时因气缸磨损严重出现高低压窜气，都将导致曲轴箱发热，油温升高，润滑油黏度降低，从而形成润滑条件的恶性循环和造成润滑系统的故障。因此对润滑系统的故障分析应是综合性的，即除润滑系统自身的问题外还应从冷冻机的运行情况予以检查、分析和判断，如有无异常的振动、声响、发热及渗漏等。

润滑系统的维护应注意以下各点：

① 按冷冻润滑油规定的换油指标定期检查油质，更换或补充经过滤的新油。

② 定期更换或清洗滤芯、管路及曲轴箱。

③ 日常点检中注意观察油面、油温、油压是否正常。

④ 在中、大修时应注意检查和调整油泵的端面间隙，必要时应予换泵。泵的端面间隙视大小规格不同为 0.03～0.08mm，具体数值请参看有关泵的装配技术要求和出厂规定。

4.4.6 冷冻机组油分离器技术改造实例

某化学工业有限公司 40 万吨 PVC/年生产线，采用螺杆式冷冻机组（机组型号为 LSLG20ZF）为烧碱分厂液氯装置提供冷却用水，以保证整个分厂生产的顺利进行，此机组是烧碱液氯装置的关键设备，它们运行平稳与否，直接关系到氯化氢的产量以有下游装置的运行负荷。3 台螺杆式冷冻机组由大连冷冻机股份有限公司（以下简称为大冷）设计并且制造的，3 台机组型号为 LSL20ZF，电机型号 Y-100L2-V3K，制冷量 1230 kW，制冷剂为 R134a。装置建成投产前期，机组进行单机试车时，3 台冷冻机的运行负荷分别只能达到 50% 左右，致使压缩机只能维持低负荷运行，不能为聚合釜提供足够的冷却用水，严重影响装置的生产能力。通过技术攻关对润滑油分离器的结构与尺寸进行了改造和调整，机组再次进行试车时，制冷能力达到了满负荷，确保了聚合单元冷却用水的供应，保证了装置的正常开车和生产。

（1）冷冻机组润滑系统概述

大冷公司的螺杆式冷冻机组，由压缩机、电机、冷凝器、蒸发器、油分离器、储油罐、油冷器、油泵以及现场控制柜等组成。大冷冷冻机组润滑采用喷油润滑方式，在压缩机工作过程中，通过油泵将润滑油喷射至两螺杆工作部位和需要润滑的部位，对运行部件进行润滑。由于液体润滑油较制冷剂气体热容量大得多，润滑油可以吸收并带走热量，降低压缩机的排气温度，冷却制冷剂蒸汽。在转子间产生油膜防止产生气流短路、降低噪声等。

　　压缩机采用润滑油后，部分润滑油将随制冷剂进入制冷系统，在各换热器、管道中集聚，或在管壁上形成油膜，影响制冷循环和换热。因此，制冷剂气体在进入其他的冷冻系统前必须把混合于其中的润滑油予以分离。为此，在压缩机排气端与冷凝器之间安装有油分离器，其作用是将制冷剂蒸汽中混入的润滑油分离出来，以免过多的润滑油进入冷凝器和系统，阻塞管道和影响换热，同时将分离出来的润滑油及时送回压缩机，避免压缩机失油，以保证压缩机长期、安全可靠的运转。

　　（2）润滑油分离器的工作原理

　　大冷公司冷冻机油分离系统的油分离器（见图 4-19）主要由混合气进气管、制冷剂蒸气出口、不锈钢丝以及 19 个组合滤油罩构成。为了有效地进行润滑油分离，设计采用了两级润滑油分离结构。

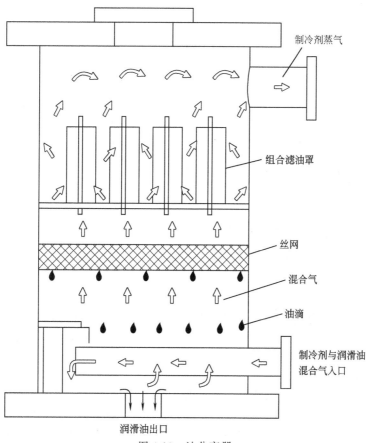

图 4-19　油分离器

　　第一级，由筒体下部分空间、油分器中不锈钢丝网组成。当压缩机排出的高压制冷剂蒸汽进入油分离器后，气体流动方向发生突然改变，容积空间也发生突然改变，在混合气气流上升时，由于空间容积的改变，致使气体流速突然降低、变小，制冷剂蒸汽中夹带的润滑油雾逐渐聚集，加上油滴的重力沉降以及金属丝网的阻挡、过滤，形成大量微油滴，微油滴经过进一步凝结，聚结为体积较大的油滴，累积到一定程度，当油滴的重量大于对气流的上升浮力时,油滴便向下滴落,汇集到油分离器底部,由润滑油流出口流入储油罐中,冷却后,再由油泵输送到需要润滑的各部位。此过程能分离掉制冷剂气体中绝大部分的润滑油。

第二级,主要由分离器筒体上部的 19 个组合滤油罩组成,通过第一级的分离,小部分残存于制冷剂气体中的润滑油以雾形式随制冷剂蒸汽上升,经过滤油罩,逐渐凝结成小油滴,沿滤油罩边缘流至滤油罩下部隔板,并汇集到筒体内边缘,经管线流至入口过滤器,其回流量由一个针形阀控制。制冷剂蒸汽自气体出口流出,经冷凝器冷却变为液体后,回到储液器。

(3)故障原因及分析

冷冻机组安装完成,单机试车调试时,机组只能在满负荷的 50% 左右运行,制冷能力不能进一步提高,制冷量达不到机组设计值。经过多次调试,情况没有改变。经过分析后,认为 3 台机组存在童颜的问题,机组的安装、操作调试方面的因素可以排除,通过观察与分析,发现润滑油不能顺利流至储油罐,应与润滑油分离器的结构有关,由于冷冻机油分离器的设计存在缺陷,致使机组只能低负荷运行。

原设计的润滑油分离器构造见图 4-20,它由进气管、防冲板(角钢)、限流盖板、丝网、滤油罩、出气管、筒体等组成。油分离器构造缺陷分析如下:

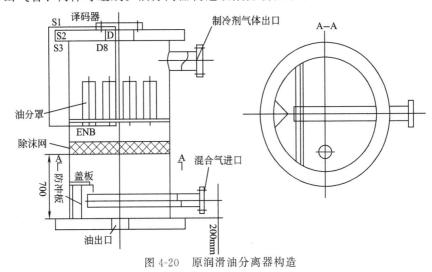

图 4-20 原润滑油分离器构造

① 分离器第一级的分离高度(空间)不够,制冷剂蒸汽在第一级空间滞留时间的时间短,润滑油雾不能充分聚集,致使部分润滑油液滴在聚集成足够大油滴(达到重力沉降)前随制冷剂蒸汽进入第二级,造成润滑油第一级分离率太低,加大了第二级润滑油的分离难度,影响了润滑油的分离程度。

② 分离器制冷剂蒸汽进口的位置与分离器之问的距离太小,自进气管喷出的高速混合气在经防冲板分流后,并带动汇集在罐低润滑油随气流沿筒体壁旋转,同时在气流夹带随之上升,使润滑油的第一级分离恶化,润滑油不能顺利地自润滑油出口流进油冷器中,造成油不能回油,润滑油压力低,影响了冷冻机的高负荷运行。

(4)改造措施(图 4-21)

根据以上分析,决定对油分离器的内部结构、分离空间进行重新设计与调整,改造过程如下:

① 增大第一级润滑油的分离高度,延长气流滞留时间。将油分离器从中间分割成两节,在中间新增加一段长度为 910 mm 的筒节,筒节规格、材质与原筒体相同,使分离高度由 700 mm 增加到 1641 mm。

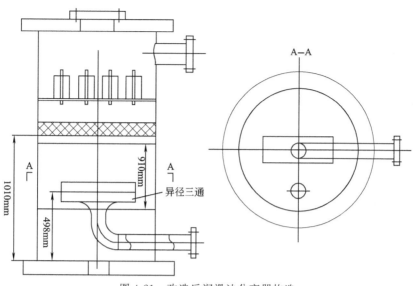

图 4-21　改造后润滑油分离器构造

②　改变混合气体的进气方式，降低气流对润滑油回油的影响，将原直管（$\phi150mm$）进气改为异径三通（$\phi200$ mm×200mm×150 mm）两端分流进气，增大进气口与底板间的距离，远离润滑油出口，以减少气流对润滑油回油的影响。

③　在润滑油回油出口增加防涡旋挡板，防止润滑油流入储油罐时产生气漩，影响回油以及引起机组振动。

④　在油分器相应位置增加视镜数量，适时观察油的分离状况和气流的流动。

螺杆式冷冻机的润滑油同制冷剂一起与压缩机的各个运动部件相接触，对冷冻机有着冷却、密封和润滑的作用，因此保持润滑油的清洁至关重要，为了保证改造后油分离器内部的清洁，防止润滑油污染，影响机器的运转，在改造过程中进行了以下安全防护措施：

①　为防止筒体切割时内壁黏附润滑油高温燃烧以及切割产生的铁屑、锈渣进入金属丝网中，进行筒体切割时，制冷剂蒸汽出口持续通入 0.3 MPa N_2进行反吹。

②　筒体内心增加的部件组对在焊接前用砂轮进行表面除锈，并用湿面团将其表面的锈渣、铁屑粘去。

③　筒体对接焊缝坡口在修磨前，用橡胶石棉盖板好丝网，周围缝隙用湿面团封堵，防止铁屑进入丝网。

④　筒体最后一道焊接组对门式钢架结构的柱脚，大多采用平板式柱脚，对大吨位吊车必须采用刚性柱脚，柱脚基础混凝土强度等级为 C30，锚栓钢号为 Q235 钢，柱脚与地板设置抗剪键。钢架的拼接连接采用了直接为 M22mm 的 10.9 级摩擦型高强螺栓，其材质为，螺栓采用 20MnTiB，螺母采用 15MnVB，垫圈为 45 号钢。连接接触面采用喷砂处理，并要求按规范进行摩擦面抗滑移系数实验。梁的拼接采用端板对接的形式，梁与柱的拼接采用端板竖放的形式。刚架构件的翼缘和腹板的连接采用全熔透的坡口焊接，且焊缝质量不低于 Ⅱ 级。

4.5 汽轮机润滑技术及应用

蒸汽涡轮机、水力涡轮机、燃气涡轮机等的主轴、减速齿轮和调速装置广泛应用于电力工业，以及大型船舶、石油化工、钢铁等行业。汽轮机的主轴滑动轴承，对润滑的要求较多，特别是一些大型发动机，轴颈可达 5600mm 以上，轴的圆周速度有时可超过 100m/s，通常采用动压或静压滑动轴承，具有专门的供油系统循环供应润滑油，其齿轮减速箱、调速机（器）、励磁机等可用循环供油或油浴润滑方式供油。

4.5.1　汽轮机油及应用

4.5.1.1　汽轮机油的作用

无论是蒸汽涡轮机、燃气涡轮机或是水力涡轮机，汽轮机油在其机组中的作用是相同的，主要起润滑、冷却和调速作用。

（1）润滑作用

通过润滑油泵把汽轮机油输入到汽轮机组滑动轴承的主轴与轴瓦之间，在其间形成油楔，起到流体润滑作用。此外，汽轮机油还将给汽轮机组的齿轮减速箱及调速机构等运动摩擦部件提供润滑作用。

（2）冷却、散热作用

汽轮机组运行时，转速较高，一般达到 3000r/min 以上，轴承及润滑油的内摩擦会产生大量的热量。此外，对于蒸汽涡轮机和燃气涡轮机，蒸汽或燃气的热量也会通过叶轮传递到轴承。这些热量如不及时传递出来，将会严重影响机组的安全运行，甚至会导致主轴烧结的故障。因此，汽轮机油要在润滑油路中不断循环流动，把热量从轴承上吸走并带出机外，起到散热冷却的作用。一般，轴承的正常温度要在 60℃ 以下，如果超过 70℃，则表示轴承润滑或散热不良，需要增加供油量加以调节，或立即查找原因。

（3）调速作用

实际上用于汽轮机调速系统的汽轮机油是作为一种液压介质，传递控制机构给出的压力对汽轮机的运行起到调速作用。

4.5.1.2　汽轮机油的性能

汽轮机油要起到上述的三种作用，应具备如下的一些性能。

（1）适宜的黏度及良好的黏温特性

合适的黏度是保证汽轮机组正常润滑的一个主要因素。汽轮机对润滑油黏度的要求，依汽轮机的结构不同而异。用压力循环的汽轮机需选用黏度较小的汽轮机油；而对用油环给油润滑的小型汽轮机，因转轴传热，影响轴上油膜的粘着力，需用黏度较大的油；具有减速装置的小型汽轮发电机组和船舶汽轮机，为保证齿轮得到良好的润滑，也需要使用黏度较大的油。此外，汽轮机油还应有良好的黏温特性，通常都要求黏度指数在 80 甚至 90 以上，以保证汽轮机组的轴承在不同温度下均能得到良好的润滑。

（2）优良的氧化安定性

汽轮机油的工作温度虽然不高，但用量较大，使用时间长，并且受空气、水分和金属的作用，仍会发生氧化反应并生成酸性物质和沉淀物。酸性物质的积累，会使金属零部件腐蚀，形成盐类及使油加速氧化和降低抗乳化性能；溶于油中的氧化物，会使油的黏度增大，降低润滑、冷却和传递动力的效果；沉淀析出的氧化物，会污染堵塞润滑系统，使冷却效率下降，供油不正常。因此，要求汽轮机油必须具有良好的氧化安定性，使用中老化的速度应十分缓慢，使用寿命不少于 5～15 年。

（3）优良的抗乳化性

蒸汽和水往往不可避免地在汽轮机的运行过程中从轴封或其他部位漏进汽轮机油系统，所以抗乳化性能是汽轮机油的一项主要性能。如果抗乳化性不好，当油中混入水分后，不仅会因形成乳浊液而使油的润滑性能降低，而且还会使油加速氧化变质对金属零部件产生锈蚀。压力循环给油润滑的汽轮发电机组，汽轮机油投入的循环油量很大，约 1500L/min，始终处于湍流状态，遇水易产生乳化现象。要使汽轮机油具有良好的抗乳化性，则基础油必须经过深度精制，尽量减少油中的环烷酸、胶质和多环芳香烃。

（4）良好的防锈防腐性

汽轮机组润滑系统进入水后，不仅会造成油品的乳化，还会造成金属的锈蚀、腐蚀。同时，在船用汽轮机组中，润滑油冷却器的冷却介质是海水，由于海水含盐分多，锈蚀作用很强烈，如果冷却器发生渗漏，就会使润滑系统的金属部件产生严重锈蚀。因此，用于船舶的汽轮机油，更需要具有良好的防锈蚀性能。

（5）良好的抗泡沫性

汽轮机油在循环润滑过程中，会由于以下原因吸入空气：油泵漏气；油位过低，使油泵露出油面；润滑系统通风不良；润滑油箱的回油过多；回油管路上的回油量过大；压力调节阀放油速度太快；油中有杂质；油泵送油过量。

当汽轮机吸入的空气不能及时释放出去时，就会产生发泡现象，使油路发生气阻，供油量不足，润滑作用下降，冷却效率降低，严重时甚至使油泵抽空和调速系统控制失常。为了避免汽轮机油产生发泡现象，除了应按汽轮机规程操作和做好维护保养，尽可能使油少吸入空气外，还要求汽轮机油具有良好的抗泡沫性，能及时地将吸入空气释放出去。

（6）汽轮机油的特殊性能

用于以氨气为压缩介质的压缩机和汽轮机共同一套润滑系统的汽轮机油，就需具有抗氨性能，极压汽轮机油要具有极压抗磨性，难燃汽轮机油或称抗燃汽轮机油则要具有较矿物油型汽轮机油更好的难（耐）燃烧性，以适应大型发电机组中高压调速系统和液压系统的润滑及安全要求。

表 4-27 为所用润滑油、脂情况。

表 4-27　汽轮机用润滑油脂情况

	汽轮机形式		转速/（r/min）	润滑部位	用油名称
电站汽轮机组	大型		3000	滑动轴承	L-TSA32 防锈汽轮机油
	中、小型		1500	滑动轴承、减速齿轮、发电机轴	L-TSA46 防锈汽轮机油
				液压控制系统	与润滑系统同一牌号的汽轮机油
水轮机	卧式		1000 以上	径向轴承	L-TSA32 防锈汽轮机油
			1000 以下	止推轴承	L-TSA46 防锈汽轮机油
	立式	大型		推力轴承	L-TSA46、68 防锈汽轮机油
		中、小型		导轨轴承	L-TSA46 防锈汽轮机油
船舶用汽轮机	军用船舰大型远洋船			滑动轴承减速齿轮	L-TSA68 防锈汽轮机油
	巨型远洋轮				L-TSA100 防锈汽轮机油
	船舶副机		3000 以上	滑动轴承	L-TSA32 防锈汽轮机油
			3000 以下		L-TSA46 防锈汽轮机油
励磁机轴承				轴承	同汽轮机润滑油
油泵电动机				轴承	2 号通用锂基脂
水轮机导向叶片或针阀操纵机构					极压 0 号或 1 号钙基脂或锂基脂
导向轴承				轴承	极性 0 号或 1 号钙基脂或锂基脂或 TSA32-68 汽轮机油

4.5.1.3 汽轮机油的选择及使用管理

（1）汽轮机油的选择

根据汽轮机的类型选择汽轮机油的品种。如普通的汽轮机组可选择防锈汽轮机油，接触氨的汽轮机组须选择抗氨汽轮机油，减速箱载荷高、调速器润滑条件苛刻的汽轮机组须选择极压汽轮机油，而高温汽轮机则须选择难燃汽轮机油。

根据汽轮机的轴转速选择汽轮机油的黏度等级。通常在保证润滑的前提下，应尽量选用黏度较小的油品。低黏度的油，其散热性和抗乳化性均较好。

（2）汽轮机油的使用管理

① 汽轮机油的容器，包括储油缸、油桶和取样工具等必须洁净。尤其是在储运过程中，不能混入水、杂质和其他油品。不得用镀锌、或有磷酸锌涂层的铁桶及含锌的容器装油，以防油品与锌接触发生水解和乳化变质。

② 新机加油或旧机检修后加油或换油前，必须将润滑油管路、油箱清洗干净，不得残留油污、杂质，尤其是如金属清洗剂等表面活性剂。合理的方法是先用少量油品把已清洗干净的管路循环冲洗一下，抽出后再进油。每次检修抽出的油品，应进行严格的过滤并经检验合格后，方可再次投入运行。

③ 汽轮机油的使用温度以 40～60℃ 为宜，要经常调节汽轮机油冷却器的冷却水量或供油量，使轴承回油管温度控制在 60℃ 左右。

④ 在机组的运行过程中，要防止漏气、漏水及其他杂质的污染。

⑤ 定期或不定期地将油箱底部沉积的水及杂质排出，以保持油品的洁净。

⑥ 定期或根据具体情况随机地对运行中的汽轮机油取样，观察油样的颜色和清洁度，并有针对性地对油样进行黏度、酸值、水分、杂质、水分离性、防锈性、抗氧剂的含量等项目的分析。如变化过大，应及时换油。

表 4-28 是电厂用运行中汽轮机油质量标准，可供用户参考。

表 4-28 运行中汽轮机油质量标准

序号	项目		质量标准	测试方法
1	外观		透明	外观目视
2	运动黏度（50℃）/（mm²/s）		与新油原始测值的偏离值<20%	GB/T 265
3	闪点（开口）/℃		（1）不比新油标准值低 8℃ （2）不比前次测定值低 8℃	GBT/T 2167
4	机械杂质		无	外观目测
5	酸值/ （mgKOH/g）	未加防锈剂的油　不大于 加防锈剂的油　不大于	0.2 0.3	GB 7599 或 GB/T 264
6	液相锈蚀		无锈	YS-21-1
7	破乳化度/min　不大于		60	GB 7605
8	水分/级			外观目视

4.5.2 汽轮机润滑油压过低的原因分析及解决实例

某电厂工程装设 2 台 150MW 燃煤机组，配两台超高压、单汽包自然循环、一次中间再热、循环流化床汽包炉及二缸两排汽、直接空冷抽凝式汽轮机。在调试期间，出现润滑油压过低情况。根据现场解决情况，现总结润滑油系统润滑油压过低的原因及解决措施。

汽轮机润滑油系统配备了在机组启、停及事故状态时用的 1 台交流润滑油泵和 1 台直流润滑油泵，以及在机组正常运行时用的由汽机主轴驱动的主油泵。该系统主要供汽机各轴承润滑油和盘车装置用。润滑油系统还配备了维持机组正常运行油温的油冷却器，维持润滑油系统及油管道微负压的油箱排烟除雾装置。

（1）润滑油系统

为了满足向轴承供油的需要，在较大功率汽轮机中，一般是由主油泵提供压力油经射油器或油涡轮从润滑油箱吸油使之达到一定的流量和压力向轴承供油。轴承进口油压一般为（0.08～0.12）MPa。0.07MPa 时交流润滑油泵启动并报警；0.05MPa 时直流事故油泵启动并停机。轴承供油系统如图 4-22 所示，它是由主油泵、交流润滑油泵、直流事故油泵、射油器、冷油器、油箱、溢油阀、油管路、测压和测温仪表等诸多设备和元部件组成，运行中，这些设备和元部件相互匹配，共同完成向调节保安系统和轴承等供油任务，其中任何一个部件或环节出现问题或配合不合适都将影响整个系统的工作。润滑油压过低是润滑油系统最常见的故障。

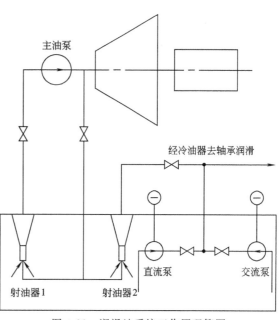

图 4-22 润滑油系统工作原理简图

（2）润滑油压过低常见原因

① 轴承润滑油用量过大 由于轴承的实际耗油量超出设计值，在油系统刚投运时，很多电厂一度出现润滑油压过低，交直流泵陪转现象。开始时不能确定事故原因，后来采用先进的超声流量计测量各轴承的流量，发现造成润滑油压过低的原因是由于发电机轴承润滑油用量过大引起的，然后对轴承进行了限流，将发电机轴承进口的节流孔板孔径适当调小，使问题得以解决。

② 主油泵出力不足 射油器的工作压力油来自主油泵。主油泵出口流量和压力达不到设计值，射油器进口压力油的压力也就达不到设计值。从而影响射油器出口压力和流量。在主机带主油泵系统中，反映在启动时润滑油压还可以，在主油泵投入后，润滑油压降下来，联动交流润滑油泵或直流事故油泵。这时发现主油泵出口压力都较设计值偏低。对于首次投运的新机组，常属于设计制造问题，可加大主油泵泵轮外径等办法解决；对于投运一段正常运行时间后，主油泵出口压力突然或缓慢降下来，应查找其他原因，例如系统有无泄漏和堵塞；对于主油泵同时供调节用油的系统，还应查找调节部套有无问题。

③ 交流润滑油泵出口压力偏低 交流润滑油泵出口压力偏低与主油泵出口压力偏低情况正好相反，表现在机组启动时润滑油压过低联动直流事故油泵。主油泵投入后润滑油压正常。只是交流润滑油泵一般由电动机驱动，解决起来较主油泵方便些。解决的办法同主油泵。

④ 交流润滑油泵与主油泵均未满足设计要求 机组启动过程中轴承润滑油压过低联动直流事故油泵投入；机组正常运行时轴承润滑油压也偏低。更换了交流润滑油泵的叶轮以提高机组启动过程中最低润滑油压；加大主油泵外径以提高机组正常运行时的润滑油压。

⑤ 调节系统用油量过大 对于没有专门 EH 供油装置的机组，调节系统用油量很大，当调节系统用油量超出设计值，引起启动油泵和主油泵出口压力降低，使射油器口油压降

低，出口油压降低，而导致润滑油压降低。

⑥ 射油器结构参数不合理 轴承润滑油是由射油器供给的。如前所述，各种原因（如轴承润滑油量增大、油泵出口压力偏低）引起润滑油压降低，是因为它们改变了射油器的初参数使射油器的特性发生了改变而导致。射油器主要构件几何参数如喷嘴直径、喉管直径、喷嘴到喉管距离等对射油器性能影响亦很大。在射油器初参数一定情况下，射油器结构参数选择或搭配不合理同样会使射油器的特性发生改变。

⑦ 系统泄漏和堵塞 润滑油压过低现象多发生在机组安装后的第一次启动，一般在机组调试及试运行阶段被发现和解决，如果投运一段时间后润滑油压下降，往往是系统泄漏和堵塞引起。压力油路泄漏和堵塞间接引起润滑油压下降，而润滑油路泄漏和堵塞将直接导致润滑油压下降。

（3）系统泄漏初步检查与处理

根据以上出现的润滑油压过低常见原因及解决措施，针对出现的情况，在主油泵速度小的情况下，主油泵回油管路压力小，油泵出口压力变化不明显。在汽轮机速度达到1000r/min时，油泵出口压力开始下降，启动备用直流油泵，随着汽轮机转速升高，油泵出口压力还是逐渐下降，所以只能停机。按照以下步骤做了仔细检查：

① 将主机润滑油放入汽轮机房外净储油箱，对主油箱内油泵、各逆止阀、进出口法兰等可能发生泄漏的部件进行检查，未发现异常情况。

② 对各轴承油挡间隙按图纸要求进行调整，消除了外部渗漏，油压无变化。

③ 核对施工过程中各轴承座内部的技术安装数据，对影响进油量的有关数据进行初步复查确认，未发现异常情况。

④ 运用超声波流量计对系统各部位流量进行测量，由于直管段不足、流量不稳定，其他各点很难有准确的测量结果，无法判断系统内各部位的润滑油流量情况。

⑤ 由于天气寒冷，连续投入润滑油箱电加热，油温最高只达到37℃，油压提高不明显。

在以上措施都没有解决问题的情况下，根据润滑油压过低常见原因，又做了一些现场检查，最后在检修期间，发现两处问题：

首先，由于厂家在注射器做完水压实验出厂后，忘了安装堵头，部分润滑油通过该堵头漏油，压力降低，这是润滑油压力降低的主要原因；

其次，汽轮机润滑油采用套装油管路，将油箱附近一路回油管路封闭住，建立油压，看看压力是否有变化，然后对另一回油管路封闭住，做同样的实验，发现通往发电机侧的回油管路有漏油现象，压力有降低趋势，最后发现发电机侧回油管路上有个漏焊点，该回油管路上的温度比另一路回油管路温度明显偏高。同时，对进油管路也做了相应检查，没发现异常现象。

在解决了上述两个问题后，润滑油系统压力低的问题最终得以解决，这为上湾机组后来的冲转及带负荷等调试迈出了很关键的一步。

4.5.3 汽轮机润滑油水分超标的分析与治理实例

某电厂2×300MW循环硫化床燃煤发电工程5号、6号机组的汽轮机是由上海汽轮机厂生产的新型300 MW、亚临界、一次再热、双缸双排汽、单背压凝汽式汽轮发电机组，型号为N300-16.7/538/538。5号、6号机组相继于2010年投产。

自调试投产以来，机组运行状况良好。汽轮机各项技术指标基本能达到原设计参数要求，主要辅机设备运行状况良好。但在调试运行中，汽轮机润滑油、密封油水分超标现象比较普遍。5号机组中修前一直存在主机润滑油、密封油中水的质量浓度维持在200 mg/L左右的现象。润滑油水分长期超标，给机组的安全稳定运行带来很大威胁。

4.5.3.1　润滑油水分严重超标的危害

2010 年 6 月，5 号机组运行中多次出现主机润滑油、密封油水分超标现象。化学取样分析发现，6 月 24 日 5 号主机润滑油、密封油水分超标较多。

（1）主机润滑油、密封油水分控制标准

根据化学监督标准，每周对主机润滑油、密封油等油质取样化验 1 次。主机润滑油中水的质量浓度控制标准为小于 100 mg/L；密封油中水的质量浓度控制标准为小于 30 mg/L。

（2）主机润滑油、密封油水分超标危害

① 主机润滑油带水和乳化的危害　主机润滑油带水如不及时排出，长时间乳化会导致水滴越来越小，一般滤油分离方式很难将其去除。同时，润滑油中含水易造成油质乳化，降低润滑效果，造成瓦温、油温高，严重时将破坏油膜的形成，产生较大的振动，并有可能烧坏轴承，给设备造成较大程度的损坏。

由于油中带水，将加快油系统内油泥和杂质的产生：

a. 在油箱或管路死点等处细菌和霉菌的产生加快，使油中私稠物质增加。

b. 润滑油中添加剂特别是防锈剂都溶解于水，导致管路氧化生锈加快，产生更多氧化物。

c. 润滑油中含水易造成油质乳化，降低轴承冷却润滑效果，瓦温、油温升高引起金属屑和油质碳化颗粒、石油醚解析等物质增加。

② 主机密封油带水的危害　密封油水分随主机润滑油水分变化而变化，但一般低于润滑油水分。因为密封油的一部分在密封油系统自身循环，另一部分来自润滑油补油，润滑油有滤油净化装置除水，而密封油仅靠空侧排烟风机排出少部分水汽，因此密封油水分下降幅度不及润滑油水分下降幅度。

主机密封油中带水，会引起油质乳化，其洁净程度、颗粒度均下降，导致油氢差压调节阀、空氢侧平衡阀等出现卡涩或调节异常；不良的密封油会导致密封瓦处轴颈产生划沟或磨损，造成密封瓦与轴颈径向总间隙超标，导致发电机漏氢增大。同时，密封油水分长期超标也会影响氢气纯度和露点等，影响发电机的安全运行。

4.5.3.2　润滑油水分超标原因分析

主机润滑油中水分来源主要有以下几个方面：

a. 机组运行中轴封汽压偏高，轴封出现冒汽现象；轴封回汽不畅，轴封疏水器失灵或轴封加热器风机故障使轴封加热器正压，导致轴封汽进入润滑油系统。

b. 润滑油或密封油冷油器出现渗漏现象，使冷却水进入润滑油系统。

c. 油净化装置异常，不能正常脱水。

d. 轴承轴封齿、油挡齿因机组振动大产生磨损，轴承附近处漏汽被抽吸进主油箱内，凝结后进入润滑油系统。

e. 运行中润滑油系统密封性能不好，在环境湿度较大时，部分水汽进入润滑油系统，或补油时人为将水带入油系统，使润滑油水分偏高。

以上几类原因在机组正常运行时均有可能导致油中水分增大，但通过系统排查和运行观察分析，上述原因对润滑油中水分增大的影响大小并不相同，下面进行具体分析。

（1）轴封系统运行方面的影响

机组投产以来，由于轴封间隙偏大或系统内漏，5 号、6 号机组均出现运行中轴封压力偏离正常值较多的现象，轴封母管压力控制值为 15kPa，但 5 号机组中修前轴封母管压力最高达 75kPa。由于轴封加热器疏水不畅或轴封加热器风机故障导致轴封加热器出现短时正压，主机轴封出现冒汽现象，因此中修前 5 号机组因轴封方面的问题出现主机润滑油长期超标现象；之后运行人员加强监视，轴封压力一直稳定在 15kPa 左右，轴封加热器风机未出现过正压或过流故障跳闸的现象,低压缸各轴承处轴封无冒汽现象。在不影响真空的情况下将轴封压力尽量调低,润滑油水分明显减少。

(2)冷油器方面的影响

冷油器所用的冷却水为工业水,正常运行中工业水系统运行的母管压力约为 580 kPa,6 月时气温较高,早、中、晚温差较大,为保障各辅机温度不超标,经常启动 2 台工业水泵,中午所用冷却水流量较大,早、晚各辅机用冷却水流量较小;而工业水系统不能自动调节工业水压力、温度,手动调节又比较困难,因此经常会引起工业水压力超出正常值较多,有可能导致冷油器渗漏。但密封油压力一般均高于冷却水压力运行,而且通过油样分析发现密封油水分均低于润滑油水分,所以可以排除密封油冷油器泄漏。

主机冷油器为管式冷油器,油压低于冷却水水压,渗漏一般会发生在大端盖处,但通过主油箱油位曲线分析,油位无任何变化。在机组运行期间进行主机冷油器切换排查实验,将大端盖 O 形圈进行隔离拆换,然后分析冷油器出口管处油样,未发现其油中水分有突变现象,因此也可以排除主机润滑油冷油器泄漏。

综上所述,基本可以排除因冷油器泄漏导致润滑油水分超标的可能。

(3)油净化装置异常的影响

根据原设计,5 号、6 号机组均配备 1 台油净化装置,后来发现 5 号机组油净化装置的 1 台加热器经常无故跳闸,另 1 台加热器由于线路问题未投用,可以初步确认油净化装置脱水功能不正常,脱水效果不好。后加强对净化装置的监护,油中带水现象得到改善。

(4)轴承轴封齿及油挡齿因振动磨损的影响

通过化学取样数据比较分析发现:在短短 1 周时间内,主机润滑油水分超标,上升速度很快,通过现场初步排查,很可能是因为轴承附近外漏热蒸汽窜进轴承系统。当时轴封压力不高,油中带水主要是由蒸汽混入油系统中引起的,但不一定只是轴封漏汽,还有可能是轴承附近的缸体结合面漏汽,结合面包括高、中压缸结合面和轴封套结合面等。

4 号、5 号轴瓦在机组启动初期振动均较大,外轴封齿、油挡间隙可能会因磨损变大,容易将轴承附近的水吸附进主机润滑油箱。

(5)油系统的密封及人为因素的影响

主机润滑油及密封油系统与外界相通的主要是排烟风机及各轴承外油挡处,正常运行时主油箱的排烟风机、空气预热器侧密封油箱排烟风机是一直运行的,以保持油箱处于微负压运行,所以正常运行时大气中的水分不可能由此进入油系统。油箱负压较大时也会通过轴承外油挡将少量空气抽吸进主油箱。大气中湿度不可能长期很大,吸入的湿气会被排烟风机带走,所以系统密封问题对油中带水的影响可忽略不计。

密封油与发电机氢气接触,但发电机氢气露点可以通过氢气干燥器改善和监视,而且定期化验氢气纯度和露点,结果均很正常,因此由氢气将水汽带进密封油的可能性也大。

主机在正常运行中补油很少,不会带入水分。

从这些分析可知,油系统的密封及人为因素对油中带水的影响可忽略。

(6)综合分析

通过上述分析可知,造成 5 号主机润滑油水分超标严重的主要原因是油挡齿、外轴封齿碰磨,间隙变大,轴承附近外漏蒸汽增加,通过转子表面被抽吸进轴承回到主油箱,引起润滑油中带水严重;不仅会造成机组润滑不良,油膜建立不佳,钨金磨损大,还会引起初组振动增大,调节部套失灵,甚至造成发电机氢气湿度增大,严重威胁机组安全运行。

4.5.3.3 采取的措施

由于机组处于运行阶段,为能按时完成调试,客观上尚不能彻底解决 5 号机组外轴封齿、油挡间隙偏大的问题,为了能最大程度地降低 5 号机组主机润滑油、密封油水分超标,采取以下临时方案。

（1）运行方面的监护与操作

① 加强对油净化装置的监控 运行中加强对润滑油净化装置的监护，包括滤网差压、油水液面、排水情况及主油箱油位等，必要时手动排放脱水罐内存水，每隔 2h 检查 1 次，一旦液位高或低跳滤油机后应及时处理，并尽快开启净化装置运行，同时将密封油系统的净化装置一并投入，以达到更好的脱水效果。

② 适当调低轴封压力运行，控制高压轴封汽外漏量 运行中不断进行轴封压力调整实验，根据真空、排气缸温度变化情况，逐步降低轴封压力运行，并观察油质变化趋势。通过实验比较，5 号机组轴封压力为 9 kPa 时，低压缸 A 缸排汽温度逐步上升。轴封压力目前已调整至最低允许值 14kPa，再调低会影响机组真空。同时，一段时间一直维持 2 台轴封加热器风机运行，并注意轴封压力、温度、轴封加热器负压等参数的调节和监视，检查轴封加热器疏水器工作是否正常，防止轴封加热器正压、轴封冒汽。

③ 加强油质化验与跟踪，及时进行相应调整比较实验 在润滑油水分严重超标期间，应每天化验 5 号主机润滑油、密封油油质，观察其变化趋势，并加强对 5 号主机润滑油油中带水异常情况的分析、处理。相关排查、调整实验后应观察油质是否变化明显，以进一步确认积极的应对措施。

④ 防止主机冷油器渗漏 根据负荷及辅机用水情况及时调节工业水温（24℃，不应低于 20℃）、压力（不允许超过 500kPa），各冷却器回水调门旁路微开，避免调门大幅调节，尽量控制冷却水压不出现大幅波动。将主机冷油器冷却水进水门节流，回水旁路门微开，控制主机冷油器内冷却水压不超压。

⑤ 加强对轴承及密封油系统的运行监视，防止油质恶化影响机组运行 要求运行人员加强对主机汽轮机检测仪表画面的定期检查，特别是对各轴承金属温度、回油温度、轴承振动及轴向位移、推力瓦温等参数的检查和监视，防止出现大幅波动或异常；同时加强对密封系统的检查和监视，特别是油氢差压阀、空气预热器氢气侧平衡阀动作是否正常，注意控制氢气纯度、露点、氢压、密封油温及滤网差压等参数，定期进行氢气严密性实验，观察漏氢是否增大。

（2）检修方面采取的方案与措施

① 对轴封加热器风机出口管路疏水进行改造，增加疏水点 针对现场管路布置不合理的问题，在轴封加热器风机出口处增加新的疏水点和阀门，确保轴封加热器风机运行正常。运行中加强对轴封加热器风机出口管路疏水情况的检查，防止轴封加热器风机因出口管疏水不畅而过负荷跳闸，影响轴封系统的正常运行，加重轴封蒸汽外漏进润滑油系统。

② 增加主油箱底部临时放水 由于机组在运行，润滑油系统原先无底部放水装置或预留接口，只有考虑在主油箱事故放油一、二次门之间增加临时放水门。改动之前通过实验排查事故放油二次门关闭严密后才进行改接，改接后运行人员定期进行放水检查，以改善润滑油水分超标现象。

（3）治理成效

通过对油中带水情况的分析和治理，5 号主机润滑油水分超标严重的现象得到有效控制，润滑油中水的质量浓度基本能控制在 150 mg/L 以下，低负荷期间可以降至 100 mg/L 以下。

4.5.3.4 小结

由于机组在运行中，很难彻底解决 5 号机组外轴封齿、油挡间隙偏大导致润滑油水分超标的问题，但通过加强分析和采取必要的临时措施，可以有效地控制汽轮机润滑油水分超标，为汽轮机及机组的安全运行提供保障。

要彻底消除这一安全隐患，必须利用停机机会在容易漏轴封汽的油挡处增加阻汽装置

（气封环），修复低压缸轴承油挡间隙，调整高、中压轴承油挡间隙。同时，对轴封系统进行检查和优化，检查清理高、中压轴封进汽滤网，防止阻塞。利用机组调试、停机机会，将主油箱内油放空，对主机冷油器进行彻底查漏，采用主油箱增加油水分析装置或外接大流量、脱水效果强的滤油装置等措施，以彻底消除主机润滑油水分超标的安全隐患。

4.6 起重运输机械润滑技术及应用

4.6.1 起重运输机械润滑概述

（1）起重运输机械的特点

起重运输机械是指吊运或顶举重物以及在一定线路上搬运、输送、装卸物料的物料搬运机械。涉及到千斤顶、葫芦、卷扬机、提升机、起重机、电梯、输送机、搬运及装卸车辆等，它们具有不同的润滑特点，简述如下：

① 由于起重运输机械使用的范围很广，环境及工况条件不同，包括室内或露天环境、常温及高温环境下使用等。因此在润滑材料的选择、润滑方法、更换补充周期常常会有很大差异。所以，对于两个完全相同的设备，常常因工况条件不同而选用不同的润滑材料。一些中、小吨位的桥式及门式起重机械，常常采用分散润滑，一些不易加油部件的滚动轴承及滑动轴承常采用集中供脂的润滑方法，一些大型起重机的减速器，又常用集中供油系统，包括油浴润滑或由油泵供油。

② 起重运输机械使用的润滑材料，通常需要耐水，耐高温、耐低温以及有防锈蚀和抗极压的特性。

③ 润滑材料的选用一定要遵照说明书及有关资料，并结合起重运输机械的实际使用条件进行综合考虑。

④ 起重运输设备不同部位的润滑材料差异较大。所以，千万不能混用，否则将要引起设备事故，导致零部件损坏。

（2）起重运输机械润滑点的分布

起重运输机械的润滑点大致分布如下：

① 吊钩滑轮轴两端及吊钩螺母下的推力轴承。

② 固定滑轮轴两端（在小车架上）。

③ 钢丝绳。

④ 各减速器（中心距大的立式减速器、高速一、二轴承处设有单独的润滑点）。

⑤ 各齿轮联轴器。

⑥ 各轴承箱（包括车轮组角型轴承箱）。

⑦ 电动机轴承。

⑧ 制动器上的各铰节点。

⑨ 长行程制动电磁铁（MZSI 型）的活塞部分。

⑩ 反滚轮。

⑪ 电缆卷筒，电缆拖车。

⑫ 抓斗的上、下滑轮轴，导向滚轮。

⑬ 夹轨器上的齿轮、丝杆和各节点。

（3）起重运输机械典型零部件的润滑

钢丝绳的润滑：钢丝绳的用油选择主要是根据环境温度及绳的直径来考虑，环境温度愈高和绳的直径愈大，应选择黏度大的油，因为直径大时，钢丝绳的负荷也大。另外钢丝绳的运动速度愈高，润滑油被甩出愈厉害，所以油需要更黏稠些。

减速器的润滑：使用初期为每季一次，以后可根据油的清洁程度半年到一年更换一次，随着使用季节和环境的不同，选用油料也有所不同，可参见表 4-29。

表 4-29 减速器润滑油的选用

工作条件	选用润滑油
夏季或高温环境下	CKB46 工业齿轮油
冬季不低于 -20℃	CKB46 工业齿轮油
冬季低于 -20℃	DRA22 冷冻机油

开式齿轮的润滑：一般要求每半月添油一次，每季或半年清洗一次并添加新油脂，所选用润滑材料是 1 号齿轮脂。

齿轮联轴器、滚动轴承、卷筒内齿盘以及滑动轴承的润滑参看表 4-30。

表 4-30 齿轮联轴器、滚动轴承、卷筒内齿盘以及滑动轴承的润滑

零部件名称	添加时间	润滑条件	润滑材料的选用
齿轮联轴器	每月一次	(1) 工作温度在 -20～50℃ (2) 工作温度高于 50℃ (3) 工作温度低于 -20℃	(1) 冬季用 1～2 号锂基润滑脂，夏季用 3 号锂基润滑脂，但不能混合使用 (2) 用锂基润滑脂，冬季用 1 号，夏季用 3 号 (3) 用 1～2 号特种润滑脂
滚动轴承	3～6 个月一次		
卷筒内齿盘	每 3～6 年添加一次（添满）		
滑动轴承	每 1～2 年添加一次		

液压推杆与液压电磁铁的润滑：一般每半年更换一次，使用润滑条件在 -10℃ 以上时可用 25 号变压器油。使用润滑条件低于 -10℃ 时，可用 10 号航空液压油。

4.6.2 典型起重运输机械的润滑

典型起重运输机械的润滑材料选择可参看表 4-31。

表 4-31 典型起重运输机械润滑油的选用

设备名称		润滑材料选用
桥式与电动单梁起重机	30t 以下	减速箱：L-CKB68、CKC100 工业齿轮油 轴承：2 号、3 号钙基脂或锂基脂
	30t 以上	减速箱：L-CKB68、CKC100 工业齿轮油，680 号气缸油 轴承：2 号或 3 号钙基脂或锂基脂
各种回转式起重机：铁路蒸汽机车，10t 以下		680 号（旧 11 号）气缸油，2 号、3 号钙基脂或锂基脂
各种回转式起重机：履带式，轮式起重机，其中：液压传动装置及轴承		减速箱：L-CKB68、CKC100 工业齿轮油，L-HL32 液压油，L-TSA32 汽轮机油，2 号、3 号钙基脂或锂基脂
电动，手动旋管吊车及电葫芦，电铲加料斗，提升机，抓斗吊车		L-HL68、L-HL100 液压油，2 号、3 号钙基脂或锂基脂
各型运输机（带式、链式、裙式、螺旋式、斗式）	人工润滑	L-HL68、L-HL 100 液压油
	滚珠轴承	2 号、3 号锂基润滑脂
	链索	L-HL 68、L-HL 100 液压油、1 号齿轮脂
	开式齿轮	1 号齿轮脂、半流体锂基脂

续表

设备名称		润滑材料选用
卷扬机 2.2～150kW	滚珠轴承	2 号、3 号锂基脂
	滑动轴承及闸	L-HL 46-L-HL 100 液压油（按功率大小选用）
	闭式齿轮	L-CKB 或 CKC100-320 工业齿轮油、680 号（旧 24 号）气缸油（按功率大小选用）
	开式齿轮	1 号齿轮脂、半流体锂基脂
	液压系统	L-HL15、I-HL32 液压油
电梯（减速箱）		L-HL68、L-HL100 液压油
起重机、挖泥机、电铲等（低速重负荷）		1000 号气缸油或钢丝绳脂
电梯，卷扬机等（高速、重负荷）		680 号气缸油
矿山提升斗车，锅炉运煤车（在斜坡上高速重负荷的牵引绳）		1000 号气缸油或钢丝绳脂
牵引机、吊货车（中高速，轻中负荷的牵引绳）		680 号气缸油
支承及悬挂用的钢丝绳（无运动，暴露在水、湿气或化学气体中的钢丝绳）		钢丝绳脂

4.6.3 输送装置的润滑

4.6.3.1 带式输送机的润滑

在带式输送机运行中应当加强润滑管理，积极消除有害摩擦。润滑工作，主要是对减速机齿轮轴承、滚筒轴承，托辊轴承的润滑。

（1）减速机齿轮轴承的润滑

减速机齿轮常用飞溅润滑，就是通过齿轮转动，把润滑油带起，飞溅到各个齿轮工作表面，使之始终保持一层油膜，润滑油必须有较高的黏度和较好的油性。由于胶带机用的大多为二级齿轮减速机，一般用 46～68# 机械油润滑（北方常使用 00# 润滑脂）。为了减少传动的阻力和温升，飞溅润滑时中间轴上的大齿轮要浸入油中，其浸入深度等于 1～2 个齿高为宜，齿轮圆周速度高的还应该浅些、但不能小于 10mm。齿轮圆周速度低的最多可浸到 1/3 的齿轮半径。润滑圆锥齿轮时，齿轮浸入油中的深度应达到轮齿的整个宽度。齿轮减速机润滑油不宜太多，因为油太多会增加齿轮传动的阻力和增加润滑油的温升，润滑油的温升会加速油的氧化、降低润滑性能。但润滑油又不能太少，因为润滑油太少，起不到润滑齿轮轴承的作用，齿轮工作表面的油膜难以保持，从而会加速轴承和齿轮的磨损。

胶带机减速机用的大多数为滚动轴承，当减速机浸油齿轮的圆周速度在 3m/s 以上时，可采用飞溅润滑，当减速机浸油齿轮的圆周速度在 3m/s 以下时，由于浸油齿轮飞溅的油量不能满足轴承运转的需要，所以最好采用刮油润滑，或根据轴承转动座圈速度的大小选用脂润滑或滴油润滑。

减速机的润滑是胶带机润滑的核心工作，因此，生产工人要经常检查减速箱体上的油面指示器，判断润滑油是否达到油标要求，缺油要及时补加，以保证减速机齿轮轴承良好润滑；检修人员每半年应当打开减速器视 ZL 盖，检查齿轮啮合，磨损和润滑情况，及时调整齿轮啮合间隙，改善齿轮润滑条件；专业技术人员应当每年从减速机中采取油样，利用铁谱仪与计算机辅助处理进行油样中磨损颗粒分析，以决定减速机是否换油。一般连续运转的减速机应当每三年更换一次润滑油，否则易使减速机中某些重要零部件出现早期失效。

（2）滚筒轴承的润滑

滚筒常用滑动轴承和滚动轴承两种。

① 滑动轴承润滑：滑动轴承由轴承座，轴承盖，轴瓦等三部分组成，轴瓦有圆筒式和剖分式两种。轴瓦上开有油沟，用来贮存润滑油。这种滚筒轴承在重载低速时应用最为广泛。其优点是结构简单，便于更换，承载能力强、缺点是磨损严重，耗铜量大，效率低。滑动轴承由于轴与轴瓦的接触面积大，润滑不良时会产生极大的摩接力，甚至发热，导致铜瓦烧坏。滚筒滑动轴承润滑常采用旋盖式油杯间歇润滑，这种装置是应用广泛的脂润滑装置，上面有一个旋转的螺纹盖，润滑脂贮存在杯体里，油杯下端与袖瓦油沟相连，拧动油杯盖，便可将润滑脂压入袖瓦油沟内。使袖与袖瓦间形成一层油膜，以减少袖与袖瓦的直接接触，减少磨损。所以操作工人要定时定量加油，一般是每班加油一次，加油量为 5mL，使用 $2^{\#}$ 或 $3^{\#}$ 钙基润滑脂。发现轴瓦发热，根据发热程度要采取不断给油或停机检查。滑动轴承的润滑方式可根据经验润滑系数 K 选定：$K=\sqrt{pv^3}$，式中 $p=F/d\times B$ 为平均压强，N/mm^2；v 为轴颈的线速度，m/s；d 和 B 为轴颈直径和有效宽度，mm；F 为轴承径向载荷，N。当 $K<2$ 时，用脂间歇润滑，黄油杯；当 $2<K<16$ 时，用油连续润滑，针阀式油杯；当 $16<K<32$ 时，用油连续润滑，油环或飞溅润滑；当 $K>32$ 时，集中压力连续润滑，润滑油站。因滚筒滑动轴承经验润滑系数 K 很小，故常采用油杯间歇润滑。

② 滚动轴承润滑：滚动轴承润滑主要是为了降低摩擦阻力和减轻磨损。由于滚动轴承是点与点或线的滚动摩擦，其摩擦面积小，磨损少。其优点是摩擦阻力小，效率高，内部间隙小，精度高，润滑简单，耗油量小。滚动轴承的润滑方式可根据润滑经验系数 G 来选择：$G=D_m\times n$，式中 D_m 为轴承平均直径，mm；n 为转速，r/min。当 $G>6\times10^5$ mmr/min 时，为高速轴承，采用喷油或油雾润滑；当 $3\times10^5<G<6\times10^5$ mm·r/min 时，为中速轴承，采用飞溅润滑；如胶带机减速机轴承大多采用飞溅润滑，当 $G<3\times10^5$ mmr/min 时，为低速轴承，采用脂润滑，而且能承受大载荷，结构简单，易于密封，润滑脂的装填量一般不超过轴承空间的 1/2，装脂过多，由于摩擦引起发热，装脂过少，起不到良好润滑效果，两种情况都能影响轴承的正常工作。如胶带机滚筒的滚动轴承和托辊滚动轴承属于低速轴承，大部分采用脂润滑，一般是每两个月用油枪注油一次，注油量根据轴承的大小而定，或半年清洗换油一次，可使用 $2\sim4^{\#}$ 钙基润滑脂。

（3）托辊轴承润滑

托辊轴承润滑目的是为了减小托辊转动的阻力，减少托辊和橡胶带之间的磨损，延长托辊的使用寿命。托辊轴承大多数为滚动轴承，每台胶带机由几百个甚至几万个托辊支承着，同时托辊使用环境恶劣，粉尘较多。因此，托辊轴承的润滑工作就显得更加重要，只有尽可能延长托辊的使用寿命，才能降低生产成本，提高劳动生产率，降低工人的劳动强度。而托辊轴承的润滑方法跟低速滚动轴承润滑方法相似。

4.6.3.2　板式输送机的润滑

合格的板式输送机，应当无明显的爬行现象出现。连续运行一段时间后，输送机出现了爬行现象，可调整驱动轴与张紧轴的平行度；调节输送链轮张紧行程；给输送链及传动链同时加注润滑油。如果结果仍不理想，可从输送阻力上找原因。输送链条内套与销袖之间固定，而与滚轮之间相对滑动，装配链条时在内套与滚轮之间所加注的润滑油脂还能够满足使用初期的润滑需要，加之驱动装置的容量很大，不会出现爬行现象。输送机使用一段时间后，原有的润滑油逐渐干涸，摩擦状况由原来的半液体摩擦转变成半干摩擦，甚至是干摩擦。而半干摩擦的摩擦因数最大可取到 0.5，这样原系统设计的电机计算容量、减速机计算扭矩、传动链计算张力均要随着摩擦因数的增大而加大。此时电机容量及减速机输出扭矩严重不足，无法满足设备满负荷运行，从而出现爬行。为改善摩擦状况，应在内套与滚轮之间加油润滑，以减小摩擦因数。若在内套与滚轮之间加装轴承，将原来的滑动摩擦形式改为滚动摩擦，并在销轴上设计油脂加注点，这样系统阻力会大幅降低。

4.6.3.3 辊道的润滑

辊道运行作业率高、振动和冲击负荷大、粉尘多，温度变化大，润滑油容易泄漏流失。要经常检查辊道轴承压盖螺钉、齿轮箱连接螺钉，加油孔及观察孔，防止杂物进入润滑部位，消耗的润滑油要及时补充。辊道润滑要求如表 4-32 所示。

表 4-32　辊道润滑要求

润滑部位	润滑方式	油脂品种牌号	加油周期	换油周期
减速箱	油浴	320 号中负荷齿轮油	3 月	1 年
分配箱	油浴	320 号中负荷齿轮油	3 月	1 年
辊道轴承	灌注	1 号复合铝基脂	10 天	1 年

4.6.4　起重运输机械润滑注意事项

润滑剂选用注意以下事项。

① 由于起重运输机械使用的范围很广，环境及工况条件不同，包括室内或露天环境、常温及高温环境下使用等。因此在润滑剂的选择、润滑方法、更换补充周期常常会有很大差异。所以，对于两个完全相同的设备。常常因工况条件不同而选用不同的润滑剂。

② 起重运输机械使用的润滑剂，通常需要耐水、耐高温、耐低温以及有防锈蚀和抗极压的特性。

③ 起重运输设备不同部位的润滑剂差异较大。所以，不同型号、牌号的润滑脂、润滑油千万不能混用，否则将引起零部件损坏，导致设备事故。

④ 润滑剂的选用一定要遵照说明书及有关资料，并结合起重运输机械的实际使用条件进行综合考虑。

润滑操作时应注意以下事项。

① 润滑剂必须保持清洁，更换润滑油时应严格进行过滤。

② 经常检查润滑系统的密封情况，定期添加润滑剂。

③ 保证润滑管路不被挤压碰伤。

④ 经常清洗输油管道，以保持油路畅通无阻。需要拆卸管路时，必须将管端和连接处防护好。以免碰伤或混入杂质。重新安装时。要认真清除连接处的污垢。确保油路清洁。

⑤ 各机构没有注脂点的转动部位，应定期用稀油壶点注在各转动缝隙中。以减少机件的磨损和防止锈蚀。

⑥ 润滑油加入量以探油针或油标（如有）的上下限刻度为准。若加油过量则会出现漏油现象。

⑦ 操作时应严格按使用说明书进行。对于新安装的润滑系统必须进行试验。先把各润滑点连接的分油路接头拆开，直到各接头处都流出润滑油，并检查润滑油中没有管内残存的污垢后再与润滑点接好。

4.6.5　堆料机润滑系统改造实例

某港 1 期堆料系统共有 3 台堆料机，额定能力均为 4400t/h。原有的润滑系统为手动集中润滑，由于设计不合理，所采用的润滑管为普通无缝钢管，分配器等也为普通材质，没有采取很好的防腐措施，使用后都已严重锈蚀。

滚筒轴承、行走轮及各铰点等均采用手动润滑，不仅耗费人力，耗费润滑油，而且润滑效果也不如自动集中润滑，其中很多铰点均已很难打进油，滚筒轴承由于润滑效果不佳也经常损坏。

对润滑系统进行改造，润滑泵采用翻车机润滑改造替换下的润滑泵，采购来润滑管、分配器、管接头等备件，对润滑系统进行了自行设计和安装。

（1）改造前技术状况

堆料机投入使用时安装的润滑系统为手动集中润滑，润滑泵采用的是手动润滑泵，润滑类型采用双线递进式。

由于港周围环境恶劣，空气中水分腐蚀性强，加上堆料机经常冲水，更加剧了润滑系统的锈蚀，原润滑系统不能满足现场使用环境的要求，所使用的润滑管及分配器等都已锈蚀严重，各润滑点得不到良好的润滑，设备损坏频繁。

之后的几年，对堆料机各润滑点采用人工润滑方式，每 3 个月使用电动泵对堆料机各润滑点润滑 1 次，每台堆料机 1 次润滑大约需要 3 天时间，而且需要停机，既耗费人力，影响堆料机作业时间，而且润滑不及时，润滑效果也不好，造成滚筒轴承及各铰点的损坏。

（2）技术改进内容

为了使堆料机各润滑点得到良好的润滑，对卸车 1 部 S2 堆料机进行了润滑改造，具体要求如下：

① 保证均匀、连续地对各润滑点供应一定压力的润滑油，油量充足，并可按需要调节。

② 工作可靠性高，采用有效的密封装置，保持润滑剂的清洁，防止外界环境中灰尘、水分进入系统，并防止因泄漏而污染环境。

③ 保证使用寿命，根据现场使用环境的要求，选择合适的备件，防止由于腐蚀等原因降低使用寿命。

④ 结构简单，尽可能标准化，便于维修及快速调整，便于检查及更换润滑剂，起始投资及维修费用低。参考以上几点要求及现场工作环境，根据现场润滑点摩擦副的种类及运转条件，确定了采用壳牌 EP2 锂基润滑脂；为了降低投入成本，将翻车机润滑改造后替换下来的林肯牌润滑泵进行了修复，经过计算满足使用条件。由于现场环境对设备的腐蚀性较强，润滑管、油管接头、油嘴及分配器等均采用不锈钢材质，能保证其使用寿命。

堆料机共有润滑点 42 个，其中悬臂及回转部分滚筒轴承座润滑点 10 个，回转轮润滑点 16 个，回转水平轮润滑点 4 个，俯仰液压缸铰点 4 个，大臂俯仰销轴润滑点 2 个，尾车滚筒轴承座润滑点 6 个。根据实际分布及所需润滑油量情况，设计了润滑系统管路分配图，见图 4-23、图 4-24。

（3）改造效果

S2 堆料机的润滑系统经 20 余天安装完毕，并把润滑泵的控制电源接入了堆料机 PLC 系统，设定了自动润滑时间，之后投入了正式使用。改造使用效果良好，保证了各润滑点的润滑效果，未发生由于润滑原因引起的设备故障。

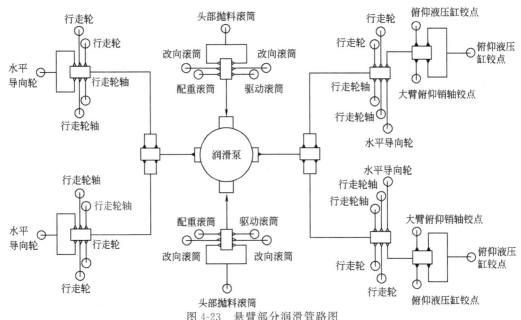

图 4-23 悬臂部分润滑管路图

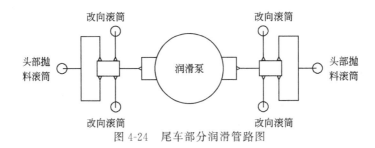

图 4-24 尾车部分润滑管路图

4.7 轧钢机润滑技术及应用

4.7.1 轧钢机对润滑的要求

（1）轧钢机

轧钢机的组成如图 4-25 所示，其主要设备包括轧钢机工作机座、万向接轴及其平衡装置、齿轮机座、主联轴器、减速机、电动机联轴器和电动机以及图中未表示的前后卷取机、开卷机等。

（2）轧钢机对润滑的要求

干油润滑。如热带钢连轧机中炉子的输入辊道、推钢机、出料机、立辊、机座、轧机辊道、轧机工作辊、轧机压下装置、万向接轴和支架、切头机、活套、导板、输出辊道、翻卷机、卷取机、清洗机、翻锭机、剪切机、圆盘剪、碎边机、垛板机等都用干油润滑。

稀油循环润滑。包括开卷机、机架、送料辊、滚动剪、导辊、转向辊和卷取机、齿轮轴、平整机等的设备润滑；各机架的油膜轴承系统等。

高速高精度轧机的轴承，用油雾润滑和油气润滑。

（3）轧钢机工艺润滑冷却常用介质

在轧钢过程中，为了减小轧辊与轧材之间的摩擦力，降低轧制力和功率消耗，使轧材易于延伸，控制轧制温度，提高轧制产品质量，必须在轧辊和轧材接触面间加入工艺润滑冷却介质。

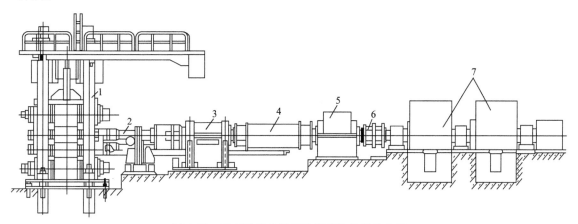

图 4-25　带有减速机和齿轮机座的轧钢机主机
1—轧机机座；2—万向接轴及平衡装置；3—齿轮机座；4—联轴器；5—减速机；6—电动机联轴器；7—电动机

4.7.2　轧钢机润滑采用的润滑油、脂

（1）轧钢机采用的润滑油、脂
轧钢机经常采用的润滑油、脂，参看表 4-33。

表 4-33　轧钢机经常选用的润滑油、脂举例

设备名称	润滑材料选用	设备名称	润滑材料选用
中小功率齿轮减速器	L-AN68、LAN-100 全损耗系统用油或中负荷工业齿轮油	轧钢机油膜轴承	油膜轴承油
小型轧钢机	L-AN100、L-150 全损耗系统用油或中负荷工业齿轮油	干油集中润滑系统、滚动轴承	1 号、2 号钙基脂或锂基脂
		重型机械、轧钢机	1～4 号、5 号钙基脂
高负荷及苛刻条件用齿轮、蜗轮、链轮	中、重负荷工业齿轮油	干油集中润滑系统，轧机辊道	压延机脂（1 号用于冬季、2 号用于夏季）或极压锂基脂、中、重负荷工业齿轮油
轧机主传动齿轮和压下装置，剪切机、推床	轧钢机油，中、重负荷工业齿轮油	干油集中润滑系统，齿轮箱，联轴器，轧机	复合钙铅脂，中、重负荷工业齿轮油

（2）轧钢机典型部位润滑形式的选择
轧钢机工作辊辊缝间、轧材、工作辊和支承辊的润滑与冷却、轧机工艺润滑与冷却系统采用稀油循环润滑（含分段冷却润滑系统）。
轧钢机工作辊和支承辊轴承一般用于油润滑，高速时用油膜轴承和油雾、油气润滑。
轧钢机齿轮机座、减速机、电动机轴承、电动压下装置中的减速器，采用稀油循环润滑。
轧钢机辊道、联轴器，万向接轴及其平衡机构、轧机窗口平面导向摩擦副采用干油润滑。

4.7.3　轧钢机常用润滑系统

（1）稀油和干油集中润滑系统
由于各种轧钢机结构与对润滑的要求有很大差别，故在轧钢机上采用了不同的润滑系统

和方法。如一些简单结构的滑动轴承；滚动轴承等零、部件可以用油杯、油环等单体分散润滑方式。而对复杂的整机及较为重要的摩擦副，则采用了稀油或干油集中润滑系统。从驱动方式看，集中润滑系统可分为手动、半自动及自动操纵三类系统，从管线布置等方面看可分为节流式、单线式、双线式、多线式、递进式等类，图 4-26 是电动双线干油润滑系统简图。

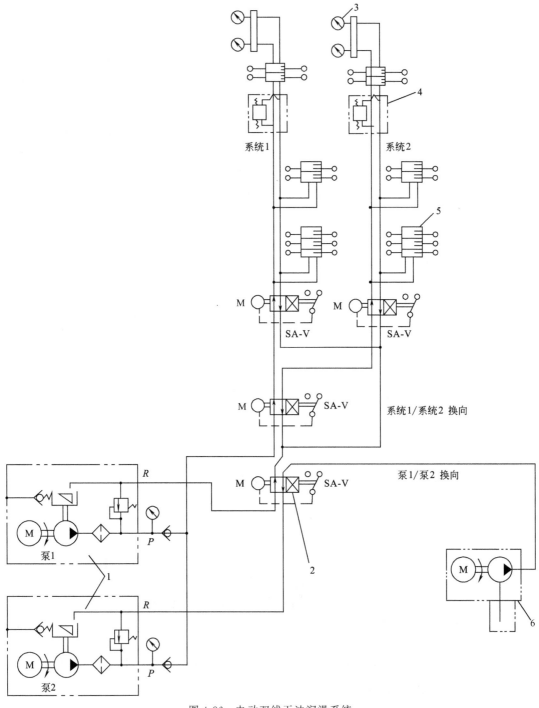

图 4-26　电动双线干油润滑系统

1—泵装置；2—换向阀；3—压力表；4—压差开关；5—分配器；6—补油泵

（2）轧钢机油膜轴承润滑系统

轧钢机油膜轴承润滑系统有动压系统、静压系统和动静压混合系统。动压轴承的液体摩擦条件在轧辊有一定转速时才能形成。当轧钢机起动、制动或反转时，其速度变化就不能保障液体摩擦条件，限止了动压轴承的使用范围。静压轴承靠静压力使轴颈浮在轴承中，高压油膜的形成和转速无关，在起动、制动、反转，甚至静止时，都能保障液体摩擦条件，承载能力大、刚性好，可满足任何载荷、速度的要求，但需专用高压系统，费用高。所以，在起动、制动、反转、低速时用静压系统供高压油。而高速时关闭静压系统，用动压系统供油的动静压混合系统效果更为理想。图 4-27 为动压系统。

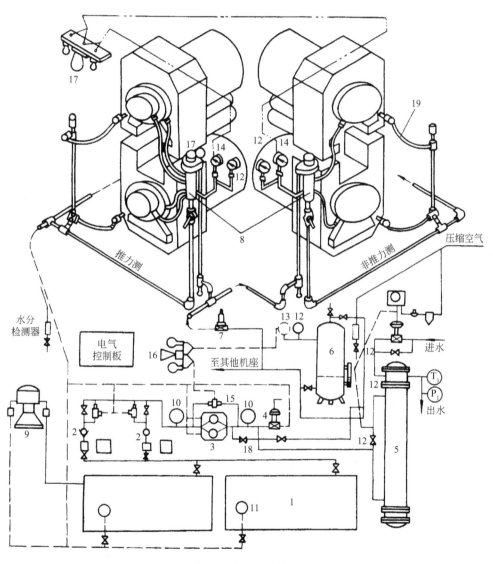

图 4-27　轧钢机动压油膜轴承润滑系统

1—油箱；2—泵；3—主过滤器；4—系统压力控制阀；5—冷却器；6—压力箱；7—减压阀；8—机架旁立管辅助过滤器；
9—净油机；10—压力计（0~0.7MPa）；11—压力计（0~0.21MPa）；12—温度计（0~94℃）；
13—水银接点开关（0~0.42MPa）；14—水银接点开关（0~0.1MPa）；
15—水银差动开关，调节在 0.035MPa；16—警笛和信号灯；
17—警笛和信号灯；18—过滤器反冲装置；19—软管

（3）轧钢机常用润滑装置

重型机械（包括轧钢机及其辅助机械设备）常用润滑装置有干油、稀油、油雾润滑装置；国内润滑机械设备已基本可成套供给。

稀油润滑装置，工作介质黏度等级为 N22～N460 的工业润滑油，循环冷却装置采用列管式油冷却器。

稀油润滑装置的公称压力为 0.63MPa；过滤精度低黏度为 0.08mm；高黏度为 0.12mm；冷却水温度小于或等于 30℃的工业用水；冷却水压力小于 0.4MPa；冷却器的进油温度为 50℃时，润滑油的温降大于或等于 8℃。

以上主要润滑元件压力范围是 10MPa、20MPa、40MPa，其中 20MPa、40MPa 是国外引进技术生产产品。

4.7.4 轧钢机常用润滑设备的安装维修

（1）设备的安装

认真审查润滑装置、润滑装置和机械设备的布管图纸、审查地基图纸，确认连接、安装关系无误后，进行安装。

安装前对装置、元件进行检查；产品必须有合格证，必要的装置和元件要检查清洗，然后进行预安装（对较复杂系统）。

预安装后，清洗管道；检查元件和接头，如有损失、损伤，则用合格、清洁件增补。

清洗方法：用四氯化碳脱脂；或用氢氧化钠脱脂后，用温水清洗。再用盐酸（质量分数）10%～15%，乌洛托品（质量分数）1%、浸渍或清洗 20～30min、溶液温度为 40～50℃，然后用温水清洗。再用质量分数为 1%的氨水溶液，浸渍和清洗 10～15min，溶液温度 30～40℃中和之后，用蒸汽或温水清洗。最后用清洁的干燥空气吹干，涂上防锈油，待正式安装使用。

（2）设备的清洗、试压、调试

设备正式安装后，再清洗循环一次为好，以保障可靠。

干油和稀油系统的循环清洗图，可参考图 4-28 和图 4-29。循环时间为 8～12h，稀油压力为 2～3Mpa，清洁度为 NAS11、12。

对清洗后的系统，应以额定压力保压 10～15min 试验。逐渐升压，及时观察处理问题。

试验之后，按设计说明书对压力继电器、温度调节、液位调节和诸电器联锁进行调定，然后方可投入使用。

4.7.5 轧钢机械润滑系统的维护管理措施

现场使用者，一定要努力了解设备、装置、元件图样，说明书等资料，从技术上掌握使用、维护修理的相关资料，以便使用维护与修理。润滑系统的正常工作，还有赖于合理使用，规范维护和科学管理。具体的措施有以下几点：

① 正确认识润滑在设备中的作用与地位，加强润滑知识和密封技术的普及与提高，对于大型机械设备，必须建立详细的润滑系统工作档案。例如：轧钢机经常选用的润滑油。a.轧机传动齿轮和压下装置，剪切机、推床：轧钢机油，中、重负荷工业齿轮油。b.轧钢机油膜轴承：油膜轴承油。c.干油集中润滑系统，滚动轴承：1 号、2 号锂基脂或复合锂基脂。d.重型机械、轧钢机：3 号、4 号、5 号锂基脂或复合锂基脂。e.干油集中润滑系统，轧机锟道：压延机脂（1 号用于冬季，2 号用于夏季）或极压锂基脂、中、重负荷工业齿轮油。f.干油集中润滑系统，齿轮箱、联轴器 1700 轧机：复合钙铅脂、中、重负荷工业齿轮油。g.轧钢机工作辊辊缝间与冷却系统采用稀油循环润滑（含分段冷却润滑系统）；轧钢机

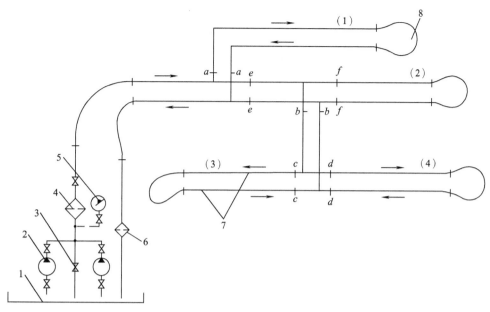

图 4-28　干油系统循环清洗图

1—油箱；2—液压泵；3—回流阀门；4—过滤器；5—压力表；6—过滤网；7—干油主管；8—连接胶管

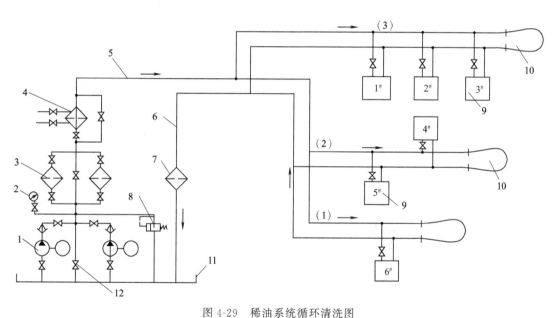

图 4-29　稀油系统循环清洗图

1—油泵；2—压力表；3—过滤器；4—冷却器；5—给油管；6—回油管；7—过滤器；
8—安全阀；9—减速机；10—连接胶管；11—油箱；12—油站回油阀

工作辊和支承辊轴承一般用干油润滑，高速时用油膜轴承和油雾、油气润滑；轧钢机齿轮机座、电动机轴承、电动压装置中的减速器，采用稀油循环润滑；轧钢机辊道、联轴器，万向接轴及其平衡机构、轧机窗口平面导向摩擦副采用干油润滑。

② 重视润滑系统的适时检测和故障诊断、预报工作，发现故障症候，应及时予以排除，以免更大事故发生。

③ 在机器使用过程中，应定期换油。油品一旦变质恶化，务必及时更换。在更换润滑油时，应对整个润滑系统进行清洗，以保证过滤通畅，新油清洁无杂质。

④ 润滑油的保管要有专人负责，油品存放地不得曝晒和雨淋；盛装油品的容器、输油设备、量具切忌混用，否则会加速润滑油的氧化变质。

⑤ 近年来，基于仿生学原理而发展起来的润滑油肾型净油技术，是把设备的润滑油看作人体的"血液"。通过肾型净油装置，可将润滑油中的杂质加以清除、净化，并补充损失的成分，因而使润滑油能永久或半永久的使用。通过肾型净油处理技术后的润滑油，其净化程度可达次微米级，并可有效地分离水分，使其自动排出。

稀油站、干油站常见事故与处理，见表 4-34。

表 4-34　稀油站、干油站常见事故与处理

发生的问题	原因分析	解决方法
稀油泵轴承发热（滑块泵）	轴承间隙太小；润滑油不足	检查间隙，重新研合，间隙调整到 0.06～0.08mm
油站压力骤然高	管路堵塞不通	检查管路，取出堵塞物
稀油泵发热（滑块泵）	（1）泵的间隙不当 （2）油液黏度太大 （3）压力调节不当，超过实际需要压力 （4）油泵各连接处的漏泄造成容积损失而发热	（1）调整泵的间隙 （2）合理选择油品 （3）合理调整系统中各种压力 （4）紧固各连接处，并检查密封，防止漏泄
干油站减速机轴承发热	滚动轴承间隙小；轴套太紧；蜗轮接触不好	调整轴承间隙；修理轴套；研合蜗轮
液压换向阀（环式）回油压力表不动作	油路堵塞	将阀拆开清洗、检查、使油路畅通
压力操纵阀推杆在压力很低时动作	止回阀不正常	检查弹簧及钢球，并进行清洗修理或换新的
干油站压力表挺不住压力	安全阀坏了；给油器活塞配合不良；油内进入空气；换向阀柱塞配合不严；油泵柱塞间隙过大	修理安全阀；更换不良的给油器；排出管内空气；更换柱塞；研配柱塞间隙
连接处与焊接处漏油	法兰盘端面不平；连接处没有放垫；管子连接时短了；焊口有砂眼	拆下修理法兰盘端面；故垫紧螺栓；多放一个垫并锁紧；拆下管子重新焊接

4.7.6　动静压油膜轴承润滑系统的低温启动调整实例

某热轧薄板厂 R1、R2 两架轧机安装完毕进入调试运行，时值北方冬季，气温较低，产生了润滑系统和静压系统与摩根公司提供的支承辊油膜轴承的匹配问题，给调试运行带来困难。经对轧机辊系的受力分析和动静压油膜轴承的工作机理研究，通过改善润滑系统和静压系统的工作条件，完成了动静压油膜轴承调试运行。

（1）轧机在冬季的调试运行情况

R_1、R_2 两架轧机试运行开始，按 10% 和 20% 两种转速运转时，发现上支承辊油膜轴承润滑油流量低报警。检查润滑油压力正常，油温 35℃，符合要求；润滑系统和静压系统的管路无堵塞现象；流量指示计显示流量低与回油管路流量低相吻合。考虑到 R_1、R_2 轧机速度较低，不利于油膜轴承形成油膜，影响正常运转，按 50% 转速开始运转，油流量仍低报警。尝试以 10% 转速反转运转，润滑油流量逐渐增大，但达不到油膜轴承的流量要求。

（2）轧机辊系的受力分析与油膜轴承的工作机理

四辊轧机的支承辊与工作辊中心线错开 6mm，支承辊直径为 1450mm，工作辊直径为

825mm，试运行时 AGC 缸压下力为 500t。
支承辊与油膜轴承的摩擦因数取为 0.005。
上支承辊自重 57.6t。

图 4-30 中 F_1 为液压缸压下力（500t）；
F_2 为工作辊对支承辊的支承力，F_{21} 为其水
平分力，F_{22} 为其垂直分力；支承辊旋转方
向为逆时针方向；F_f 为支承辊与工作辊的
摩擦力。

经计算，$F_{21}=1.471t$，$F_f=2.788t$。

当支承辊旋转方向为逆时针方向，即正
转试运转时，F_f 与 F_{21} 作用于不同方向，并
且 F_f 大于 F_{21}，使支承辊向进油口漂移，
油膜轴承间隙变小，产生节流作用，从而通
油量变小；而反转试运转时 F_f 与 F_{21} 作用于

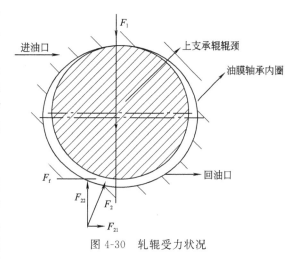

图 4-30　轧辊受力状况

同方向，有使支承辊向回油口漂移的趋势，油膜轴承间隙变大，使得流量增大。

（3）油膜轴承的润滑油和润滑系统

摩根油膜轴承的润滑油是用特定黏度的高等级矿物油，其黏度的选择根据支承辊的速度
和负荷情况而定，润滑油供应商如美孚、壳牌专门为摩根油膜轴承配备高黏度的润滑油。支
承辊油膜轴承的润滑油黏度为 680cSt，40℃，黏度变化范围在 5％以内。在油膜轴承的供油
管路上有减压阀，使进入油膜轴承的润滑油压力恒定。另配置旁通开关阀，使油在进入油膜
轴承前进行热循环，并流回油箱。摩根公司还用专有的喷嘴来给每一个油膜轴承配置油量，
喷嘴有节流作用，与油膜轴承的间隙一样，是影响润滑油流量的主要因素。

与传统的润滑系统不同的是，动静压油膜轴承配备了一套静压系统，使油膜轴承在启动
时托起支承辊，从而有利于油膜轴承形成油膜，减少油膜轴承磨损。

（4）油膜轴承润滑油流量低的主要原因和处理方法

油膜轴承润滑油的流量与轧机的轧制力、轴承转速、轧机转向以及轴承间隙有关，也与
润滑油的压力、黏度、温度、喷嘴孔大小以及静压压力有关。在试运行时，影响油膜轴承润
滑油流量的主要可调整因素是润滑油温度、喷嘴孔大小以及静压压力。因此适当提高润滑系
统的油温、增加静压压力是解决油膜轴承润滑油流量低的有效方法。主要措施是：①提高油
箱温度到上限值；②消除静压系统的泄漏，保证静压系统的压力达到要求；③在润滑油管路
的喷嘴孔处加旁路来提高润滑油的循环效率，保证冬季油温不因经过数十米的管路而降低。
两架轧机试运转时，支承辊油膜轴承润滑油流量均保持在 5～6.5L/min，消除了油膜轴承润
滑油流量低报警。

4.7.7　高线精轧机组油膜轴承烧损分析实例

某高速线材厂设计最大速度为 65m/s，设计年产量 20 万吨。重要工艺设备是引进德国
西马克技术，经太原矿山机器厂转化制造而成。工艺流程：断面为 215×195 的方坯经 $\phi650$
轧机→保温辊道→初轧机组 4 架→中轧机组 4 架→预精轧机组 4 架→精轧机组 10 架→水冷
段→吐丝机→斯太尔摩风冷辊道→集卷站，最终轧制成 $\phi5.5\sim20$ 的成品盘卷。由 2# 润滑
系统给精轧齿轮箱、精轧油膜轴承及吐丝机等设备供油润滑，选用油品为美孚 525。1# 润滑
系统给初轧机组、中轧机组的减速箱供润滑油。

（1）存在的问题

自高速线材轧机投产，精轧机组油膜轴承的烧损问题，就一直严重影响生产。第 1 年烧

损 40 台；第 2 年烧损 35 台；第 3 年烧损 30 台；第 4 年烧损 20 台。精轧机组第 1 架烧损约占 50%；第 3 架烧损约占 20%；第 6、8、10 架烧损约占 15%；其他架次约占 15%。每更换 1 台精轧机，全厂需停产 2 h，每烧损 1 台精轧机，至少产生中间废钢与成品废钢 5 t，因此，该问题已成为制约产量及质量的瓶颈。通过制定严格的装配工艺及上线装配清洁要求和轧机定期更换制度，使精轧机组油膜轴承烧损数逐年下降，但远未达到理想的程度。

（2）原因分析

① 通过对精轧机零部件和装配工艺的严格把关和测试，认定精轧机油膜轴承烧损不是由制造及装配工艺所致。

② 通过对油膜轴承结构的原理分析，认定油膜轴承烧损与油膜轴承结构设计无关。

③ 通过对精轧机润滑系统的分析，发现现用油品中水分含量高，远未达到设计要求：

油品为美孚 525；工作压力 0.4MPa；工作温度 40℃；水分含量 0.5%；过滤精度 10μm；40℃时黏度 90×10^{-6} m²/s；100℃时黏度 10.7×10^{-6} m²/s。化验现用油品：水分含量 3%～6%，超出设计要求 6～12 倍。40℃时黏度值（74～82）$\times10^{-6}$ m²/s，100℃时油膜强度的 PB 值 55～58kg。可见，由于油品中涌入大量的水分，致使油膜轴承供油量不足，降低了油膜的强度，造成精轧机油膜轴承大量烧损，同时烧熔的油膜轴承杂质通过回油进入油箱，对油品形成二次污染，导致过滤器滤芯频繁更换，形成严重的恶性循环。由此认定油品中的水分含量严重超标是引起轧机烧损的主要原因。

（3）水分进入润滑系统的原因分析

在轧制过程中，冷却辊环需要使用冷却水，如果迷宫环与八字板之间的间隙调整不当或迷宫环下密封损坏，冷却水就会通过回油系统大量渗入油箱，造成油品中水分含量严重超标。

由于轧机设计结构存在渗水的必然性，所以 2# 润滑系统采用了 2 个 55m³ 的油箱，一用一备，对备用油箱中的油采用加温至 80℃，静置 24h 后，通过油箱底部截止阀放水的方法脱水，并使用了脱水性较好的美孚 525，系统原理见图 4-31。

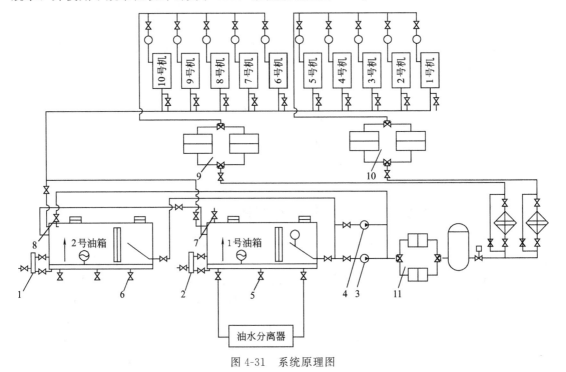

图 4-31 系统原理图
1,2—集水器；3,4—泵组；5,6—放水截止阀；7,8—回油截止阀；9～11—过滤器

但实际中对处理过的备用油箱中的油品采样化验发现：实际水分含量均 1.5％，严重超标。因此在正常轧制过程中，不足 4 h，实际在用油箱中集水器水位即显示为满刻度，须进行放水，同时，远不能阻止混有水分的油去供给油膜轴承润滑。

综上所述，备用油箱的脱水速度没有在用油箱的进水速度快，备用油箱起不到真正脱水备用的目的，原润滑系统的设计不能满足实际使用的需要。

（4）应对措施

针对以上情况，该厂在日常维护中规定：①每周定期更换八字板上密封。②在用油箱每 1h 放水 1 次并放尽。③每 3 天用、备油箱轮换 1 次。这些措施仅缓解了油箱中水分含量，并不能从根本上解决油品质量的问题。为此，对 2# 润滑系统油箱配置了德国韦斯特—法利亚公司的 OSC-91-066 型油水分离器。这是一种自清洗式油水分离器，采用离心、加热的原理脱水、脱杂，工作过程中不改变油品的物理、化学性能。在油品水份含量＜5％时，最大的脱水量为 0.2％，处理油品能力为 7.5 m³/h。油水分离器与油箱的连接见图 4-29。

油水分离器投入使用后，油品质大大改善，随机抽取的化验报告表明，油品各项指标均符合使用要求，仅水分含量基本接近 0.5％。

（5）效果

自油水分离器投运以来，成效显著。

① 精轧机油膜轴承烧损 1 架（非设备原因）。

② 不需再使用油箱放水阀放水，大大地减轻了工人的劳动强度。

③ 提高了经济效益。2# 润滑系统由原每班更换滤芯 3～5 套，减少为每天更换 1 套。

④ 以每台轧机烧损直接费用 5 万元计，每年按 20 台计算，1 年可减少损失 100 万元。

⑤ 烧损 1 台轧机按产废钢 5 t 计，每吨按 2500 元计算，减烧 20 台，1 年可减少损失 25 万元。

⑥ 减少更换轧机时间用于生产，每年为 40h。

在高线轧机润滑系统采用油水分离器与油箱的合理配置，既能满足油品各项指标的设计要求又能保证水分含量的要求。具有较强的适用性。

4.7.8　轧钢机给脂润滑过程清洁控制实例

（1）设备润滑过程存在的问题

冶金机械设备的润滑，对于大型齿轮箱、滑动轴承设备，主要以稀油润滑为主，润滑方式常采用集中循环给油、油浴润滑等方式。对于滑动摩擦副、滚动轴承，主要采用干油集中润滑、油脂封入润滑、干油枪给脂、用油杯加脂及手动加脂润滑。

（2）给油脂过程中存在的问题

在某公司检修现场调研发现，机械设备实施的给油脂计划中，虽然有按照设备"五定"（定量、定方法、定周期、定人、定点）的要求，但实际执行中，因缺少必要的工具，无法实现给油脂的定量、定方法的加注要求，致使在给油脂过程中，严重污染润滑脂。另一方面，因没有确定合理的加注量，且在一些手册中对于加注量只有经验公式，不适合不同工况下的设备润滑油脂的加注。

据 SKF 统计数据显示，轴承的提前失效有 36％ 是因润滑不良所致，14％ 是污染所致。典型的润滑不良包括：润滑剂选型不当，即润滑剂类型不适合于特定的工况或者润滑剂质量太差；润滑周期和润滑量不对，即润滑不足或润滑过量；润滑油品本身已经被污染或加注过程中污染。

长时间跟踪设备维护和现场检修过程，认为公司目前给油脂方式中导致润滑油脂污染的主要原因有以下几点：

① 润滑油脂存储过程存在污染。包装破损时，灰尘和水进入导致污染；润滑油脂存储

过程中，由于露天存放或长时间存放，油桶发生"呼吸"作用，水蒸气混入润滑油；润滑油脂变质导致的污染。

② 润滑油脂取用过程污染。润滑油脂取用过程的污染，是润滑油脂受到污染最多的环节。主要有过早打开包装，致使环境中的灰尘和水汽进入；环境不够清洁、操作方法不当引入的污染（如铁锤、铜棒和油煮）；初次填充润滑剂引入的污染（如裸手或者脏物进入）；密封不好，环境中的粉尘、水汽进入轴承；补充润滑引入的污染物；轴承磨损、表面剥落产生的颗粒污染；油脂取用过程中，作业者未使用合适的工具以及不当的作业方式，导致润滑脂污染。

③ 润滑对象所处环境存在污染。冶金设备工作环境复杂，部分设备工作环境恶劣，不可避免地给设备的润滑油脂带来污染。

（3）解决方法

润滑脂存储过程存在的污染，通过各种管理手段可以得到改善，如改善存储环境，做到"早到早领取"，避免油品长时间存放，并对油品的消耗做到定额管理，有计划的存储油品，保证仓储时间缩短，避免油品变质。

对于润滑油脂取用过程中的污染控制，针对不同的润滑方式存在的不同的污染因素进行控制研究，从而实现清洁控制。取用过程中，由于流体的流动特性，相对比较容易控制，目前各个生产单位的取用流程为：油品运抵现场→取油设备准备（加油泵或者加油小车）→连接取油设备→目的设备（润滑系统润滑油箱或者大型齿轮箱）。对于润滑脂，由于其流动性差，主要有 3 种不同的润滑方式。

① 手动取脂涂抹方式　手动取脂润滑方式主要针对开式齿轮和链条传动，以及以平面摩擦副为运动形式的设备，比如板带轧机工作辊轴承座与轧机牌坊之间的耐磨衬板等；一些滚动轴承开盖检查进行手工涂抹润滑。这种润滑方式，由于缺乏必要的工具，就地取用如铁板、木板条等作为工具，致使这些简易工具上的杂质带入润滑对象，同时也污染了润滑脂。因此，对于大型开式齿轮，一次消耗润滑脂在 0.5kg 以上者，使用专用防油手套（一般采用橡胶手套）或者专用涂抹工具进行润滑，以防止污染润滑脂和危害人体健康。对于轴承等一次涂抹脂量在 0.5kg 以内的，使用油枪进行加注。对于专用涂抹工具，设计了一种带润滑工具的包装，就像八宝粥附带的小勺一样，方便操作者润滑设备时，只需从包装中取出即可方便使用，避免对润滑脂和润滑对象污染。

② 手动取脂用干油枪润滑　对于设备上的大部分滚动轴承，多采用手动取脂，脂杯法或脂枪法润滑。采用脂杯法或者脂枪法时，对于清洁的控制，主要在取脂环节。

脂杯法是指在轴承旁开小孔，以通向脂杯，向其加压使杯内的脂不断补充给轴承。脂枪法是通过润滑脂枪加压将润滑脂打入轴承，这种方式多用于补充润滑。

以上两种润滑方式是润滑油脂受到污染最多的方式，为此，研究市场上主要几家润滑脂供应商的包装，如中国石油润滑油公司（昆仑润滑油脂）、中国石化润滑油公司（长城润滑油脂）、壳牌中国有限公司、美孚石油公司，以及天津、重庆一坪等公司的产品。包装主要为 175kg/200L 钢桶、17kg/20L 钢桶或者塑料桶，对于 5kg、3kg、1kg 以下包装多采用塑料桶。对于 17kg 以上大包装的桶，使用中由于取脂次数较多，容易受到污染。对于手动取脂时，要求采用 5kg 以下小包装的润滑脂。这种方式，基本上等同于手动取脂涂抹方式中使用脂枪法的润滑方式。

另外，通过对润滑脂进行集中分装，可避免对润滑油脂污染。这种取脂方式，就是为了避免大包装润滑脂多次取脂导致的污染。还可以采用黄油灌装机或黄油加注器，直接从 17~200L 的油桶中抽取油脂，根据实际使用情况进行分装或者直接注入油枪，可避免油脂的污染。

③ 集中给脂法　集中给脂法就是用泵通过管线输送到各个润滑点，润滑点比较集中的设备，这种润滑方式最佳。例如板带轧机输送辊道、冷床等设备。目前在集中给脂法的设备

中，集中干油润滑系统本身就配置了 16L 左右的干油桶。对集中干油桶充脂，一般是系统本身配置了充脂泵或手动加注。

本身配置充脂泵的系统，污染的环节主要在油桶的开启过程是否规范，可通过管理和规范操作来控制。但是手动给干油桶加注润滑脂的方式，建议采用以下两种方法。

a. 要求在集中干油润滑系统中，将加脂泵作为标准配置。未作为标准配置的设备，建议通过设备系统改造等方案配置加脂泵。这种标准化配置，可避免油脂污染。

b. 对于没有加脂泵的系统，则通过分装系统分装为标准包装，再由人工加入。对于集中干油润滑系统，造成污染的大部分原因在于，维护过程中润滑工具和维修工具使用不当，导致管接头处漏油，最后使整个集中干油润滑系统失效。因此，提高维护工作的质量，也是重要的防污染环节，一定要按照冶金机械设备的润滑设备安装规范的要求进行维护检修，以保证整个系统的污染问题得到控制。

（4）实现清洁润滑需要的设备

手动取脂润滑方式：按照目前的润滑对象，小型设备采用黄油枪或一次性润滑手套；大型设备采用涂抹铲。选择工具为表 4-35 中 1、2、4、5、6 项。

表 4-35　清洁润滑配置工具和设备

序号	名称
1	一次性润滑手套
2	手动黄油枪
3	电子润滑脂计量表
4	开式轴承润滑脂填注器
5	轴承充脂器
6	润滑脂添加泵
7	润滑脂泵
8	黄油分装机
9	电动黄油桶加油泵/气动黄油桶加油泵

手动取脂干油枪润滑方式：润滑对象多为带有加油嘴的闭式轴承等润滑点。配置的设备有润滑脂分装机和脂袋式分装脂弹。通过分装机分装为脂弹，脂弹直接装入干油枪。需要的设备有润滑脂分装机与手动黄油枪。选择工具为表 4-34 中 2、4、5、6。

集中给油脂系统：配置表 4-34 中 6、7、8、9 装置。

4.7.9　油气润滑技术在冷轧机的应用

4.7.9.1　油气润滑系统的原理

（1）油气润滑原理

油气润滑是一种新型的润滑方式，其工作原理是将单独供送的润滑介质和气体传送介质进行混合，并形成紊流状的油气两相介质流，经油气分配器分配后，以油膜方式由专用喷嘴喷到润滑点（轴承），从而达到降低摩擦、减缓磨损、延长摩擦副使用寿命的目的。如图 4-32 所示。

从图 4-32 中可以看出，油气管中油的流动速度远远小于压缩空气的流动速度，油气管中出来的油和压缩空气是分离的，压缩空气并没有被雾化，油是以连续油膜的方式被导入润滑点并在润滑点处以精细油滴的方式喷射出来的，喷出油滴的状态在很大程度上取决于喷嘴的设计。而油雾润滑，油和气 2 种流体的流速（即油、雾的流速）是相等的，油被雾化为 $0.5\sim2\mu m$ 的雾粒导入润滑点。这是油气润滑与油雾润滑的重大区别。

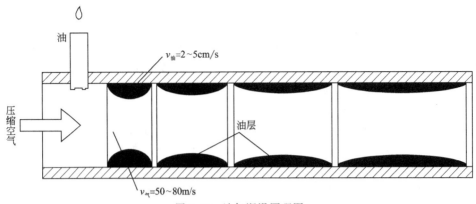

图 4-32 油气润滑原理图

（2）油气混合器原理

如图 4-33 所示，油气润滑是利用将储存在油箱内
的润滑油直接或间接地（通过分配器）输送到与压缩
空气网络相连接的油气混合器。进入的油在油气混合
器中通过再次计量分配成若干份，应用定量活塞式分
配器，每隔一定时间将微量的润滑油送至与润滑部位
相连通的压缩空气管路中。在不间断压缩空气的作用
下，进入油气输送管道中，借助压缩空气使脉冲形式输
送的润滑油逐渐形成一个连续的油膜，该油膜以波浪

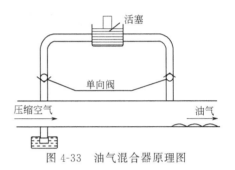

图 4-33 油气混合器原理图

状在通往润滑点的油气管道的内壁移动并以滴状脱离油气管道内壁和喷嘴，进入润滑点，从
而使润滑点得到润滑，吸收了振动，同时由于不间断压缩空气的作用将润滑部位产生的热量
经排出口排出，起到了冷却润滑点的作用。此时空气在轴承座内形成正压，外部尘埃等赃物
也无法进入轴承或密封处，还起到了密封作用。

4.7.9.2 轧钢油气润滑系统

（1）主要技术参数

①润滑点位置：No1～No4 冷连轧机工作辊四列圆锥滚子轴承；②润滑点数量：16（8
根工作辊，每根辊子 2 个轴承）；③工作辊轴承规格：$\phi343.052\times\phi457.098\times254$；④油气
润滑站型号：A01/500/2PDR；⑤油气润滑站油箱容积：500L；⑥润滑油牌号及黏度：Q8-
320cSt/40℃；⑦润滑油总耗量：104cm³/h；⑧压缩空气总耗量：100m³/h；⑨压缩空气系
统压力：4～5bar。

（2）油气润滑系统组成

油气润滑系统主要由供气部分、供油部分、油气混合器部分、电控及监控部分（见图
4-34）和轴承座内的 TLES—B3TURBOLUB 安装件组成。TURBOLUB 套筒模块式油气分
配器：安装在工作辊轴承座内，将油气流按需要的量由 TURBOLUB 油气分配器二次分配
给轴承和密封部位。

4.7.9.3 油气管路

（1）单个轴承润滑油的小时耗量

$$Q_L = C\times D\times B = 5\times10^{-5}\times457\times254 = 5.8 \ (\text{cm}^3/\text{h})$$

圆整为 6cm³/h。

其中，$C = (3\sim5)\times10^{-5}$，轴承润滑系数，计算取上限，考虑密封用量；轴承外径 $D =$
457mm；轴承宽度 $B = 254$mm。

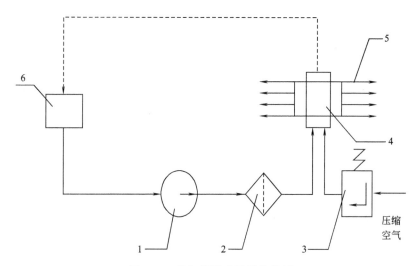

图 4-34　油气润滑系统结构简图

1—供油部分；2—过滤部分；3—供气部分；4—油气混合部分；5—油气润滑管路；6—监视控制部分

（2）所有轴承润滑油耗量

$$Q_{GC} = C_1 (Q_L \times n) = 1.08 (6 \times 16) = 103.68 (cm^3/h)$$

圆整为 $104cm^3/h$。

其中，$C_1 = 1.08$，安全系数；$n = 16$，同种型号轴承数量。

（3）油气两相流的平均速度

$$V = Q/(\pi d^2/4) = 34.54 (m/s)$$

其中，单个轴承润滑油耗量：$Q_1 = 6cm^3/h$；单个轴承压缩空气耗量：$Q_2 = 100/16 = 6.25m^3/h$；单根管路油气耗量：$Q = Q_1 + Q_2 = 6 \times 10^{-6} + 6.25 \approx 6.25 (m^3/h) = 1.736 \times 10^{-3}m^3/s$；油气管道内径：$d = 8mm$。

4.7.9.4　自动控制系统

油气润滑系统采用操作面板进行系统参数设定、运行状态显示及 PLC 程序控制，改造后把油气润滑系统与轧机控制系统有机地结合起来参与轧机运行控制。

为了使油气润滑系统停止后，轧机停止运行，以及防止乳化液继续供给侵入轴承座危害轴承，出现烧箱事故，增加了油气润滑系统与轧机计算机和轧机乳化液控制系统的联锁功能，以及远程控制及过程状态监视功能。当油气润滑故障时，如果轧机未自动停机，操作工可以手动停机。

在乳化液控制程序中，加入油气润滑接通及压缩空气压力正常联锁条件，油气润滑切断或压缩空气压力低时，禁止向机架内喷射乳化液。

4.7.9.5　应用效果

滚动轴承正确的润滑不仅能保证轴承提高轴承寿命，而且能减少轴承的摩擦磨损、降低能耗、加快散热、防止烧损、预防锈蚀、降低振动和噪声等作用。因此，润滑是轴承中必不可少的一部分，近来人们常常将润滑剂称作滚动轴承的"第五大件"（其他四大件为轴承内圈、轴承外圈、滚动体和保持架）。

某轧机工作辊轴承采用油气润滑技术，轴承消耗及烧箱数量明显的降低，轴承烧箱呈逐年递减趋势。一年统计表明，万吨钢产量轴承消耗节省数量和烧箱节省数量分别为：1.76套和 1.43 套，经济效益明显。

4.8 船用机械润滑技术及应用

4.8.1 船用机械润滑技术要点

船用机械润滑主要是指装备于船排水量为 2000t 以上的大功率、低速十字头二冲程和中速筒状活塞柴油机用油。

低速十字头二冲程柴油机的特点是功率高、缸径大。著名的制造厂家为 MAN-B&W，Sulzer 及三菱等。

瑞士 Sulzer 的 RTA84T 单缸功率达 35000kW。MAN-B&W 的 MC 系列最大单缸功率达 51840kW，平均有效压力 1.8MPa，活塞平均速度 8m/s。因此其机械载荷及热载荷十分高。这类机的气缸润滑系统与曲轴箱润滑系统隔开，各用各的润滑油。气缸用的为船用气缸油，由注油器向气缸壁上的油孔注油，润滑气缸及活塞等。油直接接触高温及劣质燃料中的硫燃烧后生成的酸性物，因此在高温清净性、酸中和性、极压性及油膜扩展性上有很高的要求。由于油在润滑后即燃烧排出，属一次性润滑，因而对抗氧、抗泡和抗乳化等要求不高。曲轴箱系统的润滑油称系统油。它不直接接触高温及酸性物，仅润滑轴承及齿轮等部件。但由于船上接触海水的机会多，要求有好的抗乳化性能。而对高温清净性、酸中和性及极压性等要求较低。

大型、中小型客货轮及渔轮用油例子见表 4-36 及表 4-37。

表 4-36　大型客货轮用油

机械名称	润滑部位	用油名称
柴油机（大型、低速）	气缸：燃烧燃料油的船舶烧柴油的船舶	船用气缸油、30 号 CC 级柴油机油
	曲柄箱轴承、推力轴承、减速齿轮、调速器	30 号 CC 级柴油机油
	增压器	TSA 防锈汽轮机油、30 号 CC 级柴油机油
	排气阀连接机构	2 号通用锂基酯
	冷却水防锈剂	NL 防锈乳化油
柴油机（中速或高速）	气缸及曲柄箱（烧柴油的船舷）	30 号、40 号 CC、CD 级柴油机油
应急设备动力柴油机	气缸及曲柄箱	10W/30SC 汽油机油
蒸汽汽轮机	轴承、减速齿轮及推力轴承	TSA 船防锈汽轮机油、HL68 液压油
往复蒸汽机	气缸	680 号、1000 号、1500 号气缸油
	轴承（闭式曲柄箱）	68 防锈汽轮机油、HL68 液压油
推进器	中间轴承	30 号 CC 级柴油机油
	艉管轴承（油润滑型）	30 号 CC 级柴油机油
电动机、发电机、电扇、泵、离心泵等	轴承（油润滑）	30 号 CC 级柴油机油
	轴承（脂润滑）	2 号通用锂基脂
	高温轴承	复合钙基脂
空气压缩机	气缸	DAB100 往复式压缩机油
冷冻机	气缸	DRA46 冷冻机油
离心净油机、分油机	封闭式齿轮箱	CKC320 工业齿轮油
液压泵、液压起重机	液压系统	HV46、HV68 液压油、6 号液力传动油
舵机	伺服马达	舵机液压油

机械名称	润滑部位	用油名称
控制机构，舱盖板 天窗，水密门	液压系统	HV46 液压油，6 号液力传动油
转车机、起重机、起货 机、绞缆机、起锚机	封闭式齿轮箱	CKC100、CKC320、CKC460 工业齿轮油
	开式齿轮	开式齿轮油
压载泵、甲板清洗泵、 渣油泵	封闭式齿轮箱	CKC100 工业齿轮油
	一般油润滑摩擦节点	30 号 CC 级柴油机油
	一般脂润滑摩擦节点	2 号通用锂基脂

表 4-37　中小型客货轮及渔轮用油

用油部位				用油名称	
				中小型客货轮	渔轮
主副机	内燃机（低增压柴油机）		冬用	30 号 CC 级柴油机油	
			夏用	40 号 CC 级柴油机油	
	蒸汽机	开式	气缸活塞	1000～1500 号气缸油	
			主轴承、十字头、偏心轮、倒顺车滑板等	船用机油	
		闭式	气缸活塞	1000～1500 号气缸油	
			主轴承、十字头、偏心轮、倒顺车滑板、推力轴承等	30 号、40 号 SC 级汽油机油	
舵机			液压传动	8 号舵机液压油	
			机械传动	GL-3 车辆齿轮油	
起锚机				GL-3 车辆齿轮油	
增压器				32 防锈汽轮机油	
齿轮箱				CKC 或 CKB100 工业齿轮油	
尾轴				车轴油	
起网机			液压传动		HL32 液压油
			机械传动		同主机用油

4.8.2　大型低速船用柴油机新型电控气缸注油润滑技术应用实例

目前，大型船用低速柴油机基本采用十字头式二冲程柴油机，机架上部都设有横隔板和活塞杆填料函，将气缸和曲柄箱隔开，这样的结构特点决定了活塞组与气缸套之间的润滑必须采用气缸注油润滑系统。

要保证船用柴油机的正常运转，对气缸进行精确、稳定、可靠的润滑十分重要。气缸润滑的作用有：①保证气缸套与活塞组之间的润滑，在金属表面形成油膜；②带走燃烧残留物和金属磨粒等杂质；③帮助密封燃烧室空间等。

4.8.2.1　传统机械式注油器润滑系统

气缸润滑设备传统的设计为泵单元，即机械式注油器。它是由链轮传动，带动注油器的凸轮轴做旋转运动，由凸轮顶动小柱塞做往复运动，它的泵油频率与主机转速同步，它的注油量调节主要依靠手动调节每个注油小单元的柱塞行程，与发动机转速的变化呈线性关系，而与发动机的负荷无直接关系，因此在非额定工况下运转时，气缸润滑油耗油率就会大大增加。

气缸润滑油注油定时的选择是保证气缸良好润滑的重要条件。通常认为，注油定时选择在活塞上行时，使气缸润滑油喷射在活塞环带之间，对气缸润滑最为有利。原来的机械式注油器由于系统结构原因，注油压力低（在 1 MPa 量级压力下注入），只有当注油器出口管内压力大于气缸内压力时，气缸润滑油才会注入缸内，这就很难实现精确定时注油。此外，机械传动系统还会对注油定时产生不可避免的不确定性。原机械式注油器由于注油压力低，注油时间长，依靠活塞环滑过气缸油槽时刮油布油，而大量的油被活塞环下行时刮到扫气箱而浪费掉。为保证气缸与活塞环的充分润滑，就不得不加大注油量，从而进一步加大了气缸润滑油的浪费和环境污染。气缸润滑油消耗费用大约占到船舶主机活塞组及气缸设备维修保养费用的 70% 左右。因此，节约气缸润滑油的消耗量，不仅有利于节能，对降低船舶运营成本和有害排放也具有重要的意义。

近几年，由于电控柴油机的发展，在这些柴油机上已经去除传统上用来驱动机械润滑设备的机械传动装置。因此，需要开发相适应的电子控制柴油机气缸润滑系统。

4.8.2.2 开发新型电控气缸润滑系统的意义

新型电控气缸注油润滑系统提供了一种能够实现精确定量、定时注油的电控气缸润滑系统。该系统可以完全独立于柴油机，在要求润滑的时刻通过各个注油嘴向气缸内表面或活塞环带上提供所需的气缸润滑油。

新型电控气缸注油润滑系统还解决了机械式注油器注油压力低，以及注油频率不能随柴油机工况变化等参数进行调节的问题；提供了一种结构简单，成本低廉，既能保证润滑效果又不会导致润滑油大量浪费的电控气缸润滑系统。该系统每次注油量按 MCO（最大持续功率）工况、柴油机曲轴转 4 转注油 1 次作为基准注油频率设计。因此，每次注油量是传统机械式注油器每循环注油量的 4 倍，注油压力可达 2 MPa，保证了每循环的润滑效果。同时，该系统可以根据柴油机气缸磨合状态、燃油含硫量、运行工况等参数自动调节注油频率（在低负荷工况注油频率可达柴油机 15 转注油 1 次），从而降低润滑油的消耗。

4.8.2.3 系统组成与关键部件

新型电控气缸注油润滑系统构成如图 4-35 所示。从图 4-35 可以看出，系统主要由四部分组成。

（1）润滑油供油单元

经加热、过滤后的气缸润滑油由润滑油泵供给到共轨管内，为系统提供恒温恒压的润滑油。润滑油供油单元构成如图 4-36 所示。

（2）电控注油泵单元

根据柴油机缸径大小，每缸设置 1 或 2 个电控注油泵；每个电控注油泵包含 4、5 或 6个柱塞泵油单元，泵油柱塞均由固定于同一根凸轮轴的凸轮驱动，泵油凸轮的型线相同，凸轮方位均位于同一方向；凸轮轴由步进电机驱动。图 4-37 为电控注油泵一个泵油单元的结构示意图。

（3）监测报警与控制单元

图 4-38 为监测报警与控制单元硬件结构原理图。

包括主控制单元、人机接口单元（HMI）、采集监测传感器单元和报警面板单元等四部分。

1）主控制单元　由传感器单元得到船舶主机的当前工作运行状态，由报警面板单元得到控制权信息和注油方式信息，通过电控注油模型，计算出注油的准确时刻及注油频率，输出执行命令给注油执行驱动单元（步进电机驱动器）控制注油润滑；发出无源触点报警信号给报警面板单元，与人机接口单元通信。

主控制单元包括三部分：ACU（A 控制板）、BCU（ B 控制板） 和 SBU（接口板）。主要功能如下：①传感器信号采集、故障检测（功能故障、断路故障）和供电保护（短路保护）；②与 HMI 的通信（工况参数、轮机员设置参数、管理员设置参数和报警显示信息）；③注油执行单元的控制（定时、定量注油、数学模型计算）；④系统的故障报警无源触点输出。

ACU 和 BCU 是硬件结构完全相同的两个控制单元，主控单元的上述①～③功能直接由任意一个控制单元完成。ACU 和 BCU 互为备份关系，提高主控单元的可靠性。主控制单元某一时刻只有一个控制单元有控制权，取得控制权的控制单元，由 SBU 将传感器单元和注油执行单元与之连接。

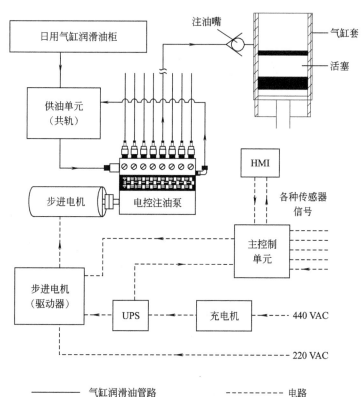

图 4-35　电控气缸注油润滑系统构成原理

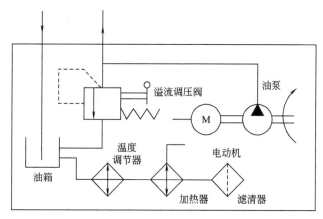

图 4-36　润滑油供油单元构成原理

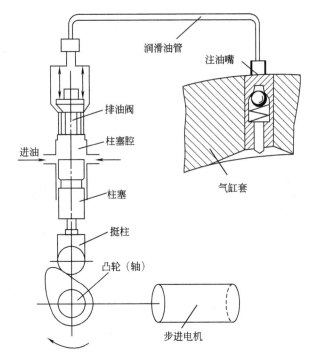

图 4-37　电控注油泵一个泵油单元的结构示意图

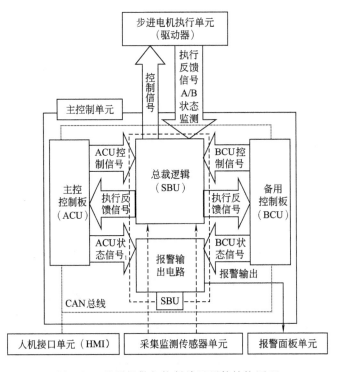

图 4-38　监测报警与控制单元硬件结构原理

2) 采集监测传感器单元 采集监测传感器单元采集各传感器的信号，得到柴油机当前工作运行状态，如表 4-38 所示。

表 4-38 采集监测传感器

传感器	信号	功能
角标编码器	角标上止点	第一缸上止点位置
	角标角位置	曲轴位置、主机转速
霍尔传感器 1	上止点 1	备用一缸上止点位置输入控制板 A
霍尔传感器 2	上止点 2	备用一缸上止点位置输入控制板 B
角位移传感器	负荷	主机负荷测量
热电阻传感器	润滑油温度	润滑油温度测量
压力变送器	润滑油压力	润滑油压力测量
霍尔传感器 3	定位点	步进电机复位信号

3) 人机接口单元 人机接口单元接收来自主控单元的工作数据信息并显示在屏幕上。通过键盘输入，将人工设定的参数发送给主控制单元，同时接收来自报警面板的报警信息。轮机员输入的参数包括：燃油含硫量、气缸套磨合状态和控制模式等。图 4-39 为 HMI 界面与报警面板。

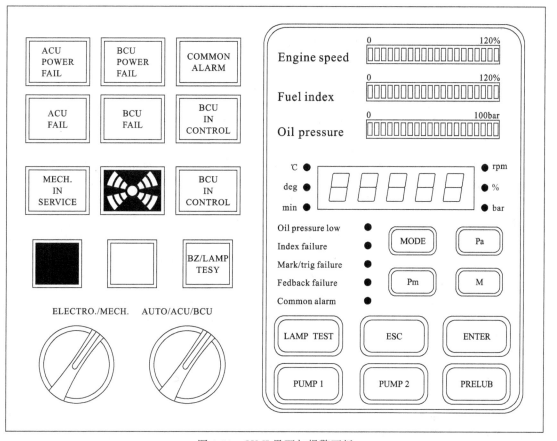

图 4-39 HMI 界面与报警面板

4）报警面板单元　将来自于总控制单元的无源触点报警信号（EJECT ERROR/COMMON ALARM/ACU FAIL/BCU FAIL/POWERA FAIL/POWERB FAIL / BCU IN CONTROL），通过面板指示显示，实现声光报警、消音消闪功能，并发给主控制单元控制权信息和注油方式转换信息。

（4）电源系统单元

由于船舶主机润滑油系统的特殊性，控制系统的供电不能间断，在船舶主机运行期间，即使全船意外失电，控制系统也要保持相当长的时间有电，以保持对注油润滑的控制，不能由于船舶发电系统故障，而立即导致注油控制系统停止工作，因此本系统采用 UPS 供电。供电包括控制系统、报警单元和 HMI。执行机构（步进电机）的供电直接取船用动力电。

4.8.2.4　系统的技术方案、工作过程与特点

（1）技术方案

为达到良好的缸套润滑效果和节油减排的目的，新型电控注油润滑系统采取了如下技术方案：

①最佳注油定时为活塞上行第一道活塞环经过注油孔时开始，直到最后一道活塞环结束，由于新型电控注油润滑系统与主机曲轴无机械传动连接，注油定时基于从曲轴转角编码器上传来的两个信号，一个是第一缸的上（下）止点信号，另一个是曲轴转角位置脉冲信号；②为保证注油润滑效果，每次注油量固定不变，通过注油频率来控制润滑油消耗量。

注油频率靠控制步进电机动作的频率来实现，能随主机运行工况、缸套磨合状态等柔性调节。

（2）工作过程

主机运转前的备车，首先加热润滑油至 40～60℃，然后按 HMI 面板上的"预润滑"按键即可。主机正常运转时，其工作过程包括驱动信号的计算输出和注油润滑两个过程，原理如下所述。

① 计算并发出控制脉冲指令　主控制单元软件的核心内容是主机润滑的各种性能调节曲线、图表和控制算法，其作用是接收和处理传感器与 HMI 设定的所有信息，按软件程序进行运算，然后发出控制脉冲指令给执行驱动器或 HMI 显示控制参数，其中，注油定时和注油频率是主控制单元发出的最重要的控制指令，图 4-40 和图 4-41 分别为控制注油频率和注油定时的逻辑框图。为了实现对主机注油润滑过程控制的优化，储存在主控制单元的曲线和图表包括一些在系统开发过程中通过大量试验总结出的综合各方面要求的目标值。图 4-42 为燃油含硫量对注油率的修正关系曲线，图 4-43 为气缸磨合状态（运行时间）对注油率的修正关系曲线。

② 步进电机驱动注油泵注油润滑　参照图 4-35～图 4-37，供油单元（共轨）提供适宜温度、压力的润滑油，通过管路供给注油单元。凸轮由步进电机驱动，柱塞在供油凸轮上升段时经滚轮顶动上行，而在供油凸轮下降段时靠注油单元弹簧力下行。柱塞下行时为吸油行程，润滑油依靠共轨压力及柱塞下行的抽吸作用经进油孔进入注油单元柱塞腔。柱塞上行时为泵油行程，当柱塞的上边缘封闭进油孔时，柱塞腔成为一个封闭空间，使注油单元柱塞腔中的润滑油压缩而压力上升。当润滑油压力升高到一定程度时，克服排油阀弹簧的弹力和注油管中的残余压力而打开排油阀，润滑油从柱塞腔经排油阀、注油管、注油嘴注入气缸套内表面或活塞环带间。

（3）系统特点

新型电控气缸润滑系统的特点为：①根据不同型号柴油机的注油量，可选择不同直径行程的柱塞来实现。②优化的电控注油泵应有其设定的柱塞直径和有效行程，使每次注油量为定值。对不同型号柴油机，每缸可配置 1 或 2 个电控注油泵，每个电控注油泵的注油单元

（柱塞）可设计为 4～8 个，以满足目前绝大多数主机每缸 4～10 个注油点的需要。③主控制器单元控制步进电机动作的时刻和频率，从而改变注油嘴的注油定时和频率。每次注油有足够的剂量，且较高的注油压力能将润滑油沿气缸圆周均匀分布，不会出现沿气缸圆周局部缺油的情况。④利用电子控制模式的优点，可实现多种控制模式。避免了传统机械式润滑装置在非设计工况时润滑油供应过多造成的浪费，故能较大幅度地节省润滑油，降低有害排放。

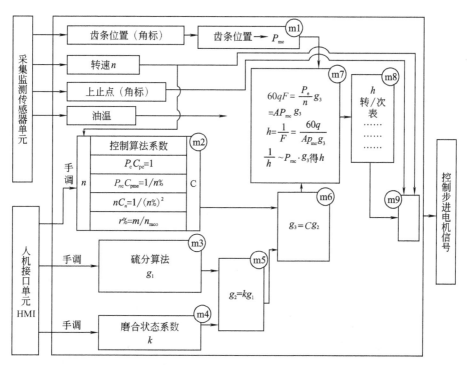

图 4-40　注油频率控制逻辑框图

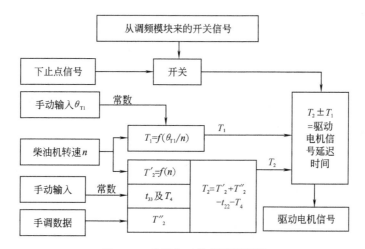

图 4-41　注油定时控制逻辑框图

T_1—实船与台架标定下止点信号时间差，对应角度 θ_{T1}；T_2—下止点信号到发出驱动电信号时间；
T'_2—驱动信号开始到注油嘴处压力开始上升时间；T''_2—供试验及标定配机时用；
t_{33}—从电控注油泵开始供油到注油嘴处开始升压；T_4—注油嘴处开始升压到开始注油

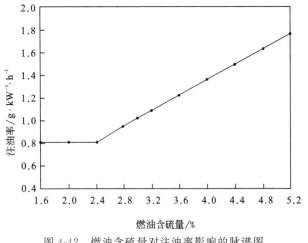

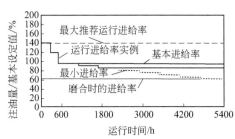

图 4-42 燃油含硫量对注油率影响的脉谱图   图 4-43 气缸磨合状态对注油率影响的脉谱图

4.8.2.5 系统台架试验

台架试验以 MAN B&W 6L60MC 型柴油机为对象，重点研究电控气缸注油系统安装结构参数、运转参数等对注油压力和注油持续时间的影响。

（1）步进电机转速的影响

图 4-44 为驱动电控注油泵的步进电机在泵油期间转速变化对注油嘴端压力的影响。

由图 4-44 可知：提高步进电机的转速可以提高注油压力，缩短注油持续时间。因此，可以通过控制步进电机转速来适应柴油机转速变化引起的注油持续时间的改变，以保证注油在活塞环带上。但过高的步进电机转速可能导致其驱动扭转的快速下降。

（2）电控注油泵柱塞有效行程的影响

不同缸径柴油机的每循环基准注油量可由不同的柱塞直径和有效行程组合确定，而每循环基准注油量的确定必须兼顾注油压力和注油持续时间。图 4-45 为柱塞直径 10 mm 时不同柱塞有效行程对注油嘴端压力的影响。

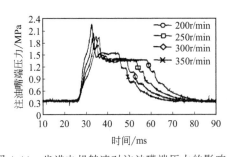

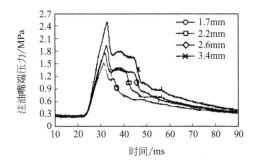

图 4-44 步进电机转速对注油嘴端压力的影响   图 4-45 柱塞有效行程对注油嘴端压力的影响

（3）气缸内压力的影响

在注油期间，气缸内的压力是连续变化的，台架试验模拟了几种稳定注油背压下的注油情况，如图 4-46 所示，由图 4-46 可知：背压的提高有利于注油压力的提高，对注油定时和持续时间影响不大。

（4）润滑油温度的影响

润滑油温度影响润滑油的猫度，进而影响润滑油在管路中的流动阻力和润滑效果。图

4-47为 4 种温度条件下注油嘴端压力曲线。由图 4-47 可知：润滑油正常工作温度设定在 40～60℃之间。

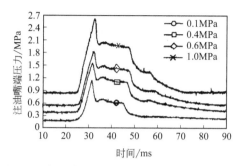

图 4-46　气缸内压力变化对注油嘴端压力的影响

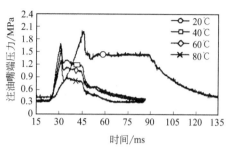

图 4-47　润滑油温度对注油嘴端压力的影响

（5）注油管长度的影响

注油管路长度影响液力延迟和最高注油压力。

图 4-48 为不同注油管长度对注油嘴端压力的影响。为保证同一个气缸中 4～10 个注油点注油同步，应尽可能使所有注油点的管长相等。

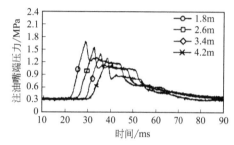

图 4-48　注油管长度对注油嘴端压力的影响

4.8.2.6　结论

① 电控气缸注油润滑系统实现了对注油量、注油压力和注油定时的独立控制，使注油润滑系统的控制自由度大为提高，是气缸注油润滑系统的发展方向之一。

② 台架试验结果表明：所研制电控气缸注油润滑系统的注油压力可达 2 MPa；注油定时可精确到 0.1ms，注油持续时间 20ms，注油集中在活塞环带上，保证了气缸套良好润滑；每次注油量 0.747g，注油频率可随负荷、燃油含硫量、缸套磨合状态等参数调节。

③ 所开发的电控气缸注油润滑系统完成系统台架试验和上实船前的标定调试工作，运行情况良好，在实船上试运行。经过 4 个航次的测试，气缸润滑油消耗率从机械式注油器的 1.36～1.63g/（kWh）降低到 0.82～1.09g/（kWh）。

4.8.3　舵机液压油乳化分析与改进实例

某科学观察船航行于大洋，机舱值班员巡视舵机舱时，从油箱液位指示窗口异常地发现，箱体内油液由原先的澄清、浅黄色，变为浑浊乳白色。显见，这是一起典型的舵机液压乳化事故，必须将系统内油液全部换新，而不是部分换液，否则使新添加油液也将迅速乳化。

（1）液压油乳化现象及危害

乳化液生成的泡沫，不但影响系统压力的建立，同时会引起液压冲击，致使舵机失效。再则油液乳化后，不溶性杂质悬浮在乳化液中，污损摩擦表面。而电动—液压型舵装置中，泵、马达、转舵机构多为机床加工精度和配合精度很高的精密偶件，由于乳化液黏度降低，运动副间难于建立油膜，必然使偶件部件摩擦损耗加剧。再加上乳化液中水分对机件的锈蚀，长此，势必会使精密偶件永远失效。

液压系统中，液压油含水量应＜0.025％。系统中漏入较多量水尤其是海水，与油液混合进入系统，经搅拌和挤压后，是产生油液乳化的直接原因。不难查找，该轮舵机液压系统进水，是因为设置在油箱中的海水冷却盘管渗漏引起的。此类现象在多条船舶上都曾经发生。

（2）问题的分析和改进

该轮航行于无限航区、万吨级船型，采用四缸柱塞往复式舵机，舵机扭矩 800kN·m，液压系统（46 号透平油）工作压力为 21MPa，电机功率约 40kW。油箱容积 550L，油箱尺寸 700×700×700（二只）。系统散热采用在油箱中设 20×600mm（直径×长度）10 根紫铜盘管，管内冷却海水压力 0.2MPa。规定油箱内油液温度高于 60℃ 开启冷却器，系统温度低于 15℃ 开启电加热器。

舵机液压系统中，无论开式或者半闭式系统，油箱总是与大气相通的，即舵机液压回路中，流经背压阀后的系统回油压力为大气压力。而油箱冷却盘管内海水压力 0.2MPa，即海水压力高于液压油压力，一旦盘管因腐蚀等原因发生渗漏，就不可避免地使海水漏入油箱，发生液压油乳化事故。这种冷却系统的设计方法，违背了热交换器中，系统工质的工作压力应高于冷却介质压力的原则。例如，船舶主柴油机滑油润滑系统中，运转中的滑油压力应保持在 0.15～0.4MPa 之间，高于海水压力，以防冷却器泄漏时，海水漏入滑油中。同理，主机缸套冷却淡水压力应保持在 0.15～0.3MPa 之间，高于冷却器中冷却介质海水压力（一般在 0.18MPa 以下）以防海水漏入淡水，腐蚀缸套。因此，舵机液压系统中直接在油箱中设置高压海水冷却盘管的设计有待改进。不如采用扩大油箱容积，以增加散热之面积，并将油箱尽量设置在机舱抽风口，增加冷冬却介质流速，彻底取消冷却盘管，杜绝海水进入油箱的可能，防止液压油乳化现象和事故的发生。

按舵机使用说明书规定，当液压系统温度高于 60℃ 时，再开启冷却系统。若严格遵循此原则，则海水冷却系统工作（指海水冷却盘管）总时甚少，因而冷却器提前发生腐蚀的期限大大推迟，甚至可以在整个装置寿命期间内，不会发生海水日久侵蚀破坏产生漏泄，避免油液乳化。但实船舵机使用的情况是，因为舵机油箱温度计设在舵机舱油箱上，无延伸显示，冷却海水管路阀门启、闭为手动操作，值班员贪图省事，避免巡视和管理麻烦，因而让冷却系统常开启。结果冷却系统由设计时的短时间歇工作制，变为长期工作制，势必使盘管提前腐蚀破坏，油液乳化。

温度系统本身惯量大，待得到温度超限报警指令后，再手动开启阀门，也不致影响系统的温升。实现此方案，只需在油箱上增设一只所谓"开关量"型的温度控制器，将此开关量信号送机舱集控室，显示并报警。与配备海水冷却盘管备件的方案相较，可将损失降到最低程度。

4.9 锻压设备润滑技术及应用

4.9.1 机械压力机的润滑

机械压力机包括热模锻压力机、冲压压力机、精压机及平锻机等类。它们都采用类似的带轮与齿轮传动机构、离合器与制动器机构、曲柄连杆或肘杆机构、凸轮机构、螺杆机构等。图 4-49 是曲柄压力机的传动原理图。各类产品有许多类似的润滑方式和系统，但由于功用不同，速度，负荷等有较大差异，故润滑特点也有较大差异。

（1）润滑方式

由于机械压力机是机械传动，传动环节多，摩擦副多，润滑点必然多。同时，大型压力机高度很高，上去人工加油也不方便。为了保证润滑效果，减少维修工作量，机械压力机通常采用集中润滑。对于不易实现集中润滑，或采用某些专用润滑方式更好时，才辅以分散润滑。

① 稀油集中润滑　稀油集中润滑多数情况是压力循环润滑。一般是把润滑站（油箱、泵、阀等）安放在压力机的底座旁边或地坑内，用齿轮泵通过控制阀将润滑油送到各润滑点。常用在小吨位机械压力机的轴承、导轨、连杆上。

② 稀油分散润滑　稀油分散润滑有人工润滑和自动润滑两种。人工加油润滑一般只用在不经常动作的小部件上，不易接通由集中润滑站供油的部位或不易回收的部位，例如凸轮、滚轮。稀油分散自动润滑在机械压力机上常被采用的有油池润滑和油雾润滑。封闭齿轮采用油池润滑，维护简单，润滑效果也不错。气缸采用油雾润滑是结构上的特殊需要。

③ 干油集中润滑　干油集中润滑分机动油泵和手动油泵两种。机动油泵一般放在压力机顶部，也有安装在底座旁边的。手动油泵都安装在立柱上操作方便的地方。机动油泵由专用电动机带动，可以根据压力机运转的需要，开动或停止油泵供油；也有的油泵没有电动机，而是靠主传动通过一套另加的传动装置来驱动油泵。大型机械压力机的轴承、导轨常采用于油集中润滑。

④ 干油分散润滑　干油分散润滑用在供油不易到达的部位，如一些旋转部件上。一般是定期用油

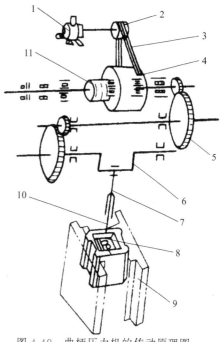

图 4-49　曲柄压力机的传动原理图
1—主电动机；2—小带轮；3—V 带；4—飞轮；
5—齿轮；6—曲轴；7—连杆；8—滑块；
9—立核导轨；10—调整螺杆；11—离合器

枪加少量的油或直接涂抹。干油分散润滑比稀油分散人工润滑用得广泛些。机械压力机上的开式齿轮、连杆螺纹、离合器轴承常采用干油分散润滑。机械压力机的常用润滑方法，见表 4-39。

表 4-39　机械压力机的常用润滑方法

润滑方法	使用场合
手工加油润滑	开式齿轮、滑轮销轴、蒸汽锤导轨、水压机导轨、蒸汽锤操纵机构
飞溅润滑	离合器飞轮轴承、蜗轮副
油浴润滑	密闭式齿轮、蜗轮副、调节螺杆
油环润滑	摩擦轮滑动轴承
压力循环润滑	传动轴轴承、滑块导轨、齿轮、调节螺杆、连杆轴承、销轴轴承、小型快速压力机曲轴轴承、空气锤曲轴轴承、压缩缸及工作缸、导轨、蒸汽锤及水压机导轨
油雾润滑	开式齿轮、离合器和制动器气缸、蒸汽锤气缸、摩擦压力机气缸
手工加脂润滑	螺杆、蒸汽锤、螺旋压力机及水压机导轨、空气锤气缸导轨、操纵机构和滑动销轴、传动系统及摩擦轮滚动轴承
电动干油站润滑	大型压力机主传动轴承及曲轴轴承
润滑脂润滑	滚动轴承、离合器飞轮滚动轴承、小型快速压力机主传动轴承及曲轴轴承

（2）润滑材料选用

在机械压力机的润滑中，以采用 HL 液压油或 AN 全损耗系统用油和钙基润滑脂为主。常用的有 AN32、AN46、AN68、AN100、AN150，2# 、3# 钙基脂。当这两种润滑材料不满足需要时，再选用其他材料。

采用集中润滑时，润滑点较多，而这些润滑点的负荷、速度、温度有可能不同，又不可能采用多种黏度的润滑材料来满足各润滑点的需要。在这种情况下，可采用两种办法：①按照最关键的润滑点的需要选择润滑材料；②采取折中的办法，即选择的润滑材料的黏度比这些润滑点所需黏度的中间值偏高一些。

4.9.2　螺旋压力机的润滑

螺旋压力机适用于模锻、精密锻造、镦锻、挤压、校正、切边、弯曲和板料压制。它们的行程比机械压力机大，而每分钟行程次数比机械压力机小。螺旋压力机分摩擦压力机和液压螺旋压力机两类。

摩擦压力机的传动原理是电动机经带轮带动可作轴向往复移动的两个同轴摩擦盘旋转，交替压向飞轮，使其正、反旋转。并通过与飞轮连接的螺杆推动滑块上、下移动。滑块向下接触工件时，储存在旋转的飞轮中的动能转换为冲击能，打击工件成形。

液压螺旋压力机的传动原理是利用推力液压缸或液压马达迫使螺杆和与螺杆联结在一起的飞轮旋转储存能量。螺母与机架固定，螺杆旋转时必然推动滑块上、下运动。滑块向下接触工件时，储存在旋转的飞轮中的动能转换为冲击能，打击工件成形。

从液压螺旋压力机的传动原理可知：它采用油作液压传动介质，液压缸、液压马达、顶出器等自身可以润滑。需要润滑的是螺旋副、导轨。润滑点少，一般采用分散润滑，但亦有对导轨采用集中润滑的。

摩擦压力机是机械传动，润滑部件较多，除螺杆、导轨外，还有摩擦轮轴承、操纵杆销轴轴承、各种气缸。可以采用分散润滑，也可以采用集中润滑。

螺旋压力机的润滑材料与机械压力机类似。

4.9.3　锻锤的润滑

锻锤分空气锤、蒸汽。空气锤、无砧座锤、液压锤等。锻锤的特点是打击速度非常快，且伴有冲击、振动。使用蒸汽的锤，气缸温度很高，给润滑剂提出了很高要求。液压锤采用液压驱动液压缸，当压力油进入液压缸下腔，使锤头上升到所需高度后，进油阀关闭，排油阀开，锤头落下，靠位能打击。液压锤用油作传压介质，液压缸自身可以润滑。导轨可以利用打击时液压缸密封处渗漏的油飞溅到导轨上的油滴进行润滑，所以液压锤无须特别加以润滑。蒸汽－空气锤、无砧座锤结构较简单。共同的润滑部件是气缸、分配阀、导轨，不同的润滑部件，蒸汽－空气锤是操纵机构的销轴，无砧座锤是滑轮。

（1）气缸的润滑

大型自由锻锤、模锻锤等采用过热蒸汽，温度高达300 ℃以上，故对润滑油提出了十分严格的要求。蒸气缸和分配阀的润滑油应具有较高的闪点、最小的蒸发量，较高的黏度与优良的油性、较好的抗水性和防锈性。

蒸汽锤的气缸润滑是用稀油泵安装在锤柱上靠操纵机构杠杆的活动向各润滑点注油。由于锻锤振动过大，固定螺钉和泵内机件常被振松或振坏，使泵不能达到预期的效果。现通常改用油雾润滑。当锻锤为单台时，锤的气缸的润滑除采用机械压力机的离合器、制动器气缸采用的喷雾油杯润滑装置外，还可采用图4-50所示的自动加油装置。将润滑油加入容器内，并采用浮标装置保持容器内的油面高度A-A与油管2末端出口处的高度相同。当管1中无

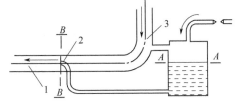

图4-50　锻锤的蒸汽气缸自动加油
装置原理图
1—压力气体管；2—油管嘴；
3—储油箱与压力气体管道连接处

空气流动时，润滑油亦保持静止不动。但当开动汽锤，有蒸汽或压缩空气在管 1 流过时，点 3 与断面 B-B 之间由于克服摩擦阻力而产生一定的压力降，形成两点之间的压力差、润滑油因之不断被压入管 1 中而雾化，随着气流进入气缸内润滑缸壁。

润滑油管道上应设置阀门；以便调节进油量。盛油容器应安置在远离锤身的地方，以防止锤振动振松了调节阀，使润滑油失控。

当锻锤为多台时，车间内各台锻锤的气缸可采用稀油集中润滑，见图 4-51。设置单独的液压泵装置，液压泵以 3MPa 的压力将油喷入蒸汽总管，经过安置在总管内的细小喷嘴将润滑油喷成雾状与蒸汽混合进入各锻锤的气缸内。根据锻锤开动数量的多少来改变泵的出油量。这种润滑装置较简单、便于维修、能保证连续供油，对拥有多台锻锤的工厂是适用的。它的缺点是对近点供油量大，而对远点供油量小。

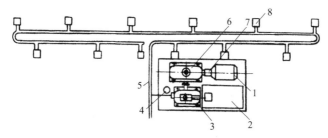

图 4-51　锻锤集中润滑示意图

1—电动机；2—油箱；3—液压泵；4—压力表；5—进气管；6—蜗轮减速器；7—联轴器；8—锻锤

无论采用何种喷雾润滑装置都不是很理想的润滑方式，它是在特定条件下被迫使用的。因为蒸汽或压缩空气中的油雾有相当部分不能落到缸壁上，而随空气排出，污染环境，或随蒸汽排回锅炉，当油过量时会引起锅炉内沸水发泡，甚至造成事故。因此，要求进入锅炉凝结水的油含量不应超过 10^{-5} mg/kg。

润滑材料的选择如下：

① 气缸内壁：采用过热蒸汽的气缸应使用 680～1500 号气缸油，采用饱和蒸汽的气缸应使用 680 号气缸油。

② 活塞杆（锤杆）：活塞杆的密封通常采用高压石棉铜丝布 V 形密封圈或聚四氟乙烯塑料密封圈。采用这两种密封圈，润滑油常被擦掉，不易进入密封圈内，故常采用固体润滑方式。

高压石棉铜丝布 V 形密封圈是用长纤维石棉绳加上铜丝织成布，每层石棉铜丝布之间刷一层二硫化钼、石墨润滑脂和耐热橡胶一起经压制而成。石墨、二硫化钼润滑脂起润滑作用，铜丝除作加强肋外，也可减小摩擦。

（2）导轨的润滑

由于锤杆易坏，锤击时不允许出现大的偏心；滑块速度高，7～9m/s；锻锤结构紧凑，导轨离热工件很近，加上气缸温度高，所以导轨温度高；导轨垂直。

由于这些特点，要求润滑剂耐高温，并具有中等黏度。

（3）空气锤的润滑

空气锤比蒸汽-空气锤复杂得多，除蒸汽锤具有的相同部分外，还有空压机的一套装置。其中，工作气缸、导轨、操作机构销轴等润滑部件是相同的。但增加了传动轴轴承、曲轴轴承、连杆、齿轮、压缩缸等润滑部件。

空气锤润滑点多，有采用集中润滑的必要。同时，空气锤由于安装传动轴、压缩缸等的需要，锤身刚性很大，另外，吨位小，所以振动较小。润滑泵及元件不易被振松、振坏，锤身内又有足够空间安装这些元件，这就具备了采用集中润滑的可能性。空气锤摩擦副的负荷一般较小，且速度较快，所以采用稀油集中润滑。

稀油集中润滑的自动液压泵可用气动液压泵或单柱塞液压泵。

气动液压泵是利用压缩气缸的气压作动力，上部为一个油桶，下部有一个水平活塞，油桶和活塞之间的通路上有一个止回阀，压缩空气接口与压缩气缸的上腔相通。空转、提锤和压锤工位时，压缩气缸上腔始终与大气相通，气体无压力，气动油泵不动作。当锤处于轻、重连续打击工位时，压缩气缸上腔随曲拐的转动而处于压气和吸气的交替过程中。曲拐在轴线上部、压缩气缸上腔空气被压缩，压缩空气进入水平活塞左端，推动活塞向右移动，将活塞右端的润滑油压向各润滑点。由于止回阀的作用，活塞右端的油不会压回油箱。当压缩缸上腔吸气（与大气相通）时，水平活塞在弹簧力的作用下回到原始位置，同时油桶里的油被吸到活塞右端。锤头每下行一次，就供给一定的润滑油，调节活塞的行程即可调节供油量。相反，压缩空气接口也可与压缩气缸下腔相接，其原理相同，而供油时间略有差别。

单一柱塞泵可利用传动轴作动力，经过带驱动另一带凸轮（或曲拐）的轴，传动轴带动出轮轴旋转，凸轮轴旋转一圈，泵的柱塞就工作一个循环，结构比气动液压泵复杂得多。

4.9.4 锻造压机双线脂集中润滑系统设计实例

锻造压机的工作环境灰尘多、振动大和温度高，压机的运动部件以往复运动为主，其摩擦副运动速度很低（滑动速度一般不超过 0.5m/s），周围的温度较高，密封与清洁条件很差。

（1）双线润滑脂集中润滑系统

双线润滑脂集中润滑系统是由润滑泵、滤油器、换向阀、双线分配器、压差开关、控制器、管路附件组成，如图 4-52 所示。双线集中润滑系统供油主管路共有两根，润滑泵向主管路Ⅰ提供压力油，主管路Ⅰ的压力上升，双线分配器一侧出油口向润滑点供油，当主管路Ⅰ和主管路Ⅱ的压力差达到换向阀设定值（3.5～24.5MPa）时，换向阀换向，主管路Ⅰ卸荷，润滑泵向主管路Ⅱ供油。主管路Ⅱ的压力上升，双线分配器另一侧出油口向润滑点供油，当主管路Ⅱ和主管路Ⅰ的压力差达到换向阀设定值时。换向阀换向，主管路Ⅱ卸荷，完成一个工作周期。

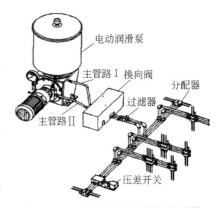

图 4-52 双线润滑脂集中润滑系统

双线式集中润滑系统的特点：①给油量可以根据需要连续调节。②给油可靠。由润滑泵输出的高压润滑剂直接推动分配器活塞向润滑点压送润滑剂，只要润滑泵有足够高的压力，分配器即可动作。③系统扩展方便。系统安装后增加或减少润滑点都很方便。④某些润滑点堵塞，不影响其他润滑点的供油，系统仍可正常工作。⑤给油范围大，点数多。公称压力40MPa 的系统可向半径 120m、多达 1000 个润滑点供送润滑脂。

（2）润滑系统的设计

① 根据工况条件确定润滑点的耗脂量 80 MN 锻造压机润滑点的耗脂量见表 4-40。

表 4-40 80 MN 锻造压机润滑点的耗脂量（每个工作周期）

润滑部位	点数	每点耗脂量/mL	总耗脂量/mL
主缸	3	0.5	1.5
侧缸（两个）	6	0.5	3

续表

润滑部位	点数	每点耗脂量/mL	总耗脂量/mL
主缸轴承头	2	1.5	3
侧缸轴承头（两个）	4	1.5	6
回程缸上轴承头（两个）	2	0.5	1
活动横梁上部导向	12	1.5	18
活动横梁下部导向	12	1.5	18
上砧夹紧装置	12	0.5	6
移动工作台	34	1.5	51
回程缸下轴承头（两个）	2	1.5	3
钢锭升降回转台	1	1.5	1.5
合计	90		112

② 选择润滑泵　BS-B 电动油脂润滑泵是双柱塞高压电动润滑泵，主要由双柱塞阀体和油罐组件组成，由交流电机驱动，电机经过摆线针轮减速后，旋转运动经过偏心轮转化为柱塞的往复运动，实现吸油和压油的过程，BS-B 电动油脂润滑泵技术参数见表 4-41。

③ 选定脂润滑泵在系统中的位置　根据设备润滑要求，选定润滑泵在系统中的最佳位置。一般应遵循以下原则：a. 泵站至系统末端距离越近越好，泵站尽可能接近系统中心；b. 泵站工作环境不得有灰尘、雨水等杂物影响。

④ 选择分配器　双线分配器 ZV-B 适用于双线集中润滑系统，它可以将润滑油脂定量地分配到各个润滑点，ZV-B 型分配器有 3 种排量规格供选择：$0.5cm^3$、$1.5cm^3$、$3.0cm^3$。

表 4-41　BS-B 电动油脂润滑泵技术参数

电机功率/kW	电压/VAC	最大输出压力/MPa	油箱容积/L
1.5	380	40	100
出脂量/（mL·min^{-1}）	用脂范围		质量/kg
235	0♯～3♯ NLGL		67

⑤ 确定最大输送距离及管道内径　管道内径太小会使系统末端润滑脂量过小，管道内径太大会使润滑脂在管道内停留时间过长，有可能出现油脂未达到润滑点便老化的现象。双线集中润滑系统的最大输送距离为：

$$L = \frac{P-5}{1.2R} \tag{4-7}$$

式中，L 为主管路长度，m；P 为润滑泵额定工作压力，MPa；R 为润滑脂在每米管道内的流动阻力，主管路 $\phi 22mm$，对应 R 取 0.32MPa/m。

$$L = \frac{P-5}{1.2R} = \frac{40-5}{1.2 \times 0.32} = 91 \ (m)$$

⑥ 确定系统的工作时间　系统给油工作时间验算：

$$T = (Q_c + Q_d + Q_e)/Q_p \tag{4-8}$$

式中，T 为给油工作时间，min；Q_c 为系统中全部分配器控制活塞换向过程损失润滑脂量总和，mL；Q_e 为系统中全部分配器出油口排出润滑脂量总和，mL；Q_c 为主、支管道内润滑脂压缩量，一般取管内容量的 1.5%，对软管则取管内容量的 10%，mL；Q_p 为润滑泵的给油量，mL/min。

则一次满循环的工作时间为：

$$T=(Q_c+Q_d+Q_e)/Q_p=(22+112+500)/235=2.7\;(\text{min})$$

⑦ 润滑脂在管内的停留时间 一般润滑脂在管道内的停留时间不超过 4 个月，以避免油脂老化。主管路油脂滞留时间为：

$$t=\frac{\Sigma Q}{Q_a W} \tag{4-9}$$

式中，t 为实际工作天数；ΣQ 为系统中所有管道内的总容量，mL；Q_a 为每一个工作周期各润滑点的消耗量总和，mL/次；W 为每天工作次数，次/d。

主管路油脂滞留时间为：

$$t=\frac{\Sigma Q}{Q_a W}=\frac{28880}{112\times3}=86\;(\text{d})$$

⑧ 润滑脂的选择 在选择润滑脂时，以适用于机械的润滑为首，其次是使集中给脂装置能顺利的动作。一般常用的有极压锂基润滑脂、极压复合铝基润滑脂等。80 MN 锻造压机工作环境温度较高，因此选用 $2^\#$ NLGL 润滑脂。

⑨ 80 MN 锻造压机双线润滑脂集中润滑系统的布置 80 MN 锻造压机双线润滑脂集中润滑系统布置如图 4-53 所示。BS-B 电动油脂润滑泵组安装在压机旁边的泵站内，泵组包括了电动泵、换向阀、过滤器、压力表等装置。主管路分为三部分：一是通向锻造压机上横梁、润滑主缸和侧缸；二是通向锻造压机活动横梁、润滑活动横梁上下部导向、主缸和侧缸轴承头、上砧夹紧装置、回程缸上轴承头，因为活动横梁为运动部件，所以管路中间接高压软管，安置在拖链中；三是通向锻造压机下横梁（底座）、移动工作台和钢锭升降回转台、润滑回程缸下轴承头、移动工作台、钢锭升降回转台。整台设备润滑点共计 90 个。

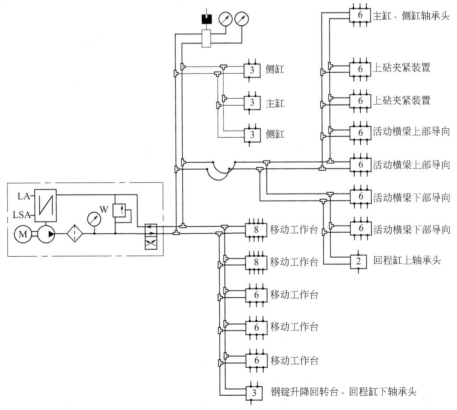

图 4-53 80MN 锻造压机双线润滑脂集中润滑系统

（3）小结

由于合理地选择双线润滑脂集中润滑方式，80MN 锻造压机的润滑脂集中润滑系统实现了大型化、高压化、自动化、集中化，降低了工人的劳动强度。实践证明，系统运行稳定，润滑效果良好，保障了主机设备的正常运转，收到了良好效果，本润滑系统具有以下特点。

① 双线润滑脂集中润滑系统完全能适应大型锻造压机大量分散的、环境条件差的干油润滑点的润滑。

② 泵站应尽可能设置在安全且操作方便的位置，以免意外的损坏而妨碍系统的正常工作。同时便于加注油脂和检修。

③ 为了提高故障诊断的准确性，缩短检查时间，各分配器应尽可能配置超压指示器。

④ 同一分配器所属润滑点的补油量应相近。以简化分配器出油口油量的选择和系统循环时间的设定，避免润滑油和时间的浪费。

⑤ 管道和润滑元件及润滑油的清洁，对于防止管路堵塞和系统的正常运转十分重要。

4.10 矿山设备润滑技术及应用

4.10.1 矿山机械对润滑油的要求

根据矿山机械的特点，对润滑油提出如下要求：

① 矿山机械的体积和油箱的容积都小，所装的润滑油的量也少，工作时油温就较高，这就要求润滑油要有较好的热稳定性和抗氧化性。

② 因为矿山的环境恶劣，煤尘、岩尘、水分较多，润滑油难免受到这些杂质的污染，所以要求润滑油要有较好的防锈、抗腐蚀、抗乳化性能；要求润滑油当受到污染时，其性能变化不会太大，即对污染的敏感性要小。

③ 露天矿的机械冬夏温度变化很大，有的地区昼夜温差也大，因此要求润滑油黏度随温度的变化要小，既要避免在温度高时，油品黏度变得太低，以致不能形成润滑膜，起不到应起的润滑作用，又要避免在温度低时黏度太高，以致启动、运转困难。

④ 对于某些矿山机械，特别在容易发生火灾、爆炸事故的矿山中使用的一些机械，要求使用抗燃性良好的润滑剂（抗燃液），不能使用可燃的矿物油。

⑤ 要求润滑剂对密封件的适应性要好，以免密封件受到损坏。

不同的矿山机械，要求使用不同类型、不同牌号、不同质量的润滑油。

矿山机械厂要用导轨油、轴承油、金属切削冷却液、淬火和退火介质、锻造、挤压、铸造用润滑剂等。运输汽车要用内燃机油、自动传动油、汽车制动液、减振器油、防冻液等。内燃机火车用内燃机油、气缸油、车轴油、三通阀油等。

4.10.2 矿山机械油品选用

（1）有链牵引采煤机用油

有链牵引采煤机用油，见表 4-42。

表 4-42　有链牵引采煤机用油

润滑部位及注油（脂）点名称	注油点数	注油方式	使用油（脂）名称和牌号
摇臂齿轮箱	2	注油器	CKCN320～CKC N460 中负荷工业齿轮油（OMAL320 或 460）

续表

润滑部位及注油（脂）点名称	注油点数	注油方式	使用油（脂）名称和牌号
机头齿轮箱	2	注油器	CKC N320～CKC N460 中负荷工业齿轮油
牵引部液压泵箱	1	注油器	N100 抗磨液压油（TELLUS 100）
牵引部辅助液压箱	1	注油器	N100 抗磨液压油
牵引部齿轮箱	1	注油器	CKCN320 ～ CKC N460 中负荷工业齿轮油（OMALA320 或 N460）
导链轮轴承	2	油枪	ZL-3 锂基脂
电动机轴承	4	手工	ZL-3 锂基脂
回转轴衬套和挡煤板衬套	2	油枪	ZL-3 锂基脂
破碎机构侧减速箱	1	注油器	CKC N320 ～ CKC N460 中负荷工业齿轮油（OMALA320 或 460）
破碎机构耳轴	1	注油器	CKC N320-CKC 460 中负荷工业齿轮油
破碎机构摇臂齿轮箱	1	注油器	CKC N320-CKC460 中负荷工业齿轮油

注：表中 OMALA 为壳牌公司齿轮油牌号，TELLUS 为壳牌公司液压油牌号。

（2）气动凿岩机及气（风）动工具用油

气动凿岩机及气动工具是既有往复运动又有旋转运动的带有冲击性的机具，对所使用的润滑油有以下要求：①要具有较高的油膜强度和极压性能；②不会产生造成环境污染的油雾与有毒气体；③不易被有压力气体吹走，不会干扰配气阀的动作；④对所润滑的部件无腐蚀性；⑤能适应高温和低温的气候条件。

润滑方式可通过注油器给油，或通过机具进气口对气动管线手动加油。

表 4-43 为露天潜孔凿岩机钻机的润滑用油，表 4-44 为潜孔钻机用油，表 4-45～表 4-47 为履带潜孔钻机、气腿式凿岩机及风动工具用油。

表 4-43　露天潜孔凿岩机钻机的润滑用油

润滑部位	环境温度/℃	用油名称
气缸、冲击器及其操纵阀	−15 以上	HL32 液压油、TSA32 防锈汽轮机油
	−15 以下	HL15 或 22 液压油、DRA15 冷冻机油
减速箱		半流体锂基脂、CKC220 工业齿轮油
绳轮、直压油嘴部位、行走下滑轮、各铜瓦、脂杯部位		2 号锂基脂

表 4-44　潜孔钻机的润滑用油

润滑部位		用油名称
回转减速箱		CKC220 工业齿轮油 CL-3 车辆齿轮油
主传动减速箱		
回转减速箱滚动轴承、顶部传动轴及提升主轴滚动轴承、辅卷卷筒滚动轴承、走行传动滚动轴承、主传动减速箱及单、双链轮滚动轴承		3 号锂基脂
液压系统用油	环境温度/℃ −15 以上	HL32 液压油
	−15 以下	HV32 液压油
走行传动开式齿轮、主、副钻杆螺纹、链条		石墨钙基脂
底部链轮轴、走行传动轴、履带装置		2 号、3 号锂基脂
冲口器前后接夹螺纹		2 号二硫化钼锂基脂

表 4-45 履带潜孔钻机用油

润滑部位	用油名称
液压油箱	−15℃以上　32HL 液压油、 −15℃以下　32HV 液压油
气动马达、各减速器、运动机构的加油处、重载轮、支承轮等旋转、 活动零件上的所有压注油嘴	2 号锂基脂

表 4-46 气腿式凿岩机用油

润滑部位	环境温度/℃	用油名称
气缸、冲击器及 其操作阀	−15 以上	HL32 液压油、TS32 汽轮机油
	−15 以下	HL15 或 22 液压油、DRA15 冷冻机油

表 4-47 风动工具用油

工具名称	环境温度/℃	用油名称
铆钉机、风镐、风铲及风钻、 板机、风砂轮等	−15 以上	HL32 液压油、TSA32-100 汽轮机油
	−15 以下	HL15 或 22 液压油、DRA15 冷冻机油

4.10.3　矿山机械液压油污染在线监测实例

（1）在线监测原理

如图 4-52 所示，传感器从液压油获得监测信号后，将信号通过总线接口传输至控制处理器中，信号经过 A/D 转换后通过主机接口再被输入到污染控制专家系统与 ADO 控件和 ODBC 数据库中的污染控制数据进行对比分析，以发挥此监测系统的自动诊断功能。

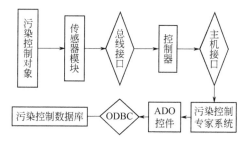

图 4- 54　液压油污染在线监测系统原理图

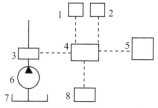

图 4-55　液压油污染在线监测系统设计图
1—键盘；2—报警装置；3—传感器；4—处理器；
5—显示器；6—液压泵；7—油箱；8—电源

（2）在线监测系统

液压系统的基本回路可分为动力回路、（方向、压力、速度）控制回路和执行回路。按液压系统液压油传动路径来分，矿山机械液压油污染的在线监测系统主要包括：液压泵出油口监测系统、主要元件前置监测系统和主要回路监测系统。各处监测原理基本相同，区别主要在于检测位置的选择、传感器及对比参数的选用和调控的方式。图 4-53 是液压油污染在线监测系统设计图。

该系统所采用的监测元件是嵌入式油液分析传感器，将该传感器安装在要监测的回路中，然后将其所测得的信号传输给处理器，处理器对信号进行分析转化并与数据库中的数据进行比较，最终将液压油的污染等级通过显示器显示，当污染度达到预定值时，报警装置将自动进行分级报警。系统的报警装置具有单参数阀值报警和多参数阀值融合报警两种形式。单参数阀值报警是将监测到的某个独立的工况参数与数据库中的标准值进行比较，然后根据对比结果的大小进行分级报警；多参数阀值融合报警是将监测到的多个独立工况参数与标准值进行对比，再将阀值差值统一量化分析，然后以交叉网络信息融合的形式加以综合，显示出系统所处的污染状态等级。另外，系统具有油污自处理功能，中心处理单元可根据所监测到的液压油污染等级发出指令，通过电控阀控制过滤器的启闭，以此对液压油进行清洁处理。

该监测系统的硬件部分具有良好的通用性，可直接安装在各类工程机械的液压系统上，而无需更改其结构。为实现控制的方便性，此系统可依托 B/S 网络服务体系结构开发成远程控制，进一步提升其实际使用价值。

4.11 轻纺机械润滑技术及应用

4.11.1 塑料机械润滑技术及应用

塑料的成型加工机械是将粉状、粒状、溶液或分散体等各种形态的塑料成型物料转变成为具有固定形状制品的机械。目前成型的主要方法有注射、挤出、模压、压延、发泡、缠绕、层压、浇铸、涂层等。一般负荷不太高而且冲击也不太大，润滑要求不算苛刻。下面举例说明。

4.11.1.1 混炼机的润滑

混炼机的润滑可参看表 4-48。

表 4-48 混炼机用润滑油（脂）质量要求

润滑部位	润滑方法	油黏度（40℃）/（mm²/s）	脂号	油名及性质
联合减速装置，大齿轮及连结齿轮	飞溅或循环	414～748		中等极压润滑油 中等极压润滑油
回转加重活塞杆	空气线加油器	90～110		中等极压润滑油
浮动加重活塞填充	手搓或空气线加油器	135～165		中等极压润滑油
排放门活塞填充	手浇或空气线加油器	135～165		含油性剂
止尘器	机械加油器	198～242		润滑脂
转子轴承（滚动）	填充			润滑脂
转子轴承（轴套）	润滑脂加油器			润滑脂
转子轴承	循环		1	

4.11.1.2 注塑机的润滑

塑料注射成型机是将固态塑料塑化，然后借助于螺杆，以一定压力和速度注入闭合模腔内，经过固化定型后，取得制品的一种热塑性成型设备。

注塑机一般由注射装置、合模装置、机架、变速箱、液压和电气系统等主要部件组合而成。在注塑过程中，注塑机既有机械设备的回转、直线和螺旋运动，也有液压设备的动能传递，还有电加热装置的热能转换，这就给润滑工作提出了较多的要求。当然，对于注塑机的润滑可以按运动方式分别遵循机械设备、液压设备和电加热设备润滑的通则进行，但有些部件（如注射部件及变速箱等）就需综合考虑，采用混合润滑的方法。

由于各种型号的注塑机注射重量相差很多，设备的自动化程度高低悬殊较大，故对注塑机润滑要求也很不一致。一般可参照注塑机出厂使用说明书进行润滑。

（1）手动或半自动塑料注射成型机的润滑

① 齿轮变速箱的润滑　变速箱的任何故障都将影响到加工的质量和数量。对箱内的经

淬硬处理的正齿轮和调质轴应保证均匀可靠的润滑油膜，一般采用油杯和飞溅润滑法即可满足润滑要求。

② 注射部件的润滑　注射部件的作用是经电加热圈，使塑料受热均匀达到注射温度，由压料杆螺旋加压形成注塑压力。压料杆的润滑一般采用油杯、油绳等润滑方法。

③ 锁模部分的润滑　锁模部件由带轮、丝杆、螺母、虎钳等组成。调整虎钳一侧上的撞块位置与机座上的行程开关相配合，控制丝杆进给行程，使虎钳达到开模与合模。因丝杆、螺母摩擦结点较小，油膜容易被挤裂，因此，润滑油应具有较好的油性，一般采用 LAN46 全损耗系统用油或 LHL 液压油（下同）通过油杯、油绳润滑。

④ 机座部分的润滑　机座上的滑动导轨一般用铸铁制成。因导轨承受的负荷及滑动速度都不大，故用矿物润滑油即可保证一定的边界油膜。一般用手轻轻接触导轨面后，能在手上看出油迹即认为在导轨面上已经维持了一层油膜。

（2）自动液压注塑机的润滑

这种注塑机的特点是：自动化程度高、性能稳定，并有电气、液压联锁保护装置，精度高、结构较复杂。

① 注射部分的润滑　由于这部分是完成注射双液压缸拉动预塑变速齿轮箱，经齿轮箱推动螺杆，将均匀塑化的塑料射入模腔内，实行注射成型的关键部件。运动比较频繁，又有电加热装置，必须严格执行润滑制度。本部分的主要润滑部位：注射座与机架导轨面上加 L-AN46 全损耗系统用油，每班一次。齿轮箱底部（滚柱）导轨面上加 L-AN46 全损耗系统用油，每班一次。回转中心加油脂，约 0.3L。变速齿轮箱内加 L-AN46 全损耗系统用油约 10L。

② 移模部件的润滑　移模采用液压动力，选用直压式充液装置，结构简单，动作可靠，润滑点少。主要是保证在四根导柱上形成润滑油膜，可用 L-AN46 全损耗系统用油通过油杯，油绳润滑。

4.11.2　纸浆造纸机械润滑技术及应用

纸浆造纸机械包括纸浆机械与造纸机械两大类以及纸的装饰、加工设备。其中纸浆机械包括备料设备及制浆设备等。

（1）纸浆机械的润滑

纸浆机械包括备料、制浆两类设备。根据原料的不同有切草机、切苇机、甘蔗除髓机、剥皮机、破碎机、削片机等备料设备。蒸煮机、磨木机、热磨机、洗浆机、漂浆机、打浆机、回收设备等等。

纸浆机械的润滑特点是工作环境潮湿、高温，兼有冲击性负荷。一般要求有较好的耐热性、抗氧化性、抗乳化性和防锈性等的黏度为 46～100 的抗氧防锈润滑油。有的要用耐热性和机械安定性好的 2 号或 3 号复合钙基、钠基或锂基润滑脂，亦可使用二硫化钼或石墨润滑脂。液压磨碎机水包油（油：水比例为 1：30）型润滑剂。纤维质原料如木材、茎杆、破布等的纸浆蒸煮设备的轴承和齿轮，由于使用高温蒸汽蒸煮而温度较高，常使用工业齿轮油或润滑脂润滑。有关用油情况见表 4-49。

表 4-49　制浆造纸设备用油情况

润滑部位 设备名称	轴承		蜗轮蜗杆	减速机	闭式齿轮	开式齿轮
	用油部分	用脂部分				
备料设备	L-HL68、L-HL100 液压油	2 号、3 号钙基脂	L-CKCl50 工业齿轮油	L-CKC100 工业齿轮油	CKC100 工业齿轮油	L-CKC320 工业齿轮油

续表

润滑部位 设备名称	轴承		蜗轮蜗杆	减速机	闭式齿轮	开式齿轮
	用油部分	用脂部分				
蒸煮设备	L-HL100 液压油	2号、3号复合钙基脂，2号、3号通用锂基脂	L-CKC150 工业齿轮油	L-CKC100 工业齿轮油	CKC100 工业齿轮油	石墨钙基脂半流体锂基脂
筛浆、洗浆漂白设备	L-HL68、L-HL100 液压油	2号、3号钙基脂		L-CKC100 工业齿轮油	CKC100 工业齿轮油	
打浆设备	L-CCKC320、150 工业齿轮油	2号、3号复合钙基脂，2号、3号通用锂基脂	L-CKC150 工业齿轮油	L-CKC100 工业齿轮油	CKC100 工业齿轮油	
造纸机设备	L-CKC100 工业齿轮油，11号气缸油	2号、3号复合钙基脂，2号、3号通用锂基脂		L-CKC100 工业齿轮油	CKC100 工业齿轮油	石墨钙基脂，半流体锂基脂
整饰完成设备	L-HL100 液压油	2号、3号钙基脂		L-HL100 液压油		石墨钙基脂，半流体锂基脂

（2）造纸机的润滑

造纸机上的润滑点在原则上都是密闭的。造纸机湿段即流浆箱至压榨部的各轴承都用密闭的轴承壳以防水侵入和润滑脂溢出造成交叉污染。造纸机干段则因作业运行时的温度较高而采用中心润滑站以压力输送润滑油到各处轴承进行润滑和散热。湿段的润滑脂润滑点多采用定期人工巡视检查注、换润滑脂的办法，故润滑系统往往指干段的中心润滑站及全部输、供油管道及注油装置。

造纸机及其附属设备常用的润滑剂见表 4-49 及表 4-50。

造纸机干段的润滑站通常在标准通用型号中选用，例如矿山设备、船舶设备、机床设备等的润滑站均可选用，最好能在滤油能力方面及油温控制能力方面较强者为佳，如有磁滤器及恒温控制则更适宜。润滑站的输油量通常应按各润滑点散热的需要来计算或估算。

造纸机干段各密闭轴承壳的供油多采用可调注油器（图 4-54），它也被称为滴油阀，它使供入轴承的油适量而持续。图 4-54 中所示为双出口的一种，其系列有多到 10 个出口的。这种注油器对于以手动调节油量的系统是十分适用可靠的。

表 4-50 造纸机及其附属设备的常用润滑剂

润滑部位	润滑剂	代号	主要性能
分部传动减速箱，中心润滑站用油（干段润滑），摇振箱，蜗轮减速箱，一般滑动轴承	液压油或全损耗系统用油	L-HL46 或 L-AN46	40℃时黏度 41.4～50.6mm²/s 闪点（开口）＞180℃ 凝点＜-10℃
湿段的滚动轴承	钙基润滑脂	ZG-2	滴点＞80℃ 锥入度（25℃，1/10mm） 265～295
排气风机，湿热处滚动轴承	钠基润滑脂	ZG-3	滴点＞140℃ 锥入度（25℃，1/10mm） 220～250
钢丝绳	石墨钙基润滑	ZG-S	滴点＞80℃

在新型高速宽幅造纸机上，湿段的主要轴承也用中心润滑站进行集中自动强制润滑。在

这种系统中，造纸机的湿、干两段各设有中心润滑站，但统一地由自动控制系统进行管理操纵。其各润滑点注油量的控制由借微型电动机带动的小型计量泵来实现，自控系统借电子计算机或其他软件调控方式对注油管路上的流星计、压力表等进行监测并对计量注油泵电动机实现调控。这种高速纸机润滑系统的各润滑点供油量如表 4-51。

表 4-51　高速纸机用油量

润滑点	供油量/(L/min)
真空伏辊、真空压辊齿箱每处	25
真空伏辊、真空压辊轴承每侧	4
真空吸移辊齿箱	12
真空吸移辊、花岗岩辊、压榨辊轴承每侧烘缸操作侧轴承每处	2
烘缸传动侧轴承、施胶压榨辊轴承每侧，主传动小齿轮啮合点每处	1.5
烘缸传动齿轮系的中间齿轮轴承每例	2
烘缸传动齿轮系中的齿轮啮合点每处	0.2
导毯辊轴承每侧	1.3
引纸辊轴承每侧	0.3
压光辊轴承每侧	0.25
卷纸缸轴承每侧	5
主传动大齿轮啮合点	1
	15

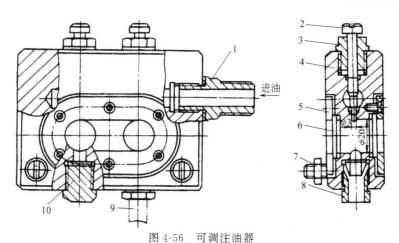

图 4-56　可调注油器

1—进油接头；2—螺旋阀芯；3—阀芯塞头；4—注油器体；5—压盖；6—视孔玻片；7—固定螺栓；
8—输油管接头；9—输油管；10—螺塞

4.11.3　纺织机械润滑技术及应用

纺织机械的品种很多，如清棉机、梳棉机、并条机、粗纺机、精纺机、络经机、整经机、浆纱机、织布机、验布机、码布机、打包机等。纺织机械的润滑包括纺纱、绕线、拉丝、拼条和编织等机械的减摩、润滑、纤维的减摩、软化和控制静电等。纺织工艺用油要求具有易于洗掉的性能，以免影响染色和美观。表 4-52 为纺织机械用油。

表 4-52　纺织机械用油

设备名称	润滑部位	用油名称
清棉机	滑动轴承	HL46、HL68 液压油
梳棉机	滑动轴承	HL46、HL68 液压油
	斩刀油箱	HL32、HL46 液压油
	齿轮部分	2 号、3 号通用锂基脂

设备名称	润滑部位	用油名称
并条机	滑动轴承 皮辊	HL46、HL68 液压油 HL46、HL68 液压油 并条机油
粗纺机	锭杆轴承 罗拉凳（脂润滑） 罗拉凳（油润滑） 皮辊 滑动轴承 花鼓辊	HL46 液压油 2 号、3 号通用锂基脂 HL100 液压油 HL68、HL100 液压油 HL46、HL68 液压油 00 号半流体锂基脂
精纺机	滑动轴承 滚筒轴承（脂润滑） 滚筒轴承（油润滑） 皮辊 锭子	HL46、HL68 液压油 2 号、3 号通用锂基脂 HL46、HL68 液压油 HL68、HL100 液压油 FD5、7 轴承油，锭子油
络经机	断头自停箱 滚动轴承 滑动轴承	HL15、HL32 液压油，纬编机油 2 号、3 号通用锂基脂 HL46、HL68 液压油
整经机	滚动轴承 滑动轴承	HL46、HL68 液压油 纬编机油 2 号、3 号通用锂基脂
浆纱机	滚动轴承 滑动轴承	HL46、HL68 液压油、浆纱机油 3 号钠基脂
浆泵	滑动轴承	HL-46、HL-68 液压油
织布机	滑动轴承 传动齿轮 提花楼子	P-5 织布机油，30-70 号织布机油 2 号、3 号通用锂基脂 HL-15 液压油
验布机、码布机	滑动轴承	HL46、HL68 液压油
打包机	液压装置 滑动轴承	HL15、HL32 液压油 HL46、HL68 液压油

4.11.4 食品机械润滑技术及应用

食品加工机械是量大面广、直接影响人民生活和健康的机械，包括各种食品加工、罐头加工机械、啤酒与饮料加工机械、制糖机械、乳品制造机械等。对食品加工机械的润滑所需关注的主要问题是防止食品受到污染，对润滑剂的原料必须满足有关药典、药物学中所规定的安全要求，生产中要做到设备专用，不与非食品机械润滑剂混用。

（1）食品加工机械对润滑的要求

① 润滑剂不得对食品造成污染 在某些食品加工机械中，润滑剂有可能与食品发生接触或造成食品污染，引起食用者中毒或其他不良影响。

白油可用烘烤食品、制备脱水水果与蔬菜的脱模剂，以及糖果制造时的抛光剂和脱模剂。

石油脂用途同白油，还可用于制备固体蛋白的脱模剂。

工业白油用于拉拔、冲压、印模与轧制包装食品用的铝箔容器的润滑冷却工艺，以及用于制造动物饲料、纤维袋及食品加工机械的润滑剂与防锈剂。应注意在法规中对各种用途都注有既定的极限。此外还可用于压缩机和制备食品与饮料包装用塑料的成形加工。

应严格控制润滑剂的使用，以避免润滑剂对食品造成污染。

② 加强对食品加工机械的润滑管理　食品加工机械的润滑管理应得到重视，必须选用符合设备性能要求或制造厂规定的润滑剂，改用不同性能润滑剂，必须取得设备和润滑剂制造厂的认可。润滑剂必须保持清洁。大桶应水平放置，并用手摇泵抽取供用。润滑脂需用手压泵压入脂枪或给脂器中，装润滑剂的小油听（盒）只限用于润滑剂。而用于食品饮料的容器，或清洗器/消毒器等绝对禁止用于润滑剂。原桶上的标记必要时可重复使用，但变换容器时应有明显标志，以免错用。

（2）食品机械润滑剂的选用

食品机械一般使用专用的润滑剂。我国已有相应标准，如食品机械专用白油（GB 12494），见表 4-53；食品添加剂白色油（GB 4853），见表 4-54；另有食品机械润滑脂（GB 15179）。

表 4-53　食品机械专用白油（GB 12494）

项目	质量指标						试验方法
	10 号	15 号	22 号	32 号	46 号	68 号	
运动黏度（40℃）/（mm²/s）	9.0～11.0	13.5～16.5	19.8～24.2	28.8～35.2	41.4～50.6	61.2～74.8	GB/T 265
闪点（开口）/℃　不低于	140	150	160	180	180	200	GB/T 3536
赛波特颜色　不小于	+20 号	+20 号	+20 号	+20 号	+10 号	+10 号	GB/T 3555
倾点/℃　不高于	−5	−5	−5	−5	−5	−5	GB/T 3535
机械杂质	无	无	无	无	无	无	GB/T 511
水分	无	无	无	无	无	无	GB/T 260
水溶性酸碱	无	无	无	无	无	无	GB/T 259
腐蚀试验（100℃·3h）	1 级	1 级	1 级	1 级	1 级	1 级	GB/T 5096
稠环芳烃							GB/T 11081
紫外吸光度/nm　不大于							
280～289nm	4.0	4.0	4.0	4.0	4.0	4.0	
290～299nm	3.3	3.3	3.3	3.3	3.3	2.3	
300～329nm	2.3	2.3	2.3	2.3	2.3	2.3	
330～350nm	0.8	0.8	0.8	0.8	0.8	0.81	

注：产品用于非直接接触的食品加工机械的润滑，如粮油加工、苹果加工、乳制品加工等设备的润滑。

食品机械润滑主要用深度精制的白油，但对负荷大或冲击性负荷的润滑部位，则润滑性能不能满足要求，而必须加入油性剂或极压剂，但必须是无毒无臭无味的。油性剂可用鲸鱼油或蓖麻油等动植物油。极压剂可用经 FDA/USDA（美国食品药品管理局/美国农业部）承认的聚烷基乙二醇。

表 4-56 为乳品厂机械润滑实例。表 4-56 为制糖机械用润滑油（脂）质量及标号。表 4-57 为汽水生产机械设备润滑用油（脂）。

乳品生产用设备常常用不锈钢制成，为符合卫生要求，轴承都是密封全寿命的，其他如驱动齿轮等部件，也都是制成为封闭式，与产品或水隔离。

压缩空气是用于容器运转过程中搅拌乳液的，标准说明允许和乳液或乳制品接触，为使其不带有润滑油污染乳品，而用无润滑压缩机是必要的。

制糖机械用润滑油和其他食品工业机械一样，要求无味、无臭、无毒的润滑油，特别是可能和成品糖接触的工序更要注意，一般用硫酸深度精制的白油，为提高其油性有时加入如精制蓖麻油、椰子油等动植物油。有些滚动轴承则用白凡士林润滑。液压系统则用甘油-水系液压油。

制糖工艺用的榨糖机的压力高达 10MPa，转数低到 1r/min，而且温度较高，因而用黏度较大的带有一定抗磨油性的润滑油。根据各种机械的不同用途和要求，一般所用润滑油或润滑脂质量如表 4-56。

汽水制造机械分布面广而条件差，一般不具备良好润滑管理条件，但因其产品涉及亿万人民的健康，因而尤应重视，必须严格要求，认真对待，坚决按国家卫生机关的法令控制，定期检查，凡不符合规定者必须勒令停产。

表 4-54　食品添加剂白色油（GB 4853）

项目	质量指标				试验方法
	10 号	15 号	26 号	36 号	
运动黏度（40℃）/（mm²/s）	7.6～12.4	12.5～17.5	24～28	32.5～39.5	GB/T 266
闪点（开口）/℃　　　大于	145	165	165	165	GB/T 267
色度（重铬酸钾溶液）　小于	1 号	1 号	1 号	1 号	目测
水溶性酸碱	无	无	无	无	GB/T 295
倾点/℃　　小于	0	−1	−1	−1	GB/T 3535
机械杂质	无	无	无	元	GB/T 511
水分	无	无	无	无	GB/T 260
砷的含量/10⁻⁶　　小于	1	1	1	1	附录 Ao
重金屑/10⁻⁶　　小于	10	10	10	10	附录 Bo
铅/10⁻⁶　　小于	1	1	1	1	附录 Co
易碳化物	合格	合格	合格	合格	GB/T 7364
紫外吸光度（260～350mm）　小于	0.1	0.1	0.1	0.1	GB/T 11081

注：1. 产品用于食品上光、防粘、脱膜、消泡、密封、抛光和食品机械、手术器械、制药机械的防腐、润滑及延长酒醋、水果、蔬菜、罐头的储存期等。

2. 各成分含量皆指质量分数。

表 4-55　乳品厂机械润滑实例

机械名称及润滑部件		润滑剂	润滑法	换或加油期
乳液收入设备	卡车推进机	多级通用液压油（5W-20）	油箱、油盘	每年换
	乳灌液位表	多级通用液压油（5W-20）	油箱、油盘	
	码垛机选择器	多级通用液压油（5W-20）	油箱、油盘	
	铁路推进机	2 号锂基脂	脂枪	每月加
	皮带输送机轴承	2 号锂基脂	脂枪	隔月加
	驱动齿轮箱	SAE 齿轮油	油箱、油盘	每年换
洗瓶	轴承	2 号锂基脂	脂枪	每周加
	空气管路润滑器	5W-20 液压油	油箱、油盘	每天加
	闭式驱动装置	SAE90 齿轮油	油箱、油盘	每年换
	链索	5W-20 液压油	涂刷	必要时
灌装室	输送带轴承	2 号锂基脂	脂枪	每周
	闭式驱动装置	SAE90 齿轮油	油盘、油箱	每年换
	阀类	USDA. H1 的 1 号、2 号脂	手挠	每天
	空气管路润滑器	5W-20 液压油	油盘、油箱	每天
	滑板（该处可能发生容器接触）	H1 型油 SAE30	气溶或涂刷	每周
原料乳储存灭菌	灭菌室	SAE90 EP 级齿轮油	油盘、油箱	每 6 个月换每天检查
	搅拌机驱动装置	SAE90 EP 级齿轮油	油盘、油箱	每 6 个月换每天检查
	分离机驱动装置	专用油	油盘、油箱	按规定
	澄清装置驱动装置	专用油	油盘、油箱	按规定
	泵类	2# 锂基脂	脂枪	每周

续表

机械名称及润滑部件		润滑剂	润滑法	换或加油期
均质器	均质器阀	USDA. H1 型的 2# 脂	手填充	每周
	均质器密封	USDA. H1 型的 2# 脂	手填充	每周

表 4-56　制糖机械用润滑油（脂）质量及标号

机械或润滑部位	润滑方法	适用润滑油黏度 (40℃) / (mm²/s)	润滑脂名 称标号	润滑油（脂）名称及质量
轧滚轴颈轴承	机械强制润滑	135～165		优质润滑油（白油加蓖麻油）
液压系统	循环	61.2～74.8	2号 食品脂	优质高黏度指数油
各滚动轴承	脂枪			白油稠化钙基或复合钙基脂
汽轮机轴承及一级减速器	循环	61.2～74.8		白油加蓖麻油
一级减速齿轮	飞溅	135～165		白油加蓖麻油
多级减速齿轮	飞溅	135～165		白油加蓖麻油
主动减速齿轮				
第二减速齿轮	飞溅	135～242		白油加蓖麻油
第三减速齿轮	飞溅	135～165		白油加蓖麻油

表 4-57　汽水生产机械设备润滑用油（脂）

机械设 备名称	润滑部位	适用油			适用脂	
		名称性能	黏度（40℃）/ (mm²/s)	ISOVG	名称	NLGI 号
生产流水 线机组	齿轮	S-P 极压齿轮油（无 Pb）	135～165	150		
	齿轮	S-P 极压齿轮油（无 Pb）	198～242	220		
	齿轮	S-P 极压齿轮油（无 Pb）	612～748	680		
	轴承				抗氧防锈钙基	2
	轴承				高温高负荷钙基	2
	齿轮					
	齿轮	S-P 极压齿轮油（无 Pb）	288～352	320		
	液压系统	S-P 极压齿轮油（无 Pb）	61.2～74.8	68		
	液压系统	抗磨液压油（无毒）	61.2～74.8	68		
	开式齿轮	抗磨液压油（无毒）	28.8～35.2	32		
		混脂开式齿轮油	612～748	680		
洗瓶机、 鼓风机	轴				防锈抗氧化耐水耐负 荷极压钙基脂	2
回转单缸	中心轴轴承				食品专用脂	2
灌装机	灌装阀、排气阀 用上分配器				食品专用脂	2
	万向轴				抗氧化防锈通用复合 钙脂	2
	离合器	抗氧化防锈精制极压液力变 速器油	198～242	220		
	圆盘齿轮装置	抗磨液压油	61.2～74.8	68		
混合机、 真空泵	轴承及密封				食品机械用真空泵脂	2
冷冻机	轴承、转子或 气缸	冷冻机油（无毒白油）	61.2～74.8	68		

注：各种润滑油脂必须符合卫生部门关于食品机械用润滑油毒性控制的规定。

凡是可能接触饮食制品的机械摩擦部位，必需使用符合国家卫生法令规定的，食品机械用润滑油（深度精制白油加各项无毒害添加剂），或食品机械用润滑脂（复合铝、钙、聚脲、精制膨润上等稠化剂稠化深度精制白油或无毒害合成油），并加必要的无毒害添加剂。在必要时也可用精制椰子油，精制蓖麻油或精制棕榈油等代替白油；这些对防止毒害污染更为有利。

4.12 办公机器及家电润滑技术及应用

4.12.1 办公机器润滑技术及应用

办公机器主要有电子计算机、静电复印机、电传机、电话机、照相机等，这些机器精密度高，又都是机械和电子一体化产品，故要求其润滑剂具有极好的耐磨性而又无污染，安定性好，高低温性能适宜。

（1）电子计算机（电脑）的润滑

电子计算机已普及于各行业和各领域，而润滑技术也必须随之普及。大型电子计算机的输出和输入机构的回转部分，滑动部分都需润滑油或润滑脂进行润滑，而宇航工程用电子计算机则要用 MoS_2 等固体润滑剂润滑。

长期以来主要用 MoS_2 的质量分数为 50% 的聚 α－烯烃加氢齐聚油或双酯油润滑，但 MoS_2 存在污染问题，而且当 MoS_2 的质量分数超过 10% 以上时，则耐负荷性能反而下降，其后开发了无色的含硼酸盐润滑油脂。

计算机磁盘主轴转数 3600r/min，虽温度在 50℃ 以下，但需耐用到 10 年以上，保持稳定的运转，需安定性好的润滑脂封入，特别要求低飞散性、泄漏性，以防污染磁盘表面，造成记录错误，用 4 号复合钠基矿油脂，不完全满足，尚需研究改用复合锂基或聚脲基脂。

大型电子计算机的超高速化，同时装有打印功能的装置，使用频度大大提高，而要求耐久性更好的润滑剂，为此，开发了 MoS_2 的质量分数为 10% 的酯油或低聚油的精制膨润土润滑脂。特别是机电一体的机械润滑，要求润滑脂无滴点，稠度随温度变化很小，耐水性、抗乳化性、耐水洗性而且低温启动性能均好的润滑脂。

宇航等空间工程用电子计算机的润滑，必须用蒸发量极小，并能耐高、低温和耐辐射的润滑剂，而主要用聚四氟乙烯等结合的 MoS_2 等的固体膜润滑，或过氟烷基聚乙醚（PF-PE），聚苯基醚加 MoS_2 润滑剂。

原子能发电站用电子计算机，则需用耐辐性好的聚烷基苯乙醚或聚苯基醚等和精制膨润土并加 MoS_2 的质量分数为 10% 的润滑脂润滑。

（2）静电复印机的润滑

静电复印机是一种机械电子一体装置，精密度是关键，稍有磨损就影响可靠性，因而减摩防磨损是第一要务。复印机使用频度高，因机内有热源而温度高，必需使用耐热润滑剂。尤其是精密度高而要求防止磨损，一旦磨损失去精度则失去可靠性，因而必需使用抗磨损性能极好的润滑剂。定印热该，加压滚的径向负荷 3～15N，140～200℃ 的苛刻条件下；需用硅油锂基脂或氟油、氟树脂制润滑脂润滑。

现在广泛使用的是 MoS_2 的质量分数为 30% 的双酯精制膨润土润滑脂。并正开发无色耐热抗磨润滑脂（锂基硅脂，氟树脂氟烷脂），以解决 MoS_2 脂的色黑和污染问题。在使用密封式滚动轴承时，一般可用复合钠基石油润滑油系润滑脂，则温度高而应用锂基稠化硅油系润滑脂或聚四氟乙烯（PTFE）氟烷油系润滑脂。但压力滚动轴承温度高、负荷大，则硅油系脂的耐负荷性能不足而不宜用。磁性滚动轴承周围有以热可塑性合成树脂为主成分的微粉调色剂（toner），必须注意防尘。如调色剂系苯乙烯树脂时，则不宜用酯类，以免漏脂，与含苯乙烯树脂的调色剂接触发生溶解。

（3）照相机、电话机的润滑

近代照相机上大量采用电子设备，而大幅度提高了性能。采光量（光圈）调整是照相机的重要机构，无论焦平面，还是透镜，都是在最短时间，几千分之一秒的短时间内准确动作，而要求快门的摩擦因数必须恒定。因而所用润滑剂的摩擦因数也要恒定不变。如使用润滑油（脂）时，扩散会造成镜头的云雾而影响效果，因而这种润滑早已采用了摩擦因数恒定不变的固体膜全寿命润滑剂。

随照相机厂家不同，而在快门机构、光圈机构、连续变焦镜筒、自拍机构、连接机构等使用了种类繁多的固体膜润滑剂。

现在主要使用 MoS_2 或石墨、氮化硼，硼酸盐等的聚四氟乙烯结合固体膜润滑剂。

电话机、电传机的动作摩擦部分也用胶体石墨或 MoS_2 配制的润滑剂润滑。

4.12.2 家用电器与机械润滑技术及应用

（1）自动扶梯的润滑

自动扶梯主要润滑部件有减速机蜗母齿轮、链索链轮等，一般应用高黏度指数、抗氧化安定性和抗磨性能及消泡性好的润滑油或脂，示例如表 4-58。

表 4-58 自动扶梯（爬高 7m，速度 30/min）适用润滑油（脂）

润滑部位		润滑法	适用油脂质量	黏度（40℃）/（mm²/s）	ISOVG	NLGI/锥入度
驱动机械	电动机轴承	脂枪或油盅	多效锂基脂或 R&O 汽轮机油	41.4～74.8	46，68	2
	齿轮箱	油底盘	SP 系极压工业齿轮油	414～506	460	
	推力轴承	油底盘				
	上部中部轴承	脂枪	多效通用极压锂基脂			2
多用牵引机	齿轮箱	油底盘	SP 系极压工业齿轮油	90～100		
	接头	脂枪	多效通用极压锂基脂			
	轴承	脂枪				
制动机（刹车）	制动机杆	脂枪				
	制动机臂	脂枪				
	销子	手浇	导轨油或 SP 系工业齿轮油	61.2～74.8 90～110	68100	
链轮	链索	集中润滑				
	导轨	手浇				
	轴承	脂枪	多效通用极压理基脂			2
手动驱动装置		脂枪				
制动机（刹车装置）		手浇	导轨油或 SP 系极压工业齿轮油（代用）	61.2～74.8 90～110	68 100	

（2）电梯的润滑

电梯升降机的润滑部位主要有齿轮卷升机、减速机蜗母齿轮等，要求用黏度指数高，抗磨性能、抗氧化性、抗泡沫性能好的润滑油或抗磨、抗氧化、防锈性能好的润滑脂，如表 4-59。

表 4-59　电梯（13 人或 900kG，提升速 90m/min）适用油脂

润滑部位		润滑法	适用油脂质量	黏度（40℃）/(mm²/s)	ISOVG	NLGL/锥入度
齿轮卷升机	电动机轴承	脂枪，油盅	多效锂脂，R&O 汽轮机油	41.4～74.8	46、68	2
	齿轮箱	油底盘	SP 系极压工业齿轮油	414～506	460	
	推力轴承	油底盘				
	柱塞	涂抹	MoS₂ 锂基脂			2
	制动杆	手浇	导轨油	61.2～74.8	68	
	制动臂	脂枪	多效通用极压锂基脂			2
	销子	脂枪				
调速机	轴承	脂枪				
	销子	手浇	导轨油	61.2～74.8	68	
选择器	导轨（滑动）面	涂抹	低温锂基润滑脂			2
开关门机械	齿轮箱	油底盘	SP 系极压工业齿轮油	414～506	460	
	链索	手浇	导轨油	61.2～74.8	68	
	位置开关凸轮	涂抹				
开关门装置	各轴承	手浇				
锁开关	销子类	手浇				
落底装置	凸轮支架	涂抹				
紧急停止	轴，销子类	手浇				
路中开关	轴，销子类	手浇				
偏导器轮	轴承	脂枪	多效通用极压锂基脂			2
张紧轮	轴承	脂枪				
平衡轮	轴承	脂枪				
	导轨	涂抹				
油式缓冲器		油浴	R&O 抗磨汽轮机油	28.8～35.2	32	
主导轨		油浴	导轨油	61.2～74.8	68	
钢丝绳滚筒		涂抹	钢丝绳专用油	软膏状		

（3）自行车的润滑

自行车是量大面广的人力机械，润滑结构形式有滑动摩擦和滚动摩擦，有点摩擦和线摩擦，有流体润滑和边界润滑，有油润滑和脂润滑。

自行车的关键运动摩擦部位是中轴和前、后轴，都是使用滚珠轴承，用 2 号钙基润滑脂润滑。每次检修时都要将滚珠和珠槽及挡盖清洗干净，向珠槽内涂匀 2 号钙基润滑脂，沿轴周围摆满表面光滑完整滚圆并颗粒均匀，大小一致的专用滚珠（珠子），而后上好挡盖，切勿使尘土杂质混入。而后每一季度或半年向加油孔（有油孔的）或轴端滴 2～5 滴自行车润滑油，或 40℃，黏度 7～15mm²/s 的低黏度润滑油。但在加油之前一定要清除加油孔或轴端附近的尘埃污物，以免造成磨损。一般用润滑脂润滑时不能混用润滑油，油与脂在一般情况下不能混合。但在自行车上是特殊情况，为简化设备而无脂嘴，只有补加润滑油，以改善润滑。

其次链条和齿轮盘的润滑，这里是滑动摩擦和滚动摩擦的混合摩擦，且大部分处于边界润滑状态，因而摩擦条件较苛刻，一定要用黏附性和润滑性较好的润滑油润滑，尤其大多数都是开放式，在尘埃较多的情况下工作的，对链条和齿轮盘的磨损严重，因而要根据情况随时（季度或半年）清洗干净，换用新油，最好用黏度较大的润滑油（40℃ 黏度 10～20mm²/s），但一般也用和向三轴加的同样润滑油，这样较为方便。

（4）烤护机械的润滑

烤炉是食品机械，其润滑也要按食品机械润滑要求，因高温而常用胶体石墨或二硫化钼润滑脂润滑，也可直接用石墨或 MoS_2 润滑。一般每 3 个月到半年要清刷和换油脂。主要是润滑各个不和食品接触的活动环节和摩擦部位。

（5）家用电冰箱、空调机的润滑

① 家用电冰箱的润滑　因冷冻系统都是密封式的，冷冻机所用润滑油都是由冰箱制造厂组装过程中加注。一般都是加注 L-DRB15 或 L-DRB22 冷冻机油，冷冻温度高则应用高黏度（如 L-DRB32）的油。

② 空调器的润滑　空调器冷冻机和换气机需要润滑，冷冻机（压缩机）多由制造厂出厂前装油，也正是这种油有特殊要求，而换气机只要抗氧化性好的普通机械油或汽轮机油，由用户定期加油。

家庭用小型空调密闭式冷冻机应用 L-DRB22、32 冷冻机油。大型空调冷冻机用 L-DRB32 或 L-DRB46 冷冻机油。空调器主要用 F12 或 F11（小型）和 F22（大型）氟氯烷系冷冻剂，一般应用环烷基或烷基苯油，但 F12 的也可用石蜡基油。用 F22 冷冻剂的切不可用石蜡基油，而必须用环烷基或烷基苯油，聚 α 烯烃加氢冷冻机油。从节能出发，小型空调（2kW 以下）应用 L-DRB15，中型（2～5kW）用 22 号，大型（5kW 以上）用 L-DRB32 冷冻机油。

换气（通风）机小型用 L-TSA15 或 L-TSA22，大型用 L-TSA22 或 32 号防锈抗氧化汽轮机油。

为节约电力，最近家用空调器都采用小型、轻量、高效压缩机冷冻系统，工作温度更高，需用耐热性更好的含抗磨剂低黏度（6DVG15 或 22）烷基苯油。为进节电，将推广转子式或涡旋式压缩机和变频器，而滑动部分温度更高，速度更快，润滑条件更加苛刻，因而将采用加如三苯基亚磷酸酯等抗磨剂的烷基苯冷冻机油。

（6）洗衣机的润滑

为使洗衣机长期运转正常好用，必需按时认真进行正确的润滑维护保养，需要润滑的地方主要是轴承和齿轮，轴承需由注油孔注入抗磨性和抗氧化安定性好的 L-TSA22 号防锈抗氧化润滑油，一般 2～3 年加油一次，如用一般机械油则需每年加油一次。齿轮则应用黏附性好的 2 号极压锂基润滑脂，或油性好的，加质量分数为 1% 的二烷基二硫代磷酸锌，或质量分数为 3% 的 MoS_2，LCKC100 号中等极压抗磨齿轮油进行润滑。甩干机的轴承和齿轮都应每年或半年加入抗氧化防锈抗磨性好的 L-AN15 和 L-AN68 号润滑油。用密封滚动轴承的，则应由轴承厂封入使用寿命在 1000h 以上的聚脲基稠化精制石油润滑油，并加防锈抗氧化剂的 2 号润滑脂。

（7）电风扇（换气扇）的润滑

电风扇轴承运转温度较高，因而要用黏温性好的抗磨润滑油，以 L-FD5～10 轴承油或 HL 液压油较好。

一般每年启用前或停用后上油一次。摇头齿轮和定时装置应用粘附性好的 2 号锂基或钙钠基润滑脂润滑。锂基脂每 2～3 年上脂一次，钙钠基脂每年加脂一次，加脂时事先把旧脂清除干净后涂新脂。并必须注意，操作之前必须把加油孔或脂孔盖附近的尘埃擦拭干净，切勿落入润滑部位。

电风扇的电动机一般为 30～60W，可调转数为 600～1500r/min，一般分为 3～4 挡。要求最少能用到一年或三年而不必重新润滑。因此多由电风扇制造厂封入相应的润滑脂，如 1 号或 2 号复合钙基或锂基脂，免去用户自己上油的麻烦，使用一定时间再换油。也有的产品使用润滑油（HL 液压油或其他机油）润滑，每年加油一次，还有部分产品使用自润滑轴承或含油轴承，无须加油。

电风扇是季节性使用的，闲置季节应罩上防尘套保存。

参考文献

[1] 汪德涛. 润滑技术手册. 北京：机械工业出版社，2002.

[2] 胡邦喜. 设备润滑基础. 北京：冶金工业出版社，2002.

[3] 张晨辉，林志亮. 润滑油应用及设备润滑. 北京：中国石化出版社，2002.

[4] 关子杰. 润滑油与设备故障诊断技术. 北京：中国石化出版社，2002.

[5] 黄志坚. 输送机械维修技术问答. 北京：机械工业出版社，2004.

[6] 李国柱. 机械润滑与诊断. 北京：化学工业出版社，2005.

[7] 黄志坚. 液压设备故障诊断与监测实用技术. 北京：机械工业出版社，2005.

[8] 黄志坚. 轧机轧辊与轴承使用维修技术. 北京：冶金工业出版社，2008.

[9] 杨俊杰，陆思聪，周亚斌. 油液检测技术. 北京：石油工业出版社，2009.

[10] 黄志坚. 工程机械液压故障在线监测与智能诊断. 北京：机械工业出版社，2012.

[11] 刘峰壁. 润滑技术基础. 广州：华南理工大学出版社，2012.

[12] 杨申仲. 润滑技术发展趋势. 设备管理与维修，2014，(6)：5-8.

[13] 王丽云. 油雾集中润滑新技术的应用. 中国设备工程，2009，(11)：53-54.

[14] 李明伟，高稚利. 一种通用型自动干油润滑系统. 动化仪表，2012，(9)：41-44.

[15] 周炳昌，魏修斌，毕利民等. 烧结机集中润滑智能控制系统的应用. 信息技术与信息化，2007，(1)：133-134.

[16] 乔鸢飞，孙满红. 浅析润滑油污染对润滑系统的影响. 机电信息，2011，(36)：139-140.

[17] 周亚斌. 油液清洁度标准及测定方法. 润滑油，2008，(1)：62-64.

[18] 刁立成. 液压润滑管道的酸洗与钝化. 液压与气动，2011，(5)：99-100.

[19] 邓经纬，匡华云. 大型机械液压油污染分析及在线监测技术. 液压与气动，2006，(12)：76-78.

[20] 林海，李立强. 高速加工机床电主轴润滑技术研究. 工业设计，2012，(3)：108.

[21] 刘冬敏，薛培军. 高速主轴油雾润滑的关键问题研究. 机床与液压，2010，(12)：7-8，11.

[22] 尤东升. 基于 TSS 的数控机床智能润滑控制功能的实现. 组合机床与自动化加工技术，2013，(5)：52-54，59.

[23] 乔红斌，田雪梅，古绪鹏等. 活塞环的抗磨与固体润滑技术应用. 材料导报网刊，2011，(2)：41-42.

[24] 李瑞明，崔玉林. 多缸内燃机润滑系统的常见故障及原因分析. 农业技术与装备，2010，(10)：57-58.

[25] 王明泉，刘久万，张加中. 内燃机气缸套磨损因素及可预防措施. 内燃机与配件，2013，(3)：13-14.

[26] 霍大勇. 空气压缩机润滑故障及对策. 压缩机技术，2011，(6)：51-53.

[27] 乔石，袁浩然，汪兴涛. 螺杆压缩机润滑油路分析及维护. 机械研究与应用，2013，(6)：163-164，168.

[28] 杜大为，陈美名. 合成冷冻机油的现状及发展. 合成润滑材料，2012，(1)：6-8.

[29] 李相福. 油分离器技术改造. 广州化工，2013，(1)：146-147，163.

[30] 马建伦，徐小锋，陈志强. 上湾电厂汽轮机润滑油压过低的原因及解决措施. 黑龙江科技信息，2010，(36)：9.

[31] 张宗振. 云浮电厂汽轮机润滑油水分超标的分析与治理. 广东电力，2011，(9)：111-114.

[32] 付广良，张家伟. 堆料机润滑系统的改造. 起重运输机械，2010，(9)：74-75.

[33] 史顺青，陈友文. 冶金机械设备给脂润滑过程清洁控制实践. 设备管理与维修，2014，(1)：64-65.

[34] 任永吉. 油气润滑新技术在冷轧机的应用. 中国西部科技，2004，(12)：79，58.

[35] 贺玉海. 大型低速船用柴油机新型电控气缸注油润滑系统研究. 内燃机工程，2010，(4)：63-68.

[36] 魏征宇. 锻造压机双线脂集中润滑系统的设计. 北京：机械制造，2014，(2)：51-53.